教育部高职高专化工技术类专业教学指导委员会推荐教材

仪 器 分 析

（第 3 版）

主 编 王 蕾 崔 迎
副主编 魏文静 杜 娜

天津大学出版社
TIANJIN UNIVERSITY PRESS

内 容 简 介

本书共分紫外－可见分光光度法、红外吸收光谱法、原子吸收光谱法、气相色谱法及高效液相色谱法5个单元。旨在使读者熟悉上述5种常用仪器的基本结构、分析机理、实验条件选择和定性定量分析方法及实训项目内容;初步掌握运用波谱和色谱分析进行综合解析的能力。本书可作为高职高专化工技术类专业的教材,也可作为各行各业从事仪器分析人员的参考书。

图书在版编目(CIP)数据

仪器分析/王蕾,崔迎主编. —天津:天津大学出版社,
2009.4(2022.8重印)

教育部高职高专化工技术类专业教学指导委员会推荐
教材

ISBN 978 - 7 - 5618 - 2952 - 3

Ⅰ. 仪⋯ Ⅱ.①王⋯②崔⋯ Ⅲ. 仪器分析-高等学校:
技术学校-教材 Ⅳ. O657

中国版本图书馆 CIP 数据核字(2009)第 043475 号

出版发行	天津大学出版社
地　　址	天津市卫津路 92 号天津大学内(邮编:300072)
电　　话	发行部:022 - 27403647
印　　刷	天津泰宇印务有限公司
经　　销	全国各地新华书店
开　　本	169mm×239mm
印　　张	13.5
字　　数	280 千
版　　次	2009 年 4 月第 1 版 2020 年 7 月第 3 版
印　　次	2022 年 8 月第 6 次
印　　数	42.00 元

前　言

　　高职高专仪器分析课程教育教学的目的是为我国化学分析岗位第一线输送技术应用型人才，强调技能、面向实际是对本课程的基本要求。本书是为适应人才需求，突出能力培养，本着"面向实践、注重实践"的精神，根据高等职业教育的基本要求和课程标准，总结作者多年的教学经验编写而成的。

　　本书重点选择了目前高职院校最常用的 5 种大型仪器进行介绍。全书共分为 5 个单元，重点介绍了紫外—可见分光光度法、红外吸收光谱法、原子吸收光谱法、气相色谱法及高效液相色谱法。全书涉及的内容符合高等职业教育的要求，精练而丰富。

　　本书由王蕾、崔迎主编，魏文静、杜娜任副主编。其中第 1 单元由王秀玲编写，第 2 单元由王蕾编写，第 3 单元由杜娜编写，第 4 单元由邢竹编写，第 5 单元由崔迎编写，全书实训部分由魏文静编写，由王蕾、崔迎校稿。由于时间仓促以及编者水平所限，书中难免存在不足之处，希望读者和广大师生提出宝贵意见。

编　者

2020 年 6 月

目　　录

1 紫外—可见分光光度法 ……………………………………………………（1）

1.1　概述 …………………………………………………………………（1）

1.2　物质对光的选择性吸收 ……………………………………………（2）

　　1.2.1　光的特性 ……………………………………………………（2）

　　1.2.2　物质为什么会呈现颜色 ……………………………………（3）

　　1.2.3　吸收光谱曲线 ………………………………………………（4）

　　1.2.4　吸收光谱产生机理 …………………………………………（4）

1.3　光的吸收定律 ………………………………………………………（5）

　　1.3.1　朗伯（Lamber）定律 ………………………………………（5）

　　1.3.2　比尔（Beer）定律 …………………………………………（6）

　　1.3.3　朗伯—比尔定律 ……………………………………………（6）

　　1.3.4　影响吸收定律的主要因素 …………………………………（8）

1.4　紫外—可见分光光度计 ……………………………………………（9）

　　1.4.1　仪器的基本组成部件 ………………………………………（9）

　　1.4.2　紫外—可见分光光度计的类型及特点 ……………………（12）

　　1.4.3　分光光度计的维护保养 ……………………………………（14）

1.5　紫外分光光度法 ……………………………………………………（14）

　　1.5.1　概述 …………………………………………………………（14）

　　1.5.2　紫外吸收光谱 ………………………………………………（15）

1.6　紫外—可见分光光度法的应用 ……………………………………（21）

　　1.6.1　定性分析 ……………………………………………………（21）

　　1.6.2　定量分析 ……………………………………………………（22）

1.7　分光光度分析的影响因素及条件选择 ……………………………（25）

　　1.7.1　显色反应和显色剂 …………………………………………（25）

　　1.7.2　影响显色反应的因素 ………………………………………（28）

　　1.7.3　参比溶液的选择 ……………………………………………（31）

　　1.7.4　分光光度分析中最佳浓度范围 ……………………………（31）

1.8　紫外—可见分光光度法应用实训 …………………………………（33）

　　1.8.1　721 型分光光度计的调校 …………………………………（33）

　　1.8.2　吸收曲线的绘制 ……………………………………………（34）

　　1.8.3　工作曲线法测定微量铁 ……………………………………（35）

思考题 ……………………………………………………………………………（37）

2 红外吸收光谱法 ………………………………………………………（38）

2.1 概述 ……………………………………………………………………（38）

2.1.1 红外吸收光谱的分类 …………………………………………（38）

2.1.2 红外吸收光谱的表示方法 ……………………………………（39）

2.1.3 红外吸收光谱的特点 …………………………………………（40）

2.2 红外吸收光谱基本原理 ………………………………………………（41）

2.2.1 红外吸收光谱产生的原因 ……………………………………（41）

2.2.2 产生红外吸收光谱的条件 ……………………………………（42）

2.2.3 红外吸收光谱相关术语及分区 ………………………………（43）

2.2.4 影响基团频率位移的因素 ……………………………………（53）

2.2.5 影响吸收峰强度的因素 ………………………………………（56）

2.3 红外光谱仪 ……………………………………………………………（57）

2.3.1 色散型红外光谱仪结构及其工作原理 ………………………（57）

2.3.2 傅里叶变换红外光谱仪 ………………………………………（60）

2.3.3 常见红外光谱仪的日常维护 …………………………………（62）

2.4 红外吸收光谱法应用 …………………………………………………（63）

2.4.1 定性分析 ………………………………………………………（64）

2.4.2 定量分析 ………………………………………………………（67）

2.4.3 红外吸收光谱应用实例 ………………………………………（68）

2.5 红外吸收光谱法应用实训 ……………………………………………（71）

2.5.1 尼高力红外光谱仪 360 FT－IR 的使用 ……………………（72）

2.5.2 KBr 晶体压片的苯甲酸红外吸收光谱 ………………………（72）

思考题 ……………………………………………………………………………（74）

3 原子吸收光谱法 ………………………………………………………（77）

3.1 概述 ……………………………………………………………………（77）

3.1.1 原子吸收光谱法的发现与发展 ………………………………（77）

3.1.2 原子吸收光谱法的特点 ………………………………………（78）

3.2 原子吸收光谱法基本原理 ……………………………………………（79）

3.2.1 共振线和吸收线 ………………………………………………（79）

3.2.2 谱线轮廓与谱线变宽 …………………………………………（79）

3.2.3 原子吸收值与待测元素浓度的定量关系 ……………………（82）

3.3 原子吸收分光光度计 …………………………………………………（85）

3.3.1 仪器的基本组成部件 …………………………………………（85）

3.3.2 原子吸收分光光度计的类型及特点 …………………………（92）

3.3.3 原子吸收分光光度计的维护保养 ……………………………（94）

3.4 原子吸收光谱分析法的应用 …………………………………………（96）
　3.4.1 定量方法 ……………………………………………………（96）
　3.4.2 评价指标 ……………………………………………………（99）
3.5 原子吸收光谱法实验技术 …………………………………………（100）
　3.5.1 试样制备 ……………………………………………………（100）
　3.5.2 标准样品溶液的配制 ………………………………………（101）
　3.5.3 测定条件的选择 ……………………………………………（101）
　3.5.4 干扰及消除技术 ……………………………………………（102）
3.6 原子吸收光谱法应用实训 …………………………………………（104）
　3.6.1 TAS－990 原子吸收分光光度计的使用 …………………（105）
　3.6.2 自来水中的镁的测定 ………………………………………（107）
　3.6.3 火焰原子吸收法最佳实验条件的选择 ……………………（108）
思考题 …………………………………………………………………（109）

4 气相色谱法 ……………………………………………………………（112）
4.1 概述 …………………………………………………………………（112）
　4.1.1 色谱法概述 …………………………………………………（112）
　4.1.2 气相色谱法特点 ……………………………………………（113）
4.2 色谱分离理论 ………………………………………………………（113）
　4.2.1 色谱流出曲线相关术语 ……………………………………（113）
　4.2.2 色谱分离原理 ………………………………………………（116）
　4.2.3 气相色谱基本理论 …………………………………………（117）
4.3 气相色谱仪 …………………………………………………………（120）
　4.3.1 仪器的基本组成部件 ………………………………………（120）
　4.3.2 气相色谱仪日常维护 ………………………………………（133）
4.4 气相色谱法应用 ……………………………………………………（135）
　4.4.1 气相色谱定性分析 …………………………………………（135）
　4.4.2 气相色谱定量分析 …………………………………………（137）
4.5 气相色谱法实验技术 ………………………………………………（143）
　4.5.1 载气及其流速的选择 ………………………………………（143）
　4.5.2 色谱柱的选择 ………………………………………………（143）
　4.5.3 柱温和汽化室温度的选择 …………………………………（151）
　4.5.4 进样量与进样技术 …………………………………………（151）
4.6 气相色谱法应用实训 ………………………………………………（152）
　4.6.1 SP－6801T 气相色谱仪的使用 ……………………………（153）
　4.6.2 气相色谱法定量分析乙醇中水含量 ………………………（153）
思考题 …………………………………………………………………（154）

5 高效液相色谱法 ································ (158)

  5.1 概述 ······································ (158)

    5.1.1 高效液相色谱的主要类型 ···················· (158)

    5.1.2 高效液相色谱法的主要特点 ·················· (163)

    5.1.3 高效液相色谱法的应用范围和局限性 ············ (165)

  5.2 高效液相色谱基本理论 ······················ (166)

    5.2.1 高效液相色谱法中常用术语和参数 ············· (166)

    5.2.2 速率理论 ····························· (167)

  5.3 高效液相色谱仪 ·························· (170)

    5.3.1 仪器基本构造 ························· (171)

    5.3.2 常用高效液相色谱仪的日常维护 ··············· (183)

  5.4 高效液相色谱法应用 ······················· (187)

    5.4.1 定性分析 ····························· (187)

    5.4.2 定量分析 ····························· (189)

  5.5 高效液相色谱法实验技术 ···················· (193)

    5.5.1 样品预处理技术 ························ (193)

    5.5.2 溶剂处理技术 ························· (198)

    5.5.3 建立高效液相色谱分析方法的一般步骤 ·········· (200)

  5.6 高效液相色谱法应用实训 ···················· (204)

    5.6.1 高效液相色谱的使用 ····················· (205)

    5.6.2 苯系物的高效液相色谱分析 ················· (206)

  思考题 ······································· (207)

参考文献 ·· (208)

1

紫外—可见分光光度法

1.1 概述

许多物质是有颜色的,例如 $KMnO_4$ 呈紫红色,$K_2Cr_2O_7$ 呈橙色,$Ni(NO_3)_2$ 呈绿色。无色物质也可通过化学反应生成有色化合物,例如四价钛离子可与过氧化氢反应生成黄色络合物,铋和铅等金属离子与二甲酚橙生成紫红色螯合物,铜、铅、镉、汞等金属离子与二硫腙(打萨腙)生成红色络合物,二价铜离子与氨能生成深蓝色络合物。这些溶液的颜色深浅与浓度有关,浓度愈大,颜色愈深。用比较溶液颜色深浅来确定物质含量的方法叫比色分析法。这种方法只能在可见光区使用。比色分析法中根据所用检测器的不同分为目视比色分析法和光电比色法。以人的眼睛来检测颜色深浅的方法称为目视比色分析法;以光电转换器件(如光电池)为检测器来区别颜色深浅的方法称为光电比色分析法。随着近代测试仪器的发展,目前已普遍使用分光光度计进行物质含量的检测。

用可见分光光度计测定有色物质溶液对某光波的吸收程度以确定被测物含量的方法叫可见分光光度法。实践证明,不少无色物质也能吸收紫外光和红外光,所以用紫外分光光度计来测定物质含量的方法称为紫外分光光度法;用红外分光光度计来确定物质结构及含量的方法称红外光谱法。本章仅讨论紫外、可见分光光度法。

紫外、可见分光光度法具有如下特点。

1)灵敏度高

称量分析和容量分析一般只适于常量组分的测定,不能测定微量组分,而可见、紫外分光光度分析可测 $10^{-5} \sim 10^{-6}$ mol/L 的浓度,相当于含量 $0.001\% \sim$

0.000 1%的物质。例如某纯碱含铁为 0.001 5%,如果称取试样 4 g,仅含铁 $6×10^{-5}$ g,若用0.01 mol/L的 $K_2Cr_2O_7$ 标准溶液滴定,只需要消耗标准 $K_2Cr_2O_7$ 溶液约0.02 mL,当然不能用滴定分析来完成。但是,如果将 $4×10^{-5}$ g 的铁放在 50 mL容量瓶中,在微酸性溶液中,加入还原剂盐酸羟胺,再加入邻菲罗啉显色剂,则可得到明显的橙红色邻菲罗啉亚铁络合物,能准确测定其含量。

2)准确度较高

一般比色分析的相对误差为 5%~20%,分光光度法的相对误差为 2%~5%,其准确度虽不如称量分析、容量分析,但对微量分析是符合要求的。例如,某物质的真实含量为 $10×10^{-6}$,如果测定结果为 $9×10^{-6}$ 或 $11×10^{-6}$,其相对误差为 ±10%,这样的分析结果还是令人满意的,对于这样低的含量,称量分析、容量分析是无法测定的。

3)操作简便、分析速度快

分光光度法所用的仪器设备都不复杂,操作简便,容易掌握,试样处理成溶液后,一般只需要显色和测定两个步骤就可得到分析结果。近年来不断涌现灵敏度高、选择性好的显色剂,掩蔽剂也不断增加,所以测定过程中一般不需经过分离手续。在控制分析中,几分钟便可得到分析结果,例如炼钢中硅、锰、磷三元素炉前快速光电比色测定,数十秒钟即可得到分析结果。

4)应用范围广泛

大部分无机离子和有机物都可以直接或间接用可见、紫外分光光度法进行测定。凡有分析任务的各类工厂、矿山及科学研究单位都广泛应用可见、紫外分光光度分析法来测定物质中的低含量组分,例如尿素中微量铁及缩二脲的测定。

1.2　物质对光的选择性吸收

1.2.1　光的特性

光是一种电磁辐射,具有波和粒子的二象性。光的最小单位为光子,光子具有一定的能量(E),它与光波频率(ν)或波长(λ)的关系为:

$$E = h\nu = h\frac{c}{\lambda}$$

式中:E 为能量,eV(电子伏特);h 为普朗克常数 $6.626×10^{-34}$ J/s(焦耳/秒);ν 为频率,Hz(赫兹);c 为光速,真空中约为 $3×10^{10}$ cm/s(厘米/秒);λ 为波长,nm(纳米)。

从上式可知,能量 E 与频率 ν 成正比,与波长 λ 成反比,即波长愈长能量愈小,波长愈短能量愈大,不同的波长具有不同的能量。

可见光在整个电磁辐射范围内仅占极小一部分,电磁辐射范围约分几个区域,见表 1.2—1。

可见光的波长范围为 400~780 nm,它是由红、橙、黄、绿、青、蓝、紫七色按一定比例混合而成的白光。各种颜色的近似波长如下:

表 1.2－1 各种电磁波谱的波长范围

区域	波长单位	
	m	常用单位
γ—射线	$10^{-12} \sim 10^{-10}$	$(10^{-3} \sim 0.1)$ nm
X—射线	$10^{-10} \sim 10^{-8}$	$(0.1 \sim 10)$ nm
远紫外	$10^{-8} \sim 2 \times 10^{-7}$	$(10 \sim 200)$ nm
紫外	$2 \times 10^{-7} \sim 4 \times 10^{-7}$	$(200 \sim 400)$ nm
可见	$4 \times 10^{-7} \sim 7.8 \times 10^{-7}$	$(400 \sim 780)$ nm
红外	$7.8 \times 10^{-7} \sim 5 \times 10^{-6}$	$(0.78 \sim 5)$ μm
远红外	$5 \times 10^{-6} \sim 10^{-3}$	$(5 \sim 1\,000)$ μm
微波	$10^{-3} \sim 1$	$(0.1 \sim 100)$ cm
无线电波	$1 \sim 10^{3}$	$(1 \sim 1\,000)$ m

紫色	400～450 nm
蓝色	450～480 nm
青色	480～500 nm
绿色	500～560 nm
黄色	560～590 nm
橙色	590～620 nm
红色	620～780 nm

各种有色光之间并无严格的界限,例如绿色与黄色之间有各种不同色调的黄绿色。

实验证明,七种颜色的光能混合为白光,两种特定的单色光按一定强度比例亦可混合成白光,人们称这两种光互为补色。各种光的互补如图 1.2－1 所示。在图 1.2－1中处于直线关系者互为补色。如黄光与蓝光、绿光与紫光互为补色。

图 1.2－1 各种光的互补

1.2.2 物质为什么会呈现颜色

许多物质具有颜色是基于物质对光的选择性吸收的结果。例如,对透明物质来说,若可见光波都能透过,则这种物质为无色,如果只透过某一部分光波,其他光波被吸收,则这种物质呈现透射波长光的颜色。例如,绿色玻璃是基于吸收了紫色光而透过绿色光。

对于不透明的物质来说,主要是吸收与反射的问题。当白光照到某物质上,若这种物质不吸收任何光波而全部反射回去,则这种物质为白色;如果某物质能吸收全部可见光波,则这种物质呈黑色;如果某物质不吸收红光而将红光反射回去,则这种物质呈红色。

分析工作者主要是研究各种溶液对光的选择性吸收来测定物质含量。而溶液呈现的颜色是溶液吸收光的互补色。例如,当一束白光通过 $KMnO_4$ 溶液时,该溶液选择性吸收了 $500\sim560$ nm 的绿色光,而将其他色光两两互补成白光而通过,只剩下紫红色光未被互补,所以 $KMnO_4$ 溶液呈紫红色。同样,$K_2Cr_2O_7$ 溶液由于吸收了青蓝色光,所以溶液为橙色。

以上是利用溶液对可见光的选择性吸收来说明溶液的颜色。若要更精确地说明物质具有选择性吸收不同波长范围光的性质,则必须用光吸收曲线来描述。

1.2.3 吸收光谱曲线

已知溶液呈现不同的颜色,是由于物质对光具有选择性吸收所致,而溶液对不同波长光的吸收情况,通常用吸收光谱曲线来描述。吸收光谱曲线通过实验求得:将不同波长的光依次通过固定浓度和厚度的有色溶液,然后用仪器测量每一波长下相应光的吸收程度(吸光度),以波长为横坐标,以吸光度为纵坐标作图,可得一曲线,该曲线称为吸收光谱曲线,它描述了物质对不同波长光的吸收程度。

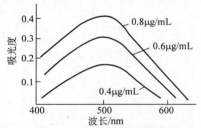

图 1.2—2 邻菲罗琳亚铁吸收光谱曲线

现以邻菲罗琳亚铁吸收光谱曲线说明之。二价铁离子在弱酸性溶液中与邻菲罗琳生成橙红色络合物。当铁含量分别为 0.4 $\mu g/mL$、0.6 $\mu g/mL$、0.8 $\mu g/mL$ 时,在分光光度计上用不同波长的光依次通过 3 种不同浓度的溶液,测得它们的相应吸光度,可以测绘出 3 条吸收光谱曲线,如图 1.2—2 所示。

从吸收光谱曲线可以看出,邻菲罗琳亚铁溶液对不同波长的光吸收情况不同,对波长为 510 nm 的青色光吸收最多,而对波长在 630 nm 以后的光波几乎不吸收。人们称 510 nm 为最大吸收波长,即光吸收程度最大处的波长,以 $\lambda_{最大}$(或 λ_{max})表示。在进行光度测定时,通常都是选择在 λ_{max} 的波长处来测量,因为此时可以得到最大的灵敏度。

吸收光谱曲线可以反映物质对光的选择性吸收情况,3 条吸收光谱曲线说明了溶液浓度不同,但光的选择性吸收是相同的,即不同浓度的邻菲罗琳亚铁溶液其吸收光谱曲线形状相似,λ_{max} 也相同,只是浓度大,对光的吸收也相应增大。

不同物质的吸收光谱曲线,其形状和最大吸收波长各不相同。因此可以利用吸收光谱曲线作为物质定性分析的依据。

1.2.4 吸收光谱产生机理

物质总是在不断地运动着,构成物质的分子及原子具有一定的运动方式。各种方式属于一定的能级,分子内部运动的方式有 3 种,即:电子相对于原子核心的运动;原子在平衡位置附近的振动;分子本身绕其重心的转动。因此相应于这 3 种不同的运动形式,分子具有电子能级、振动能级和转动能级。图 1.2－3 是能级跃迁示意图。

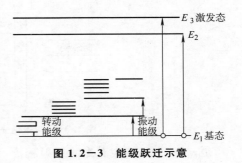

图 1.2－3 能级跃迁示意

由图 1.2－3 可知,在同一电子能级中因分子的振动能量不同,分为几个振动能级。而在同一振动能级中,也因为转动能量不同,又分为几个转动能级。因此每种分子运动的能量都是不连续的,即量子化的。也就是说,每种分子运动所吸收(或发射)的能量,必须等于能级差的特定值(光能量 $h\nu$ 的整数倍)。否则它就不吸收(或发射)能量。

通常化合物的分子处于稳定的状态,当它受光照射时,则根据分子吸收光能的大小,引起分子转动、振动或电子跃迁,同时产生 3 种吸收光谱。

电子能级间的能量差约为 20～1 eV,相当于波长 60～1 250 nm 所具有的能量,因此分子中电子跃迁产生的电子光谱主要在紫外和可见光区。

振动和转动能级的能量差较小,其中振动能级间的能量差一般为 0.05～1 eV,因此分子振动能级跃迁产生的振动光谱处于近红外区和中红外区。转动能级间的能量差一般小于 0.05 eV,因此分子转动能级跃迁产生的转动光谱处于远红外光区和微波区。

由于 $E_{电子}>E_{振动}>E_{转动}$,因此在振动能级跃迁时也伴有转动能级跃迁;在电子能级跃迁时,同时伴有振动能级转动能级跃迁。所以分子光谱是由密集谱线组成的带光谱,而不是"线"光谱。

1.3 光的吸收定律

物质对光有一定吸收,朗伯与比尔分别进行了研究。1730 年朗伯提出了光强度和吸收介质厚度之间的关系。1852 年比尔又提出了光强度与吸收介质中吸光质点浓度之间的关系。朗伯—比尔定律是吸光光度分析的理论依据。

1.3.1 朗伯(Lamber)定律

当一束平行的单色光垂直照射到一定浓度的均匀透明溶液时(见图 1.3－1),入射光被溶液吸收的程度与溶液厚度的关系为:

$$\lg\frac{\Phi_o}{\Phi_{tr}}=k\cdot b \qquad (1.3-1)$$

式中:Φ_o 为入射光通量;Φ_{tr} 为通过溶液后透射光通量;b 为溶液液层厚度,或称光程长度;k 为比例常数,它与入射光波长、溶液性质、浓度和温度有关。这就是朗伯(S. H. Lambert)定律。

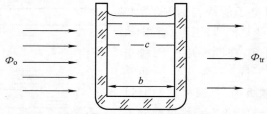

图 1.3－1　单色光通过盛有溶液的吸收池

Φ_{tr}/Φ_o 表示溶液对光的透射程度,称为透射比,用符号 τ 表示。透射比愈大说明透过的光愈多。而 Φ_o/Φ_{tr} 是透射比的倒数,它表示入射光 Φ_o 一定时,透过光通量愈小,即 $\lg(\Phi_o/\Phi_{tr})$ 愈大,光吸收愈多。所以 $\lg(\Phi_o/\Phi_{tr})$ 表示了单色光通过溶液时被吸收的程度,通常称为吸光度,用 A 表示,即

$$A = \lg \frac{\Phi_o}{\Phi_{tr}} = \lg \frac{1}{\tau} = - \lg \tau \qquad (1.3-2)$$

1.3.2　比尔(Beer)定律

当一束平行单色光垂直照射到同种物质、不同浓度、相同液层厚度的均匀透明溶液时,入射光被溶液吸收的程度与溶液浓度的关系为:

$$\lg \frac{\Phi_o}{\Phi_{tr}} = k'c \qquad (1.3-3)$$

式中:k' 为另一比例常数,它与入射光波长、液层厚度、溶液性质和温度有关;c 为溶液浓度。这就是比尔定律。比尔定律表明:当溶液液层厚度和入射光通量一定时,光吸收的程度与溶液浓度成正比。必须指出:比尔定律只能在一定浓度范围才适用,因为浓度过低或过高时,溶质会发生电离或聚合,而产生误差。

1.3.3　朗伯—比尔定律

当溶液液层厚度和浓度都可以改变时,这时就要考虑两者同时对透射光通量的影响,则有

$$A = \lg \frac{\Phi_o}{\Phi_{tr}} = \lg \frac{1}{\tau} = Kbc \qquad (1.3-4)$$

式中:K 为比例常数,与入射光的波长、溶液的性质和温度等因素有关。这就是朗伯—比尔定律,即光吸收定律,它是紫外、可见分光光度法进行定量分析的理论基础。

光吸收定律表明:当一束平行单色光垂直入射,通过均匀、透明的吸光物质的稀溶液时,溶液对光的吸收程度与溶液的浓度及液层厚度的乘积成正比。

朗伯—比尔定律应用的条件:①必须使用单色光;②吸收发生在均匀的介质;③吸收过程中,吸收物质互相不发生作用。

在朗伯—比尔定律的数学表达式中,比例常数 K 称为吸光系数。其物理意义是:单位浓度的溶液,液层厚度为 1 cm 时,在一定波长下测得的吸光度。

K 值的大小取决于吸光物质的性质、入射光波长、溶液温度和溶剂性质等,与溶

液浓度大小和液层厚度无关。但 K 值大小因溶液浓度所采用的单位不同而异。

1.3.3.1 质量吸光系数

质量吸光系数适用于摩尔质量未知的化合物。若溶液浓度以质量浓度 ρ($g \cdot L^{-1}$)表示,液层厚度 b 以厘米(cm)表示,相应的吸光系数,则为质量吸光系数,以 a 表示,其单位为 $L \cdot g^{-1} \cdot cm^{-1}$。这样,式(1.3-4)可表示为:

$$A = ab\rho \qquad (1.3-5)$$

1.3.3.2 摩尔吸光系数 ε

摩尔吸光系数是指当溶液浓度 c 以物质的量浓度($mol \cdot L^{-1}$)表示,液层厚度 b 以厘米(cm)表示时,相应的比例常数 K 称为摩尔吸光系数,以 ε 表示,其单位为 $L \cdot mol^{-1} \cdot cm^{-1}$。这样,式(1.3-4)可以改写成:

$$A = \varepsilon bc \qquad (1.3-6)$$

摩尔吸光系数的物理意义是:浓度为 1 $mol \cdot L^{-1}$ 的溶液,在厚度为 1 cm 的吸收池中,一定波长下测得的吸光度。

摩尔吸光系数是吸光物质的重要参数之一,它表示物质对某一特定波长光的吸收能力。ε 愈大,表示该物质对某波长光的吸收能力愈强,测定的灵敏度也就愈高。因此,测定时,为了提高分析的灵敏度,通常选择摩尔吸光系数大的有色化合物进行测定,并选择具有最大 ε 值的波长作为入射光。一般认为,$\varepsilon < 1 \times 10^4$ $L \cdot mol^{-1} \cdot cm^{-1}$,灵敏度较低;$\varepsilon$ 在 $1 \times 10^4 \sim 6 \times 10^4$ $L \cdot mol^{-1} \cdot cm^{-1}$,属中等灵敏度;$\varepsilon > 6 \times 10^4$ $L \cdot mol^{-1} \cdot cm^{-1}$,属高灵敏度。

摩尔吸光系数由实验测得。在实际测量中,不能直接取 1 $mol \cdot L^{-1}$ 这样高浓度的溶液去测量摩尔吸光系数,只能在稀溶液中测量后,换算成摩尔吸光系数。

例 用邻菲罗啉法测定铁,已知显色的试液中 Fe^{2+} 含量为 50 μg/100 mL,比色皿的厚度为 1 cm,在波长 510 nm 处测得吸光度为 0.099,计算邻菲罗啉亚铁络合物的摩尔吸光系数。

解 已知铁原子的摩尔质量为 55.85,则

$$[Fe^{2+}] = \frac{50 \times 10^{-6} \times \frac{1\,000}{100}}{55.85} = 8.9 \times 10^{-6} \text{ mol/L}$$

由于 1 mol Fe^{2+} 生成 1 mol 邻菲罗啉亚铁络合物,故络合物的浓度也是 8.9×10^{-6} mol/L。

将求得的络合物浓度代入式(1.3-6),得

$$\varepsilon = \frac{A}{bc} = \frac{0.099}{8.9 \times 10^{-6}} = 1.1 \times 10^4 \text{ L/(mol} \cdot \text{cm)}$$

1.3.3.3 比吸光系数

若溶液浓度以质量体积百分浓度(m/V)表示,液层厚度以厘米表示,则此吸光系数称作比吸光系数($E_{1cm}^{1\%}$)。比吸光系数的物理意义是:含有 1% 浓度的溶液,在 1 cm

厚的吸收池中测得的吸光度。$E_{1cm}^{1\%}$ 越大,灵敏度愈高。

1.3.3.4 吸光度的加和性

在多组分的体系中,在某一波长下,如果各种对光有吸收的物质之间没有相互作用,则体系在该波长的总吸光度等于各组分吸光度的和,即吸光度具有加和性,称为吸光度加和性原理。可表示如下:

$$A = A_1 + A_2 + \cdots A_n = \Sigma A_n$$

式中各吸光度的下标表示组分 $1, 2, \cdots, n$。吸光度的加和性对多组分同时定量测定,校正干扰等都极为有用。

1.3.4 影响吸收定律的主要因素

根据吸收定律,在理论上,吸光度对溶液浓度作图所得的直线的截距为零,斜率为 εb。实际上吸光度与浓度关系有时是非线性的,或者不通过零点,这种现象称为偏离光吸收定律。

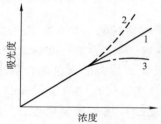

图 1.3－2 偏离吸收定律

1—无偏离;2—正偏离;3—负偏离

如果溶液的实际吸光度比理论值大,则为正偏离吸收定律;吸光度比理论值小,为负偏离定律,如图 1.3－2 所示。引起偏离吸收定律的原因主要有以下方面。

(1)入射光非单色性引起偏离。吸收定律成立的前提是入射光是单色光,但实际上,一般单色器所提供的入射光并非是纯单色光,而是由波长范围较窄的光带组成的复合光。而物质对不同波长的吸收程度不同(即吸光系数不同),因而导致了对光吸收定律的偏离。入射光中不同波长的摩尔吸光系数差别愈大,偏离吸收就愈严重。实验证明,只要所选的入射光,其所含的波长范围在被测溶液的吸收光谱曲线较平坦的部分,偏离程度就要小(见图 1.3－3)。

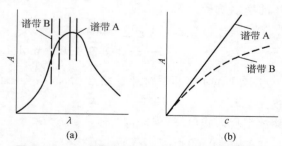

图 1.3－3 入射光的非单色光对吸收定律的影响

(2)溶液的化学因素引起偏离。溶液中的吸光物质因离解、缔合形成新的化合物而改变了吸光物质的浓度,导致偏离吸收定律。因此,测量前的化学预处理工作十分重要,如控制好显色反应条件、控制溶液的化学平衡等,以防止产生偏离。

（3）比尔定律的局限性引起偏离。严格说，比尔定律是一个有限定律，它只适用于浓度小于 0.01 mol·L^{-1} 的稀溶液。因为浓度高时，吸光粒子间平均距离减小，以致每个粒子都会影响其邻近粒子的电荷分布。这种相互作用使它们的摩尔吸光系数 ε 发生改变，因而导致偏离比尔定律。为此，在实际工作中，待测溶液的浓度应控制在 0.01 mol·L^{-1} 以下。

1.4 紫外—可见分光光度计

1.4.1 仪器的基本组成部件

在紫外及可见光区用于测定溶液吸光度的分析仪器称为紫外—可见分光光度计（简称分光光度计），目前，紫外—可见分光光度计的型号较多，但它们的基本构造都相似，都由光源、单色器、样品吸收池、检测器和信号显示系统等 5 大部件组成。

由光源发出的光，经单色器获得一定波长单色光照射到样品溶液，被吸收后，经检测器将光强度变化转变为电信号变化，并经信号指示系统调制放大后，显示或打印出吸光度 A（或透射比 τ），完成测定。

1.4.1.1 光源

光源的作用是供给符合要求的入射光。分光光度计对光源的要求是：在使用波长范围内提供连续的光谱，光强应足够大，有良好的稳定性，使用寿命长。实际应用的光源一般分为可见光光源和紫外光光源。

1. 可见光光源

钨丝灯是最常用的可见光光源，它可发射波长为 325～2 500 nm 范围的连续光谱，其中最适宜的使用范围为 320～1 000 nm，除用做可见光光源外，还可用做近红外光源。为了保证钨丝灯发光强度稳定，需要采用稳压电源供电，也可用 12 V 直流电源供电。

目前不少分光光度计已采用卤钨灯代替钨丝灯，如 723 型、754 型分光光度计等。所谓卤钨灯是在钨丝中加入适量的卤化物或卤素，灯泡用石英制成。它具有较强的寿命和高的发光效率。

2. 紫外光光源

紫外光光源多为气体放电光源，如氢、氘、氙放电灯等。其中应用最多的是氢灯及其同位素氘灯，其使用波长范围为 185～375 nm。为了保证发光强度稳定，也要用稳压电源供电。氘灯的光谱分布与氢灯相同，但光强比同功率氢灯要大 3～5 倍，寿命比氢灯长。

近年来，具有高强度和高单色性的激光已被开发用做紫外光光源。已商品化的激光光源有氩离子激光器和可调谐染料激光器。

1.4.1.2 单色器

单色器的作用是把光源发出的连续光谱分解成单色光，并能准确方便地"取出"

所需要的某一波长的光,它是分光光度计的心脏部分。单色器主要由狭缝、色散元件和透镜系统组成。其中色散元件是关键部件,是棱镜和反射光栅或两者的组合。它能将连续光谱色散成为单色光。狭缝和透镜系统主要用来控制光的方向,调节光的强度和"取出"所需要的单色光。狭缝对单色器的分辨率起重要作用,对单色光的纯度在一定范围内起着调节作用。

1. 棱镜单色器

棱镜单色器是利用不同波长的光在棱镜内折射率不同将复合光色散为单色光的。棱镜色散作用的大小与棱镜制作材料及几何形状有关。常用的棱镜用玻璃或石英制成。可见分光光度计可以采用玻璃棱镜,但玻璃吸收紫外光,所以不适用于紫外光区。紫外—可见分光光度计采用石英棱镜,它适用于紫外、可见整个光谱区。

2. 光栅单色器

光栅作为色散元件具有不少独特的优点。光栅可定义为一系列等宽等距离的平行狭缝。光栅的色散原理是以光的衍射现象和干涉现象为基础的。常用的光栅单色器为反射光栅单色器,它又分为平面反射光栅和凹面反射光栅两种,其中最常用的是平面反射光栅。由于光栅单色器的分辨率比棱镜单色器分辨率高(可达±0.2 nm),而且它可用的波长范围也比棱镜单色器宽,因此目前生产的紫外—可见分光光度计大多采用光栅作为色散元件。近年来,光栅的刻划和复制技术不断在改进,其质量也在不断地提高,因而其应用日益广泛。

值得提出的是:无论何种单色器,出射光光束常混有少量与仪器所指波长十分不同的光波,即"杂散光"。杂散光会影响吸光度的正确测量,其产生的主要原因是光学部件和单色器的外壁内壁的反射以及大气或光学部件表面上尘埃的散射等。为了减少杂散光,单色器用涂以黑色的罩壳封起来,通常不允许任意打开罩壳。

1.4.1.3 吸收池

吸收池又叫比色皿,是用于盛放待测液和决定透光液层厚度的器件。吸收池一般为长方体(也有圆鼓形或其他形状,但长方体最普遍),其底及两侧为毛玻璃,另两面为光学透光面。根据光学透光面的材质,吸收池有玻璃吸收池和石英吸收池两种。玻璃吸收池用于可见光光区测定。若在紫外光区测定,则必须使用石英吸收池。吸收池的规格以光程为标志。紫外—可见分光光度计常用的吸收池规格有0.5 cm、1.0 cm、2.0 cm、3.0 cm、5.0 cm 等,使用时根据实际需要选择。由于一般商品吸收池的光程精度往往不是很高,与其标示值有微小误差,即使是同一个厂出品的同规格的吸收池也不一定完全能够互换使用。所以仪器出厂前吸收池都经过检验配套,在使用时不应混淆其配套关系。在实际工作中,为了消除误差,在测量前还必须对吸收池进行配套性检验,使用吸收池过程中,也应特别注意保护两个光学面。为此,必须做到以下几点。

(1)拿取吸收池时,只能用手指接触两侧的毛玻璃,不可接触光学面。

(2)不能将光学面与硬物或脏物接触,只能用擦镜纸或丝绸擦拭光学面。

（3）凡含有腐蚀玻璃的物质（如 F^-、$SnCl_2$、H_3PO_4 等）的溶液，不得长时间盛放在吸收池中。

（4）吸收池使用后应立即用水冲洗干净。有色物污染可以用 3 mol/L HCl 和等体积乙醇的混合液浸泡洗涤。生物样品、胶体或其他在吸收池光学面上形成薄膜的物质要用适当的溶剂洗涤。

（5）不得在火焰或电炉上进行加热或烘烤吸收池。

1.4.1.4 检测器

检测器又称接受器，其作用是对透过吸收池的光做出响应，并把它转变成电信号输出，其输出电信号大小与透过光的强度成正比。常用的检测器有光电池、光电管及光电倍增管等，它们都是基于光电效应原理制成的。作为检测器，对光电转换器的要求是：光电转换有恒定的函数关系，响应灵敏度要高，速度要快，噪音低，稳定性高，产生的电信号易于检测放大等。

1. 光电池

光电池是由 3 层物质构成的薄片，表层是导电性能良好的可透光金属薄膜，中层是具有光电效应的半导体材料（如硒、硅等），底层是铁片或铝片（见图 1.4－1）。

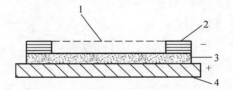

图 1.4－1 硒光电池结构示意

1—透明金属膜；2—金属集电环，负极；3—半导体，硒；4—基体，正极

由于半导体材料的半导体性质，当光照到光电池上，由半导体材料表面逸出的电子只能单向流动，使金属膜表面带负电，底层铁片带正电，线路接通就有光电流产生。光电流大小与光电池受到光照的强度成正比。

光电池根据半导体材料命名，常用的光电池是硒光电池和硅光电池。不同的半导体材料制成的光电池，对光的响应波长范围和最高灵敏峰波长各不相同。硒光电池对光响应的波长范围一般为 250～750 nm，灵敏区为 500～600 nm，而最高灵敏峰约在 530 nm。

光电池具有不需要外接电源，不需要放大装置而直接测量电流的优点。其不足之处是：由于内阻小，不能用一般的直流放大器放大，因而不适于较微弱的电流测量。光电池受光照持续时间太久或受强光照射会产生"疲劳"现象，失去正常的响应，因此一般不能连续使用 2 h 以上。

2. 光电管

光电管在紫外—可见分光光度计中应用广泛。它是一个阳极和一个光敏阴极组成的真空二极管。按阴极上光敏材料的不同，光电管分为蓝敏和红敏两种，前者可用波长范围为 210～625 nm；后者可用波长范围为 625～1 000 nm。与光电池比较，它具有灵敏度高、光敏范围广和不易疲劳等优点。

光电倍增管是检测弱光最常用的光电元件，它不仅响应速度快，能检测 10^{-8}～10^{-9} s 的脉冲光，而且灵敏度高，比一般光电管高 200 倍。目前紫外—可见分光光度计广泛使用光电倍增管作为检测器。

1.4.1.5 信号显示器

由检测器产生的电信号，经放大等处理后，用一定方式显示出来，以便于计算和记录。信号显示器有多种，随着电子技术的发展，这些信号显示器和记录系统将越来越先进。

1. 以检流计或微安表为指示仪表

这类指示仪表的表头标尺刻度值分上下两部分，上半部分是百分透射比 τ（原称透光度 T，目前部分仪器上还使用"T"表示透射比），均匀刻度；下半部分是与透射比相应的吸光度 A。由于 A 与 τ 是对数关系，所以 A 刻度不均匀，这种指示仪表的信号只能直读，不便自动记录，近年生产的紫外—可见分光光度计已不再使用这类指示仪表。

2. 数字显示和自动记录型装置

用光电管或光电倍增管作为检测器，产生的光电流经放大后由数码管直接显示出透射比或吸光度。这种数据显示装置方便、准确，避免了人为读数错误，而且还可以连接数据处理装置，自动绘制工作曲线，计算分析结果并打印报告，实现分析自动化。

1.4.2 紫外—可见分光光度计的类型及特点

紫外—可见分光光度计按使用波长范围可分为可见分光光度计和紫外—可见分光光度计两类。前者使用波长范围是 400～780 nm；后者使用波长范围为 200～1 000 nm。可见分光光度计只能用于测量有色溶液的吸光度，而紫外—可见分光光度计可测量在紫外、可见及近红外有吸收物质的吸光度。

紫外—可见分光光度计按光路可分为单光束式及双光束式两类；按测量时提供的波长数又可分为单波长分光光度计和双波长分光光度计两类。

1.4.2.1 单光束分光光度计

所谓单光束是指从光源中发出的光，经过单色器等一系列光学元件及吸收池后，最后照在检测器上始终为一束光。其工作原理见图 1.4－2。常用的单光束紫外—

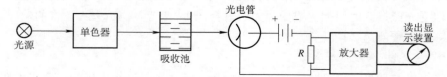

图 1.4－2 单光束分光光度计原理示意

可见分光光度计有 751G 型、752 型、754 型、756MC 型等。常用的单光束可见分光光度计有 721 型、722 型、723 型、724 型等。

单光束分光光度计的特点是结构简单、价格低,主要适于定量分析。其不足之处是测定结果受光源强度波动的影响较大,因而给定量分析结果带来较大误差。

1.4.2.2 双光束分光光度计

双光束分光光度计工作原理如图 1.4－3 所示。从光源中发出的光经过单色器后被一个旋转的扇形反射镜(即切光镜)分为强度相等的两束光,分别通过参比溶液和样品溶液。利用另一个与前一个切光器同步的切光器,使两束光在不同时间交替地照在同一个检测器上,通过一个同步信号发生器对来自两个光束的信号加以比较,并将两个信号的比值经过对数变换后转换为相应的吸光度值。

常用的双光束紫外—可见分光光度计有 710 型、730 型、760MC 型、760CRT 型、日本岛津 UV－210 型等。这类仪器的特点是:能连续改变波长,自动比较样品及参比溶液的透光强度,自动消除光源强度变化所引起的误差。对于必须在较宽波长范围内获得复杂吸收光谱曲线的分析,此类仪器极为合适。

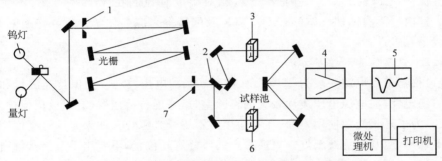

图 1.4－3 双光束紫外—可见分光光度计原理示意

1—进口狭缝;2—切光器;3—参比池;4—检测器;5—记录仪;6—试样池;7—出口狭缝

1.4.2.3 双波长分光光度计

双波长分光光度计与单波长分光光度计的主要区别在于采用双单色器,以同时得到两束波长不同的单色光,其工作原理如图 1.4－4 所示。

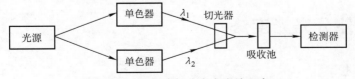

图 1.4－4 双波长分光光度示意

光源发出的光分成两束,分别经两个可以自由转动的光栅单色器,得到两束具有不同波长 λ_1 和 λ_2 的单色光,借助切光器,使两束光以一定的时间间隔交替照射到装有试液的吸收池,由检测器显示出试液在波长 λ_1 和 λ_2 的透射比差值 $\Delta\tau$ 或吸光度差值 ΔA,则

$$\Delta A = A_{\lambda_1} - A_{\lambda_2} = (\varepsilon_{\lambda_1} - \varepsilon_{\lambda_2}) b c$$

由上式可知，ΔA 与吸光物质浓度 c 成正比。这就是双波长分光光度计进行定量分析的理论根据。

常用的双波长分光光度计有国产 WFZ800S、日本岛津 UV－300、UV－365。

这类仪器的特点是：不用参比溶液，只用一个待测溶液，因此可以消除背景吸收干扰，包括待测溶液与参比溶液组成的不同及吸收液厚度差异的影响，提高了测量的准确度。它特别适合混合物和混浊样品的定量分析，可进行导数光谱分析等。其不足之处是价格昂贵。

1.4.3　分光光度计的维护保养

分光光度计是精密光学仪器，正确安装、使用和保养对保持仪器良好的性能和保证测试的准确度有重要作用。

1.4.3.1　对仪器工作环境的要求

分光光度计应安装在稳固的工作台上（周围不应有强磁场，以防电磁干扰）室内温度宜保持在 $15\sim28$℃。室内应干燥，相对湿度宜控制在 $45\%\sim65\%$，不应超过 70%。室内应无腐蚀性气体（如 SO_2、NO_2 及酸雾等），应与化学分析操作室隔开，室内光线不宜过强。

1.4.3.2　仪器保养和维护方法

（1）仪器工作电源一般为 220 V，允许 $\pm10\%$ 的电压波动。为保持光源灯和检测系统的稳定性，在电源电压波动较大的实验室，最好配备稳压器（有过电压保护）。

（2）为了延长光源使用寿命，在不使用时不要开光源灯。如果光源灯亮度明显减弱或不稳定，应及时更换新灯。更换后要调节好灯丝位置，不要用手直接接触窗口或灯泡，避免油污沾附，若不小心接触过，要用无水乙醇擦拭。

（3）单色器是仪器的核心部分，装在密封盒内，不能拆开，为防止色散元件受潮发霉，必须经常更换单色器盒中的干燥剂。

（4）必须正确使用吸收池，保护吸收池的光学面。

（5）光电转换元件不能长时间曝光，应避免强光照射或受潮积尘。

1.5　紫外分光光度法

1.5.1　概述

紫外分光光度法是基于物质对紫外光的选择性吸收以进行分析测定的方法。根据电磁波谱，紫外光区的波长范围是 $10\sim400$ nm，紫外分光光度法主要是对 $200\sim400$ nm 近紫外光区的辐射（200 nm 以下远紫外光会被空气强烈吸收）进行测定。

紫外吸收光谱与可见吸收光谱同属电子光谱，都是由分子中价电子能级跃迁产生的，不过紫外吸收光谱与可见吸收光谱相比，却具有一些突出的特点。它可用来对在紫外光区内有吸收峰的物质进行鉴定和结构分析,虽然这种鉴定和结构分析由于紫外吸收光谱较简单,特征性不强,必须与其他方法(如红外光谱、核磁共振波谱和质谱等)配合使用,才能得出可靠的结论,但它还是能提供分子中具有助色团、生色团和共轭程度的一些信息,这些信息对于有机化合物的结构推断往往很重要。紫外分光光度法可以测定在近紫外光区有吸收的无色透明的化合物,却不像可见光分光光度法那样需要加显色剂显色后再测定,因此它的测定方法简便且快速。由于具有电子和共轭双键的化合物,在紫外光区会产生强烈的吸收,其摩尔吸光系数可达 $10^4 \sim 10^5$ $L \cdot mol^{-1} \cdot cm^{-1}$,因此,紫外分光光度法的定量分析具有很高的灵敏度和准确度,可测至 $10^{-4} \sim 10^{-7}$ g/mL,相对误差可达 1% 以下。因而它在定量分析领域有着广泛应用。

紫外吸收光谱与可见吸收光谱一样,常用吸收光谱曲线来描述。即用一束具有连续波长的紫外光照射一定浓度的样品溶液,分别测量不同波长下该溶液的吸光度,以吸光度对波长作图得到溶液的紫外吸收光谱。如图 1.5—1 所示的紫外吸收光谱可以用曲线上吸收峰所对应的最

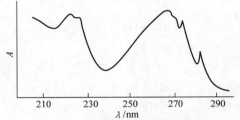

图 1.5—1 茴香醛紫外吸收光谱

大吸收波长 λ_{max} 和该波长下的摩尔吸光系数 ε_{max} 来表示茴香醛的紫外吸收特征。

1.5.2 紫外吸收光谱

1.5.2.1 紫外吸收光谱的产生

紫外吸收光谱与可见吸收光谱一样,是由于分子中价电子的跃迁而产生的。按分子轨道理论,在有机化合物分子中有几种不同性质的价电子:形成单键的称 σ 键电子;形成双键的称 π 电子;氧、氮、硫、卤素等含有未成键的孤对电子,称 n 电子。当它们吸收一定能量 ΔE 后,这些价电子跃迁到较高能级,此时电子所占的轨道称为 σ^*、π^* 反键轨道,而这种电子跃迁同分子内部结构有着密切关系。电子能级跃迁示意如图 1.5—2 所示。常见的电子跃迁类型有 $\sigma \rightarrow \sigma^*$ 跃迁、$n \rightarrow \sigma^*$ 跃迁、$\pi \rightarrow \pi^*$ 跃迁、$n \rightarrow \pi^*$ 跃迁 4 种。按照所需能量的大小进行排列,其次序为:

$$\sigma \rightarrow \sigma^* > n \rightarrow \sigma^* > \pi \rightarrow \pi^* > n \rightarrow \pi^*$$

图 1.5—2 电子能级跃迁示意

1. $\sigma \rightarrow \sigma^*$ 跃迁

σ^* 表示 σ 键电子的反键轨道,饱和碳氢化合物只有 σ 键电子,它吸收远紫外线(10~200 nm)后,由基态跃迁至反键轨道。如甲烷的 λ_{max} 为 125 nm,它的吸收光谱曲线必须在真空中测定。

2. n→σ* 跃迁

饱和碳氢化合物中氢被氧、氮、硫、卤素等杂原子取代后（单键），其孤对电子 n 电子较 σ 键电子易于激发，使电子跃迁所需能量降低，吸收波长较长，一般在 150～250 nm 范围内。例如，饱和脂肪醇或醚吸收波长在 180～185 nm；饱和脂肪胺吸收波长在 190～200 nm；饱和脂肪族氯化物吸收波长在 170～175 nm；饱和脂肪族溴化物吸收波长在 200～210 nm；当分子中含有硫、碘等电负性较高（电离能较低）的原子时吸收波长高于 200 nm，如 CH_3I 的 λ_{max} 为 258 nm，其他还有

$$CH_3Cl \qquad \lambda_{max}=172 \text{ nm} \qquad \varepsilon=100 \text{ L} \cdot \text{mol}^{-1} \cdot \text{cm}^{-1}$$
$$CH_3OH \qquad \lambda_{max}=183 \text{ nm} \qquad \varepsilon=150 \text{ L} \cdot \text{mol}^{-1} \cdot \text{cm}^{-1}$$
$$CH_3Br \qquad \lambda_{max}=204 \text{ nm} \qquad \varepsilon=200 \text{ L} \cdot \text{mol}^{-1} \cdot \text{cm}^{-1}$$
$$CH_3NH_3 \qquad \lambda_{max}=215 \text{ nm} \qquad \varepsilon=600 \text{ L} \cdot \text{mol}^{-1} \cdot \text{cm}^{-1}$$

3. π→π* 跃迁

含有 π 电子的基团如烯类、炔类、芳环等都能发生 π→π* 跃迁，它比 σ→σ* 跃迁所需能量低。非共轭的 π→π* 跃迁所吸收的波长较短，小于 200 nm，如乙烯的 π→π* 跃迁，λ_{max} 为 180 nm，ε 为 10^4 $\text{L} \cdot \text{mol}^{-1} \cdot \text{cm}^{-1}$。

具有共轭双键的化合物，相间的 π 键与 π 键形成大 π 键，由于大 π 键各能级间距离较近，电子容易激发，吸收波长向长波方向移动，并随着共轭双键数目的增加，吸收峰向长波方向移动。π→π* 跃迁属于强吸收，其 $\varepsilon \geqslant 10^4$ $\text{L} \cdot \text{mol}^{-1} \cdot \text{cm}^{-1}$。

4. n→π* 跃迁

凡有机化合物中含有杂原子氮、氧、硫等，同时又具有双键，吸收紫外光后产生 n→π* 跃迁，所需能量比上述几种都低，吸收波长在 200～400 nm 之间，为弱吸收，ε 在 10～100 $\text{L} \cdot \text{mol}^{-1} \cdot \text{cm}^{-1}$ 之间。

1.5.2.2　紫外吸收光谱中几个常用术语

1. 生色团

有机化合物中含有 π 键的不饱和基团，能在紫外光区或可见光区产生吸收，如 —CHO、—COOH、—N＝N—、—N＝O、—NO₂ 等称为生色团。

2. 助色团

有机化合物中引进氮、氧、硫、卤素等含有未共用电子对的杂原子团，能使生色团的 λ_{max} 向长波方向移动，并使吸收强度增加，这类基团称为助色团。如—NH₂、—OH、—OR、—SH、—SR、—Cl、—Br、—I 等。

3. 蓝移

由于取代基、溶剂的影响，使吸收峰波长向短波方向移动，这种现象称为蓝移或短移。能使有机化合物 λ_{max} 向短波方向移动的基团如—CH₃、—O—、—COCH₃ 等称为向蓝基团。

4. 红移

在饱和的碳氢化合物中引入生色团、助色团以及溶剂改变等原因，使吸收峰波长

向长波方向移动,这种现象称为红移或长移。能使有机化合物的 λ_{max} 向长波方向移动的基团如生色团、助色团称为向红基团。

5. 溶剂效应

紫外吸收光谱中常用溶剂为乙烷、庚烷、环己烷、二氧杂己烷、水、乙醇等。由于溶剂极性不同对溶质吸收峰的波长、强度及形状可能产生影响,这种现象称为溶剂效应。

例如,异丙叉丙酮 $H_3C(CH_3)-C=CHCO-CH_3$ 分子中有 $\pi \to \pi^*$ 和 $n \to \pi^*$ 跃迁。当用非极性溶剂正已烷时,$\pi \to \pi^*$ 跃迁的最大吸收波长 $\lambda_{max}=230$ nm;用水作溶剂时,$\lambda_{max}=243$ nm,产生红移。而 $n \to \pi^*$ 跃迁,以正已烷作溶剂时,$\lambda_{max}=329$ nm;用极性溶剂水时,$\lambda_{max}=305$ nm,产生蓝移。

又例如,苯在非极性溶剂庚烷溶液中,在 $230 \sim 270$ nm 处有一系列中等强度吸收峰并有精细结构;但在极性溶剂乙醇中,精细结构全部消失,呈现一宽峰。

6. 吸收带的类型

吸收带是指吸收峰在紫外光谱中谱带的位置。化合物的结构不同,跃迁的类型不同,吸收带的位置、形状、强度均不相同。根据电子及分子轨道的类型,吸收带可分为以下 4 种类型。

(1)R 吸收带。R 吸收带由德文 Radikal(基团)而得名。它是由 $n \to \pi^*$ 跃迁产生的。特点是强度弱($\varepsilon < 100$ L·mol^{-1}·cm^{-1}),吸收波长较长(> 270 nm)。例如,$CH_2=CH-CHO$ 的 $\lambda_{max}=315$ nm($\varepsilon=14$ L·mol^{-1}·cm^{-1})的吸收带为 $n \to \pi^*$ 跃迁产生,属于 R 吸收带。R 吸收带随溶剂极性增加而蓝移,但当附近有强吸收带时则产生红移,有时被掩盖。

(2)K 吸收带。K 吸收带由德文 Konjugation(共轭作用)得名。它是由 $\pi \to \pi^*$ 跃迁产生的。其特点是强度高($\varepsilon > 10^4$ L·mol^{-1}·cm^{-1}),吸收波长比 R 吸收带短($217 \sim 280$ nm),并且随着共轭双键数的增加,产生红移。共轭烃和被不饱和键取代的芳香族化合物可以产生这类谱带。例如,$CH_2=CH-CH=CH_2$ 的 $\lambda_{max}=217$ nm($\varepsilon=10\ 000$ L·mol^{-1}·cm^{-1}),属于 K 吸收带。

(3)B 吸收带。B 吸收带由德文 Benzenoid(苯的)得名。它是由苯环振动和 $\pi \to \pi^*$ 跃迁重叠引起的芳香族化合物的特征吸收带。其特点是:在 $230 \sim 270$ nm($\varepsilon=200$)谱带上出现苯的精细结构吸收峰,可用于辨识芳香族化合物。当在极性溶剂中测定时,B 吸收带会出现一宽峰,产生红移;当苯环上氢被取代后,苯的精细结构也会消失,并发生红移。

(4)E 吸收带。E 吸收带由德文 Kthylenicband(乙烯型)而得名。它属于 $\pi \to \pi^*$,也是芳香族化合物的特征吸收带。苯的 E 吸收带分为 E_1 带和 E_2 带。E_1 带 $\lambda_{max}=184$ nm($\varepsilon=60\ 000$),E_2 带 $\lambda_{max}=204$ nm($\varepsilon=7\ 900$)。当苯环上的氢被助色团取代时,E_2 带红移,一般在 210 nm 左右;当苯环上的氢被生色团取代,并与苯环共轭时,E_2 带和 K 带合并,吸收峰红移。例如,乙酰苯可产生 K 吸收带($\pi \to \pi^*$),其

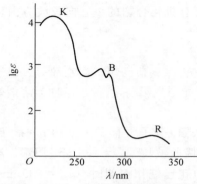

图 1.5－3 乙酰苯的紫外吸收光谱

$\lambda_{max}=240$ nm（见图 1.5－3）。此时 B 吸收带（$\pi \rightarrow \pi^*$）也发生红移（$\lambda_{max}=278$ nm）。可见 K 吸收带与苯的 E 吸收带相比显著红移。这是由于苯乙酮中羰基与苯环形成共轭体系的缘故。

1.5.2.3 有机化合物的特征吸收

1. 饱和有机化合物

饱和碳氢化合物只含有 σ 键，σ 电子结合得很牢固，只有吸收很大能量后，才能产生 $\sigma \rightarrow \sigma^*$ 跃迁，由此在远紫外区（10～200 nm）才有吸收，所以在 200～1 000 nm 范围内不产生吸收峰。故这一类化合物在紫外吸收光谱分析中常用作溶剂。但是当饱和碳氢化合物中的氢原子被取代后，吸收峰产生红移。

2. 烯烃

烯烃类化合物含有双键，能产生 $\pi \rightarrow \pi^*$ 跃迁。具有孤立双键的烯烃，其吸收带在 200 nm 以下，例如乙烯的 $\lambda_{max}=180$ nm。

当同一分子中含有两个或两个以上的不共轭双键时，λ_{max} 位置不变，但吸收强度大约增加一倍。如果分子中的双键只被一个单键隔开，形成共轭双键，产生大 π 键后，各能级间距离较近，电子容易激发，故产生红移，吸收波长增长，如表 1.5－1 所示。

共轭双键所具有的吸收带称为 K 吸收带，其特点是具有强吸收，ε_{max} 通常在 $2 \times 10^5 \sim 1 \times 10^4$ L·mol^{-1}·cm^{-1} 之间，吸收峰位置（λ_{max}）一般处在 217～280 nm 范围内。对未知样品的紫外吸收光谱，如有 K 吸收带的强吸收峰，则可判断样品分子中有共轭体系存在。

表 1.5－1 共轭烯烃的吸收峰

化合物	双键数	λ_{max}/nm	ε_{max}
乙烯	1	165	1.5×10^4
1,3－丁二烯	2	217	2.1×10^4
1,3,5－己二烯	3	258	3.5×10^4
二甲基四烯	4	296	5.2×10^4
癸五烯	5	335	1.18×10^5
二氢－β－胡萝卜素	8	415	2.1×10^5
番茄红素	11	470	1.85×10^5

3. 炔烃

简单的叁键吸收带 λ_{max} 为 173nm，属 $\pi \rightarrow \pi^*$ 跃迁。在共轭体系中有两个炔基时，一个显著的特点是在 230 nm 左右产生一系列中等强度的吸收带，ε 为几百。当这个体系增至 3 个以上叁键时，在近紫外区产生两个吸收带：220～280 nm 有强吸收,ε_{max}在10^5以上;在$280\sim400$ nm有弱吸收,ε_{max}为几百,它们均具有精细结构。

随着共轭叁键数量的增加,较短波长的强吸收带波长产生红移,如表1.5-2所示。

表1.5-2 多炔在乙醇中的强吸收

n	λ_{max}/nm	ε_{max}	n	λ_{max}/nm	ε_{max}
3	207	1.35×10^5	5	260	3.52×10^5
4	234	2.81×10^5	6	283	4.45×10^5

4.醛和酮

这类化合物的特点是含有羰基(羰基含有一对σ电子,一对π电子和一对未成键的n电子),能产生$\sigma\rightarrow\sigma^*$、$n\rightarrow\sigma^*$、$\pi\rightarrow\pi^*$、$n\rightarrow\pi^*$ 4种跃迁,显示出4个吸收带。其中$\sigma\rightarrow\sigma^*$、$n\rightarrow\sigma^*$、$\pi\rightarrow\pi^*$在远紫外区,在分析上应用少。$n\rightarrow\pi^*$跃迁在近紫外区,其吸收带又称R带,特点是吸收强度弱,$\varepsilon_{max}<100$ L·mol^{-1}·cm^{-1},吸收波长一般在270 nm以上,如表1.5-3所示。

表1.5-3 饱和醛、酮化合物的吸收峰

化合物	λ_{max}/nm	$\varepsilon_{max}/(L\cdot mol^{-1}\cdot cm^{-1})$	溶剂
丙酮	279	13	异辛烷
丁酮	279	16	异辛烷
二异丁酮	288	24	异辛烷
六甲基丙酮	295	30	醇
环戊酮	299	20	己烷
环己酮	285	14	己烷
乙醛	290	17	异辛烷
丙醛	292	21	异辛烷
异丁醛	290	16	己烷

不饱和醛、酮化合物含有与羰基共轭的不饱和的C=C键时,在近紫外区同时存在$\pi\rightarrow\pi^*$和$n\rightarrow\pi^*$跃迁,因而有两个吸收带,一个为K带,另一个为R带。α、β不饱和醛、酮的R带一般在$320\sim340$ nm,K带在$220\sim240$ nm之间。

5.羧酸和脂

饱和的羧酸在200 nm附近有一弱吸收带。α、β不饱和羧酸有一个强的K带,羧酸酯的吸收波长及强度与原来的酸相仿。

6.芳香族化合物

1)苯

苯具有环状共轭体系,在紫外光区有3个吸收谱带:E_1吸收带,吸收峰在184 nm左右,ε_{max}为4.7×10^4;E_2吸收带,吸收峰在203 nm左右,中等强度吸收,ε_{max}为

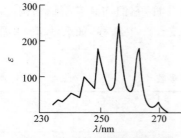

图 1.5－4　苯的紫外吸收光谱

7.4×10^3；B吸收带，最大吸收峰在255 nm，吸收强度较弱，ε_{max}为230。这些吸收带都是由 $\pi \rightarrow \pi^*$ 跃迁产生的。

B带是芳香族化合物的特征吸收带，由 $\pi \rightarrow \pi^*$ 跃迁与振动跃迁重叠产生，在非极性溶剂中或气态存在时，苯分子吸收光谱出现清晰的精细结构，在230～270 nm之间出现7个精细结构的峰，如图1.5－4所示。

不仅苯有精细结构，它的同系物也有精细结构，但在极性溶剂中，这些精细结构变得不明显或消失。B带的精细结构是鉴定芳香族化合物的特征。

2）取代苯

当苯环上的氢被其他基团取代时，苯的吸收光谱将会发生变化，复杂的B吸收带变得简单化，吸收峰向长波方向移动，吸收强度增加。取代基不同，红移的大小也不同。部分单取代苯的特征吸收如表1.5－4所示。

表 1.5－4　部分单取代苯的特征吸收

取代基	E$_2$ 谱带		B 谱带		溶剂
	λ_{max}/nm	$\varepsilon_{max}/(L \cdot mol^{-1} \cdot cm^{-1})$	λ_{max}/nm	$\varepsilon_{max}/(L \cdot mol^{-1} \cdot cm^{-1})$	
—CH$_3$	206.5	7 000	261	225	2%甲醇
—I	207	7 000	267	700	2%甲醇
—Cl	209.5	7 400	263.5	190	2%甲醇
—Br	210	7 900	261	192	2%甲醇
—OH	210.5	6 200	270	1 450	2%甲醇
—OCH$_3$	217	6 400	269	1 480	2%甲醇
—CN	224	13 000	271	1 000	2%甲醇
—NH$_2$	230	8 600	280	1 430	2%甲醇
—O—	235	9 400	287	2 600	2%甲醇
—C≡CH	236	12 500	278	650	庚烷

对于双取代苯，其紫外光谱的E$_2$带产生红移，因取代基的位置及性质不同，红移的波长数由几纳米至几百纳米。

3）多环芳烃

多环芳烃如联苯可以看作是芳环通过单键相连而生成的化合物。随着共轭范围的扩大，使苯的E$_2$带发生红移，同时吸收强度增大，苯的B带被淹没。例如苯的E$_2$带 λ_{max} 为203 nm，ε_{max} 为7 400；B带为255nm，ε_{max} 为230；而二联苯的E$_2$带 λ_{max} 红移至246 nm，ε_{max} 增大至20 000，同时使B谱带淹没。

稠环芳烃是更重要的一类芳香族化合物，如线性稠环中的萘、蒽等吸收光谱曲线有明显的精细结构,随着环的增加,共轭范围扩大,吸收峰红移。

关于杂环化合物,饱和的五元和六元杂环化合物在近紫外光区无吸收,只有不饱和杂环化合物在近紫外才有吸收。

1.6 紫外—可见分光光度法的应用

紫外—可见分光光度法可用于定性、定量分析,络合物组成的测定,分子结构的测定等。

1.6.1 定性分析

每一种化合物都有它自己的特征吸收,不同的化合物有不同的吸收光谱,可作为定性分析的依据。但是可见、紫外吸收光谱的吸收谱带一般很宽,有精细结构的不多,目前应用于定性分析,主要是测定某些官能团(如羰基、芳香烃、硝基和共轭二烯烃等基团)存在与否,对非吸收介质中的强吸收杂质的鉴定、痕量杂质的存在与否的鉴定等。

1.6.1.1 未知样品的鉴定

有机物的定性鉴定一般用红外光谱,因为它能获得更精细的红外光谱图,但是紫外吸收光谱有时也能起到这样的作用。通常是把未知样品的紫外吸收光谱图与标准样品谱图比较(或有关资料上的标准谱图比较),若两者的谱图相同,就证明是同一化合物。例如合成维生素 A_2 的鉴定:将天然维生素 A_2 和合成维生素 A_2 分别作紫外吸收光谱图,如果二者吸收光谱图相同,就可证明合成维生素 A_2 是成功的,如图 1.6－1 所示。

1.6.1.2 同分异构体的测定

目前有机物结构的测定,也主要靠红外光谱来完成,有时利用核磁共振、质谱等手段综合完成,而紫外吸收光谱也能完成一些结构的测定,或提供有价值的数据。对于某些有 π 键或共轭双键的异构体,仍可用紫外吸收光谱图进行区分,如某些旋光异构体、顺、反异构体等,它们的最大吸收波长、摩尔吸光系数都有明显区别。例如顺式和反式二苯乙烯的吸收光谱图,如图 1.6－2 所示。

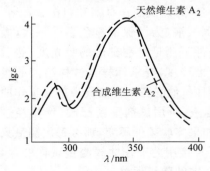

图 1.6－1 维生素紫外吸收光谱

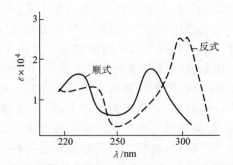

图 1.6－2 顺式和反式的二苯乙烯光谱

从上例可知,反式异构体的 λ_{max} 红移,ε_{max} 增大。

1.6.1.3　纯度的检查

如果某一化合物在紫外光区没有吸收,而杂质有较强吸收,则可方便地检出化合物中痕量杂质的存在。例如乙醇中杂质苯的鉴定,由于乙醇在近紫外光区无吸收,但苯在 256 nm 处有最大吸收,可鉴定苯的存在。又例如四氯化碳中二硫化碳的鉴定,四氯化碳在紫外光区无吸收,而二硫化碳有吸收,$\lambda_{max} = 318$ nm。

1.6.2　定量分析

紫外—可见分光光度法的最广泛和最重要的用途是作微量成分的定量分析,它在工业生产和科学研究中都占有十分重要的地位。进行定量分析时,由于样品的组成情况及分析要求不同,分析方法因此也有所不同。

1.6.2.1　单组分体系

如果样品是单组分的,且遵守吸收定律,这时只要测出被测吸光物质的最大吸收波长(λ_{max}),就可在此波长下,选用适当的参比溶液,测量试液的吸光度,然后再用工作曲线法或比较法求得分析结果。

1. 工作曲线法

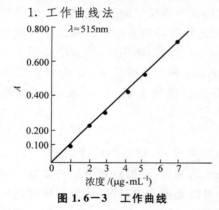

图 1.6-3　工作曲线

工作曲线法又称标准曲线法,它是实际工作中使用最多的一种定量方法。工作曲线的绘制方法是:配制 4 个以上浓度不同的待测组分的标准溶液,以空白溶液为参比溶液,在选定的波长下,分别测定各标准溶液的吸光度。以标准溶液浓度为横坐标,吸光度为纵坐标,在坐标纸上绘制曲线(或在工作站绘制曲线),此曲线即称为工作曲线(或称标准曲线),如图 1.6-3 所示。实际工作中,为了避免使用时出现差错,在所作的工作曲线上还必须标明标准曲线的名称、所用标准溶液(或标样)名称和浓度、坐标分度和单位、测量条件(仪器型号、入射光波长、吸收池厚度、参比溶液名称)以及制作日期和制作者姓名。

在测定样品时,应按照相同的方法制备待测试液(为了保证显色条件一致,操作时一般是试样与标样同时显色),在相同测量条件下测量待测试液的吸光度,然后在工作曲线上查出待测试液浓度。为了保证测定准确度,要求标样与试样溶液的组成保持一致,待测试液浓度应在工作曲线线性范围内,最好在工作曲线中部。工作曲线应定期校准,如果实验条件变动(如更换标准溶液、所用试剂重新配制、仪器经过修理、更换光源等情况),工作曲线应重新绘制。如果实验条件不变,那么每次测量只要带一个标样,校验一下实验条件是否符合,就可直接用此工作曲线测量试样的含量。工作曲线法适于成批样品的分析,它可以消除一定的随机误差。

例　纯碱中微量铁的测定。

(1)基本原理:基于亚铁离子与邻菲罗啉在 pH 2～9 时,Fe^{2+} 与邻菲罗啉生成稳定的橙红色络合物。

溶液中 Fe^{3+} 在显色前用盐酸羟胺或对苯二酚还原。

$$4Fe^{3+} + 2NH_2OH = 4Fe^{2+} + N_2O + H_2O + 4H^+$$

若显色时溶液 pH<2,显色缓慢且色浅,甚至无色;若 pH>10,Fe^{3+} 可能生成沉淀,邻菲罗啉亚铁最大吸收波长为 510 nm,$\varepsilon = 11\,100$。

Bi^{3+}、Cd^{2+}、Hg^{2+}、Ag^+、Zn^{2+} 离子能与显色剂生成沉淀;Co^{2+}、Cu^{2+}、Ni^{2+} 离子易与显色剂反应形成有色络合物,应注意这些离子的干扰。

(2)吸收曲线的绘制:用吸量管吸取 5 mL 10 μg/mL 铁标准溶液入 50 mL 容量瓶中,加入 5 mL 1 mol/L NaCN 溶液,加入 5 mL 1%盐酸羟胺溶液,再加入 5 mL 0.1%邻菲罗啉水溶液,用蒸馏水稀至 50 mL 刻度,摇匀,放置 10 min,用 1 cm 吸收池,以试剂空白作参比,在分光光度计上从波长 420 nm 开始至 600 nm 间,每隔 10 nm 测定一次吸光度。

以波长为横坐标、以吸光度为纵坐标绘制邻菲罗啉亚铁吸收曲线,并找出最大吸收波长 λ_{max}。

(3)标准曲线的绘制:吸取铁标准溶液 0.0、2.0、4.0、6.0、8.0、10.0 mL 分别放入 50 mL 容量瓶中,按上述方法显色,用 1 cm 吸收池、在最大吸收波长即 510 nm 处依次测定其吸光度,以标准溶液的浓度为横坐标、以吸光度为纵坐标绘制工作曲线。

(4)样品的测定:称取纯碱 4.000 g 于 100 mL 烧杯中,将 13 mL 1:1HCl 缓慢加入,直至 Na_2CO_3 全部溶解不冒泡为止,小心地全部转入 50 mL 容量瓶中。按上述方法显色并测定吸光度 A_x,从工作曲线上找出铁含量 C_x。

(5)计算:若查得 $C_x = 80$ μg/50 mL,则纯碱中铁含量为:

$$Fe\% = \frac{C_x \times 10^{-6}}{m_{样}} \times 50 \times 100\% = \frac{80 \times 10^{-6}}{4.00} \times 100\% = 0.002\,0\%$$

2. 比较法

这种方法是用一个已知浓度的标准溶液(C_s),在一定条件下,测得其吸光度 A_s,然后在相同条件下测得待测试液 C_x 的吸光度 A_x,设试液、标准溶液完全符合朗伯-比尔定律,则

$$C_x = \frac{A_x}{A_s} \cdot C_s$$

1.6.2.2 多组分体系

多组分是指在被测溶液中含有两个或两个以上的吸光物质。进行多组分混合物定量分析的依据是吸光度的加和性。假设溶液中同时存在 a、b 两种组分,它们的吸收曲线一般有下面两种情况。

1. 吸收曲线部分重叠

吸收曲线部分重叠有以下 3 种情况,如图 1.6-4 所示。

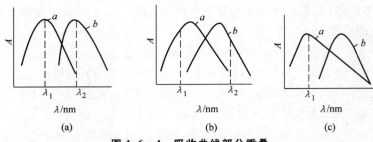

图 1.6－4　吸收曲线部分重叠

图 1.6－4(a)是曲线的最大吸收波长不重叠,这种情况只要选 λ_1 测 a 组分,选 λ_2 测 b 组分,互不干扰。

图 1.6－4(b)是曲线的最大吸收波长重叠,但是吸收曲线不是全部重叠,为了免除干扰可以牺牲灵敏度不选 λ_{max},可选 λ_1 测组分 a,选 λ_2 测组分 b。

图 1.6－4(c)是 a 组分曲线部分重叠,b 组分曲线全部重叠,这可选 λ_1 测 a 组分,b 组分按下述解联立方程解决。

2. 吸收曲线全部重叠

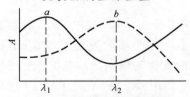

图 1.6－5　吸收曲线全部重叠

如图 1.6－5 所示。

这种情况可根据吸光度有加和性的原则来解释,所谓加和性即混合物的吸光度应等于各成分吸光度的总和。在曲线 a 和曲线 b 的最大吸收波长 λ_1 和 λ_2 处测定混合物的吸光度 $A_{\lambda_1}^{a+b}$ 及 $A_{\lambda_2}^{a+b}$,同时用已知浓度的 a、b 组分的溶液分别在 λ_1 和 λ_2 测定其吸光度 $A_{\lambda_1}^a$、$A_{\lambda_1}^b$、$A_{\lambda_2}^a$、$A_{\lambda_2}^b$,从而可计算出摩尔吸光系数 $\varepsilon_{\lambda_1}^a$、$\varepsilon_{\lambda_1}^b$、$\varepsilon_{\lambda_2}^a$、$\varepsilon_{\lambda_2}^b$。根据比尔定律解下列联立方程,可计算 a、b 组分的浓度。

$$A_{\lambda_1}^{a+b} = A_{\lambda_1}^a + A_{\lambda_1}^b = \varepsilon_{\lambda_1}^a c^a + \varepsilon_{\lambda_1}^b c^b$$

$$A_{\lambda_2}^{a+b} = A_{\lambda_2}^a + A_{\lambda_2}^b = \varepsilon_{\lambda_2}^a c^a + \varepsilon_{\lambda_2}^b c^b$$

$$C^a = \frac{A_{\lambda_1}^{a+b} \cdot \varepsilon_{\lambda_2}^b - A_{\lambda_2}^{a+b} \cdot \varepsilon_{\lambda_1}^b}{\varepsilon_{\lambda_1}^a \cdot \varepsilon_{\lambda_2}^b - \varepsilon_{\lambda_2}^a \cdot \varepsilon_{\lambda_1}^b}$$

$$C^b = \frac{A_{\lambda_1}^{a+b} - \varepsilon_{\lambda_1}^a C^a}{\varepsilon_{\lambda_1}^b}$$

例　钢中铬和锰的测定:试样经酸分解后,生成 Mn^{2+} 和 Cr^{3+},加入 H_3PO_4 以掩蔽 Fe^{3+} 的干扰。在酸性条件下,以 $AgNO_3$ 作催化剂,加过量(NH_4)$_2S_2O_8$,将 Cr^{3+}、Mn^{2+} 氧化成 $Cr_2O_7^{2-}$ 和 MnO_4^- 离子,在波长 440 nm 和 545 nm 处测定其吸光度,根据用标准溶液事先测出的摩尔吸光系数 $\varepsilon_{440\,nm}^{Cr}$、$\varepsilon_{545\,nm}^{Cr}$、$\varepsilon_{440\,nm}^{Mn}$、$\varepsilon_{545\,nm}^{Mn}$,解联立方程,即可计算出铬和锰的含量。

例　混合液中 $KMnO_4$ 和 $K_2Cr_2O_7$ 含量的测定。

(1)吸收曲线的绘制:用两只 1 cm 吸收池分别测定 $KMnO_4$ 和 $K_2Cr_2O_7$ 标准溶液在 420~700 nm 的吸光度(每隔 10 nm 测一次),在同一坐标纸上绘制二者的吸收曲线。如果仪器波长准确,$KMnO_4$ 在 520 nm 和 545 nm 有吸收峰,$K_2Cr_2O_7$ 在 440 nm 有吸收峰。

(2)摩尔吸光系数的测定:分别吸取 3.0 mL 标准 $KMnO_4$ 和 $K_2Cr_2O_7$ 溶液加到 2 个 50 mL 容量瓶中,用 1 mol/L H_2SO_4 稀至刻度,混匀,用 1 cm 吸收池,以 1 mol/L H_2SO_4 溶液作参比,分别在 440 nm 和 545 nm 处测定其吸光度 $A^{Cr}_{440\ nm}$、$A^{Cr}_{545\ nm}$、$A^{Mn}_{440\ nm}$、$A^{Mn}_{545\ nm}$,根据 $A=\varepsilon cb$,可算出摩尔吸光系数 ε^{Cr}_{440}、ε^{Cr}_{545}、ε^{Mn}_{440}、ε^{Mn}_{545}。

(3)混合液中 $KMnO_4$ 和 $K_2Cr_2O_7$ 浓度的测定:吸取 5.0 mL 试液加到 50 mL 容量瓶中,以 1 mol/L H_2SO_4 溶液稀至刻度,混匀,用 1 cm 吸收池在 440 nm 和 545 nm 处测定吸光度 A^{Cr+Mn}_{440}、A^{Cr+Mn}_{545}。

(4)计算:将测得的 A^{Cr+Mn}_{440}、A^{Cr+Mn}_{545} 和 ε^{Cr}_{440}、ε^{Cr}_{545}、ε^{Mn}_{440}、ε^{Mn}_{545} 代入下式解联立方程,即可求出 $KMnO_4$ 和 $K_2Cr_2O_7$ 的摩尔浓度。

$$A^{Cr+Mn}_{440}=\varepsilon^{Cr}_{440}c^{Cr}+\varepsilon^{Mn}_{440}c^{Mn}$$
$$A^{Cr+Mn}_{545}=\varepsilon^{Cr}_{545}c^{Cr}+\varepsilon^{Mn}_{545}c^{Mn}$$

1.7 分光光度分析的影响因素及条件选择

影响分光光度分析的因素很多,主要有以下方面。

1.7.1 显色反应和显色剂

1.7.1.1 显色反应的要求

显色反应主要有氧化还原反应和络合反应两大类,其中络合反应更为重要。对于显色反应一般应满足下列要求。

(1)选择性好。一种显色剂最好只与被测组分起显色反应,免除其他离子的干扰。

(2)灵敏度高。由于分光光度法一般是测量微量组分,灵敏度高有利于低含量组分的测定。灵敏度高低可由 ε 值来判断。摩尔吸光系数大则灵敏度高,但灵敏度高不一定选择性好,要根据样品具体情况而定。对于含量较高的组分,则不必选灵敏度高的显色剂。

(3)有色化合物的组成要恒定,化学性质要求稳定。有色化合物的组成若不恒定,测定的重现性就较差;有色化合物若易分解或被空气氧化,则会引起测量误差。

(4)显色剂最好是无色的。如果显色剂有色,则要求显色剂的颜色与络合物的颜色有显著差别。要求有色化合物的最大吸收波长与显色剂的最大吸收波长相差 60 nm 以上。

(5)显色反应的条件要易于控制。如果显色条件苛刻,则不易控制,造成重现性差、误差大。

1.7.1.2 无机显色剂

不少无机试剂能与金属离子形成有色络合物。多数无机显色剂的灵敏度和选择性都不太高，其中性能较好，目前仍有实用价值的见表1.7—1。

表 1.7—1 常用无机显色剂

显色剂	测定元素	酸度	无机化合物组成	颜色	测定波长/nm
硫氰酸盐	铁	$0.1 \sim 0.3 \ mol/L \ HNO_3$	$Fe(CNS)_5^{2-}$	红	480
	钼	$1.5 \sim 2 \ mol/L \ H_2SO_4$	$MoO(CNS)_5^{2-}$	橙	460
	钨	$1.5 \sim 2 \ mol/L \ H_2SO_4$	$WO(ONS)_4^{-}$	黄	405
	铌	$3 \sim 4 \ mol/L \ HCl$	$NbO(CNS)_4^{-}$	黄	420
钼酸铵	硅	$0.5 \sim 0.3 \ mol/L \ H_2SO_4$	$H_4SiO_4 \cdot 10MoO_3 \cdot Mo_2O_3$	蓝	$670 \sim 820$
	磷	$0.5 \ mol/L \ H_2SO_4$	$H_3PO_4 \cdot 10MoO_3 \cdot Mo_2O_3$	蓝	$670 \sim 820$
	钒	$1.0 \ mol/L \ HNO_3$	$P_2O_5 V_2O_5 \cdot 22MoO_3 \cdot nH_2O$	黄	420
	钨	$4 \sim 6 \ mol/L \ HCl$	$H_3PO_4 \cdot 10WO_3 \cdot W_2O_5$	蓝	660
氨水	铜	浓氨水	$Cu(NH_3)_6^{2+}$	蓝	620
	钴	浓氨水	$Co(NH_2)_6^{2+}$	红	500
	镍	浓氨水	$Ni(NH_3)_6^{2+}$	紫	580
过氧化氢	钛	$1 \sim 2 \ mol/L \ H_2SO_4$	$TiO(H_2O_2)^{2+}$	黄	420
	钒	$6.5 \sim 3 \ mol/L \ H_2SO_4$	$VO(H_2O_2)^{3+}$	红橙	$400 \sim 450$
	铌	$18 \ mol/L \ H_2SO_4$	$Nb_2O_3(SO_4)_2(H_2O_2)$	黄	365

1.7.1.3 有机显色剂

许多有机试剂在一定条件下能与金属离子形成有色络合物，并具有如下特点。

(1)生成的络合物大部分是环状螯合物，有鲜明的颜色，灵敏度高，摩尔吸光系数 ε 大于 10^4。

(2)生成的金属螯合物都很稳定，离解常数小。

(3)选择性高。在一定条件下只与少数或某一种金属离子生成有特征颜色的螯合物。

(4)大部分金属螯合物能被有机溶剂萃取，因而可提高灵敏度和分离干扰离子。

有机显色剂是分光光度分析中应用最广的显色剂，合成灵敏度高，选择性好的有机显色剂是目前研究的方向。常用的有机显色剂见表1.7—2。

表 1.7－2 常用有机显色剂

显示剂	测定离子	显色条件	颜色	λ_{max}/nm	ε
双硫腙	Zn^{2+}	pH5.0,CCl_4 萃取	红紫	535	1.12×10^5
双硫腙	Cd^{2+}	碱性,$CHCl_3$ 或 CCl_4 萃取	红	520	8.80×10^4
双硫腙	Ag^+	pH4.5,$CHCl_2$ 或 CCl_4 萃取	黄	462	3.05×10^4
双硫腙	Hg^{2+}	微酸性,CCl_4 萃取	橙	490	7.00×10^4
双硫腙	Pb^{2+}	pH8～11,KCN 掩蔽,CCl_4 萃取	红	520	6.86×10^4
双硫腙	Cu^{2+}	0.1 mol/L HCl,CCl_4 萃取	紫	545	4.55×10^4
铜试剂	Cu^{2+}	pH8.5～9.0,CCl_4 萃取	棕黄	436	1.29×10^4
硫脲	Bi^{2+}	1 mol/L,HNO_3	橙黄	470	9.00×10^2
铝试剂	Al^{3+}	pH5.0～6.5 HAc	深红	525	1.00×10^4
二甲酚橙	Pb^{2+}	pH4.5～5.5	红	580	1.94×10^2
二甲酚橙	Zr^{4+}	0.8 mol/L HCl	红	535	3.38×10^4
丁二酮肟	Ni^{2+}	碱性,$CHCl$ 萃取	红	360	3.40×10^2
磺基水杨酸	Fe^{3+}	pH8.5	黄	420	5.5×10^3
亚硝基 R 盐	Co^{2+}	pH6.0～8.0,$CHCl$ 萃取	深红	550	1.06×10^4
新亚铜灵	Cu^+	pH3.0～9.0,异戊醇萃取	黄橙	454	7.95×10^3
偶氮砷Ⅲ	Ba^{2+}	pH5.3	绿	640	5.10×10^3
邻菲罗啉	Fe^{2+}	pH3.0～6.0	橙红	510	1.11×10^4

1.7.1.4 三元络合物

近年来三元络合物的应用得到较大发展。所谓三元络合物是指由 3 个组分所形成的络合物,它较二元络合物有更高的灵敏度和选择性,同时还具有较高的稳定性,从而提高了方法的准确度。例如钒与 H_2O_2、吡啶偶氮间苯酚形成 1∶1∶1 络合物;Ti^{4+} 与 H_2O_2、二甲酚橙在 pH0.6～2 的酸性溶液中形成 1∶1∶1 络合物,$\lambda_{max}=530$ nm,克服了二甲酚橙底色的影响;为了测定氟,可利用氟与氟试剂、镧离子生成 1∶1∶1三元络合物。

以上三元混配络合物有以下特点。

(1)金属离子与两种络合剂都有形成络合物的能力。

(2)金属离子有形成未饱和络合物的性质。

(3)有适当的空间因素,两种络合剂分子一大一小。

除三元混配络合物外,还有三元离子缔合物和三元胶束络合物(胶束增溶分光光度法)。

1.7.2 影响显色反应的因素

显色反应能否满足分光光度法的要求,除了与显色剂的性质有关外,控制好显色反应的条件也十分重要,如果显色条件控制不好,将会严重影响分析结果的准确度。

1.7.2.1 显色剂的用量

显色反应一般可用下式表示:

$$M \ + \ R \ \Longleftrightarrow \ MR$$

被测组分　显色剂　有色化合物

为了保证显色反应尽可能进行完全,需要加入过量显色剂,但不是显色剂愈多愈好。对于有些显色反应,显色剂加入太多,反而会引起副反应,对测定不利。在实际工作中通常根据实验来确定显色剂用量。实验方法是将多份具有相同量的被测组分,加入不同量的显色剂,在相同条件下分别测定吸光度,作 $A-V_{显色剂}$ 曲线,如图 1.7-1 所示。

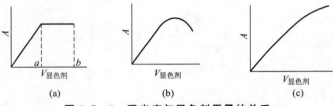

图 1.7-1　吸光度与显色剂用量的关系

显色剂用量对显色反应的影响有 3 种可能,图 1.7-1(a)的曲线为最常见,开始时吸光度随着显色剂用量增加而增加,当显色剂用量达某数值后,吸光度不再增大,出现 a、b 平坦部分,这意味着显色剂用量已足够,可在 a、b 之间选择合适的显色剂用量。

图 1.7-1(b)曲线说明当显色剂用量增大时,吸光度亦增大,增大到一定程度有一个狭窄的平坦区,当显色剂用量继续增加时,吸光度反而下降,如硫氰酸盐测定钼就是这种情况。这是因为五价的钼与 CNS^- 离子生成一系列配位数不同的络合物。

$$Mo(CNS)_3^{2+} \Longrightarrow Mo(CNS)_5 \Longrightarrow Mo(CNS)_6^-$$

浅红　　　　　橙红　　　　　浅红

当 CNS^- 用量过大时,会生成浅红色的 $Mo(CNS)_6^-$ 络合物,吸光度降低,所以要严格控制硫氰酸盐用量,才能获得正确的分析结果。

图 1.7-1(c)曲线说明当显色剂不断增加,吸光度也不断增大,其原因是生成了颜色愈来愈深的高配位数络合物。例如 Fe^{3+} 能与 CNS^- 生成 $Fe(CNS)^{2+}$ 至 $Fe(CNS)_6^{3-}$ 六种不同配位数的络合物,颜色由橙黄变至血红色,对于这类情况需要严格控制显色剂用量。

1.7.2.2 溶液的酸度

酸度对显色反应的影响主要有以下方面。

1. 酸度对显色剂浓度的影响

有机显色剂大部分是有机弱酸。显色反应进行时,首先是有机弱酸发生离解,然后才是络合剂阴离子与金属离子络合。

$$M+HR \Longrightarrow MR+H^+$$

从反应式可以看出,溶液的酸度影响显色剂的离解,并影响显色反应的完全程度。而酸度对显色剂离解程度的影响大小,与显色剂离解常数 K_a 有关,K_a 大时,允许酸度可大些,K_a 小时,允许酸度就小些。

2. 酸度对金属离子存在状态的影响

大部分金属离子很容易水解,当溶液酸度降低时,它们在水溶液中除了以简单的金属离子形式存在之外,还可能形成一系列羟基络离子或沉淀,这些反应对显色反应是不利的,如生成沉淀,显色反应无法进行。

3. 酸度对显色剂颜色的影响

显色反应中许多显色剂本身就是酸碱指示剂,当溶液酸度改变时,显色剂本身就有颜色变化。如果显色剂在某一酸度时,络合反应和指示剂变色反应同时发生,两种颜色同时产生,同时存在,就有可能使测定无法进行。例如二甲酚橙在溶液 pH>6.3 时溶液呈红紫色,在 pH<6.3 时呈亮黄色,在 pH=6.3 时呈中间色,而二甲酚橙与金属离子的络合物却呈现红色。因此二甲酚橙只有在 pH<6 的酸性溶液中才可以作为金属离子的显色剂。如果在 pH>6 的酸度下,分光光度测定就不可能进行。

4. 酸度对络合物组成的影响

对于某些逐级形成络合物的显色反应,在不同酸度时,将生成不同络合比的络合物,在这种情况下控制酸度是重要的。

5. 酸度对络合物稳定性的影响

溶液的酸度增大时,有色络合物可被 H^+ 离子分解:

$$MR+H^+ \Longrightarrow M^+ + HR$$

1.7.2.3　显色时间

显色后至测量吸光度所经过的时间也需要控制,有的显色反应进行快,有的显色反应进行慢,需要经过一定时间,颜色才能达到最大深度。而有的反应,颜色达到最大深度后又逐渐变浅。在制订一个比色方案时,需要用实验的方法测绘出吸光度随时间而变化的曲线,以确定颜色保持稳定不变的时间范围。进行分析工作时,吸光度的测定应在生成颜色达到最大强度和保持稳定的时间范围内进行。例如邻菲罗啉比色测定铁,显色 10 min 后才能使颜色达到最大强度;而用 4-氨基安替吡啉分光光度法测定水中酚,也要显色后 10 min 方可进行测定,同时要求 30 min 内测完,否则颜色将慢慢变浅。

1.7.2.4　温度

不同的显色反应需要不同的温度,一般显色反应可在室温进行。但也有些显色反应需要加热到一定程度才能完成,例如硅钼蓝法显色测定硅,在室温(15~30℃)下需 15～30 min,而在沸水浴中只需要 30 s 即可完成;相反,有些显色反应需要在低温下进行。例如,用对氨基苯磺酸和 α—萘胺(或 α—萘酚)测定水中亚硫酸盐时,以防止重氮化合物在水中分解而影响显色测定。

温度改变时,某些有色化合物的吸光系数也发生改变,因此测定时要求在相同温度下测定标准溶液和试液。

合适温度的选择也是通过实验确定的。

1.7.2.5 溶剂的影响

溶剂对显色反应有以下方面的影响。

1. 溶剂影响络合物的离解度

不少有色化合物在水中有较大的离解度,而在有机溶剂中的离解度小。例如 $Fe(CNS)_3$ 溶液加入可与水混溶的有机溶剂(如丙酮),由于降低了 $Fe(CNS)_3$ 的离解度而使颜色加深,提高了测定的灵敏度。

2. 溶剂影响络合物的颜色

溶剂改变络合物颜色的原因可能是各种溶剂的极性不同,改变了络合物内部的状态或者形成不同溶剂化合物的结果。例如,$Co(CNS)_4^{2-}$ 在水中无色,而在乙醇等有机溶剂中呈蓝色。

3. 溶剂影响显色反应速度

例如,氯代磺酚 S 测定铌时,在水溶液中显色需几个小时,如果加入丙酮后仅需 30 min。

1.7.2.6 干扰离子的影响及免除

1. 干扰离子的影响

(1)与试剂生成有色络合物。例如,硅钼蓝法测定硅时,磷也与钼酸铵生成磷钼蓝而干扰测定。

(2)与试剂结合成无色络合物。例如,用磺基水杨酸测定铁,铝存在时也与磺基水杨酸生成无色络合物,消耗显色剂,而使铁络合不完全。

(3)干扰离子本身有颜色,如 Co^{2+}、Cr^{3+}、Cu^{2+} 等。

(4)干扰离子与被测离子形成无色络合物。如硫氰酸盐法测定 Fe^{3+},当 F^- 存在时与铁生成 FeF_6^{3-},而使 $Fe(CNS)_3$ 不能形成。

2. 干扰离子的免除

(1)控制酸度。控制溶液酸度就可以控制显色剂离解度,达到选择络合物的形成。例如,以磺基水杨酸测定 Fe^{3+},Cu^{2+} 也能与磺基水杨酸形成黄色络合物而干扰。由于它们的离解常数分别为 $4×10^{-17}$ 及 $4×10^{-11}$,当控制溶液 pH=2.5 时,铁能形成络合物,而铜不能,从而可消除干扰。

(2)加入掩蔽剂。这是目前常用的方法,例如用硫氰酸盐显色测定钴时,Fe^{3+} 干扰,可加入氟化物生成 FeF_6^{3-},免除铁的干扰。

(3)分离干扰离子。没有适当掩蔽剂时,可用电解法、溶剂萃取法、沉淀法、离子交换法分离干扰离子。

（4）选择适当测量条件。例如，用 4－氨基安替吡啉显色测定废水中酚，铁氰化钾氧化剂与显色剂都呈黄色，干扰测定，但选用绿色滤光片或 520 nm 波长单色光就可免除干扰，因为黄色溶液在 420 nm 左右波长有强吸收，但 500 nm 波长以后无吸收。

1.7.3　参比溶液的选择

在分光光度分析中测定吸光度时，需要一个参比溶液来调节仪器零点，选择合适的参比溶液能消除误差，免除一些干扰离子的影响，对提高分析准确度起着重要作用。常选择以下几种参比溶液。

1.7.3.1　溶剂参比

当样品比较简单，或者样品中只有被测物显色，其他组分都无色时，则可选择纯溶剂作参比。例如，用 $(NH_4)_2S_2O_8$ 将 Mn^{2+} 氧化为 MnO_4^- 时，试剂和样品都是无色的，可用蒸馏水作参比溶液。又例如，用硫氰酸盐作显色剂，以乙酸乙酯萃取测定钼时，可用乙酸乙酯作参比溶液。

1.7.3.2　试剂参比

多数情况都是采用试剂溶液作参比。所谓试剂参比就是与样品溶液进行平行操作，即加所有的试剂，只是不加样品，试剂参比可消除试剂中所带来杂质的影响。例如，光度法测定铁，试剂杂质中也会带来微量铁，由于参比溶液也加入了同样的试剂，就可以抵消由于试剂中带来微量铁而使结果偏高的误差。

如果显色剂为有色物质，则更应以试剂溶液作参比才会抵消误差，同时要选择适当波长避免显色剂的干扰。

1.7.3.3　样品参比

当样品中含有某些有色离子时，这些离子又不与显色剂反应，可以采用样品溶液作参比来消除有色离子的影响。例如，铜试剂显色测定钢中铜可用此法。又例如，H_2O_2、吡啶偶氮间苯二酚（PAR）测定钒，生成 $V-PAR-H_2O_2$ 三元络合物，采用不加 H_2O_2 的样品溶液作参比。

1.7.3.4　褪色参比

当样品基体及显色剂均有颜色时，使用试剂参比或样品参比都不能完全消除干扰。当显色剂与基体不显色时，可寻找一种褪色剂（络合剂、氧化剂或还原剂），选择性地把被测离子络合或改变价态，使已显色的产物褪色，用来作参比溶液。例如，用铬天菁 S 显色测钢中铝，可加入 NH_4F 夺取 Al^{3+} 形成 AlF_6^{3-}，将褪色后的样品溶液作参比，可消除显色剂的颜色及样品中微量钒、铬、钛的干扰。

1.7.4　分光光度分析中最佳浓度范围

影响光度分析的因素，除上述各种原因外，仪器的测量误差也是一个重要方面。任何光度计都有测量误差，例如光源强度不稳定，光电效应非线性，单色器质量差，比色皿的透射比不一致,透射比与吸光度的标尺不准等因素。此外,控制被测溶液的浓度范围,使吸光度读数在标尺的一定范围内,使相对误差最小。透射比在什么范围内具有较小的浓度测定误差,可通过推导求得:

$$A = -\lg \tau$$

将此式微分得:

$$dA = -d(\lg \tau) = -0.434 d \ln \tau = -\frac{0.434}{\tau} d\tau$$

为求吸光度相对误差,用 A 除等式两边:

$$\frac{dA}{A} = -\left(\frac{0.434}{\tau A}\right) d\tau = \frac{0.434}{\tau \lg \tau} d\tau$$

因
$$\frac{dA}{A} = \frac{d(KCL)}{KCL} = \frac{KL dC}{KCL} = \frac{dC}{C}$$

所以
$$\frac{dC}{C} = \frac{0.434}{\tau \lg \tau} d\tau$$

用有限值表示,则上式可写成

$$\frac{\Delta C}{C} = \frac{0.434 \Delta \tau}{\tau \lg \tau}$$

当读数误差 $\Delta \tau = 1$ 时,则

$$\frac{\Delta C}{C} = \frac{0.434}{\tau \lg \tau}$$

用不同的透射比值 τ 代入上式所引起的相对误差,如表 1.7－3 所示。

表 1.7－3　不同透射比 τ 的测定相对误差 $\Delta C/C$

$\tau/\%$	$(\Delta C/C)/\%$	$\tau/\%$	$(\Delta C/C)/\%$
95	20.8	36.8	2.73
90	10.7	30	2.8
80	5.6	20	3.2
70	4.0	10	4.3
60	3.3	5	6.6
50	2.9	2	12.8

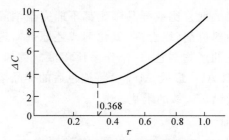

图 1.7－2　透光度与测量相对误差的关系

若以 $\Delta C/C$ 对溶液的透射比 τ 作图,可得图 1.7－2 所示曲线。

由表 1.7－3 及图 1.7－2 可以看出透射比很大或很小,相对误差都很大,但在 $\tau = 10\% \sim 80\%$($A = 1.0 \sim 0.1$)区间,浓度相对误差较小。当 $\tau = 20\% \sim 65\%$($A = 0.7 \sim 0.2$)时,相对误差为 3％左右,对于精密度较高的光度

计,测量相对误差为 1%左右,当 $\tau=36.8\%(A=0.434)$ 时,相对误差最小,所以,能使吸光度为 0.7～0.2 的浓度区间为分光光度分析的最佳浓度范围。

吸光度太大或太小引起相对误差大的原因可作如下解释:因为吸光度的读数标尺是对数刻度,在高浓度区间刻度稠密,读数误差 ΔC 很大,所以相对 $\Delta C/C$ 很大。在低浓度区读数标尺稀疏,但由于 C 很小,所以相对误差 $\Delta C/C$ 仍很大。

为了减少相对误差,应控制被测溶液的浓度和选择吸收池厚度,使测定的吸光度为 0.7～0.2 区间最佳。

1.8 紫外—可见分光光度法应用实训

实训项目 邻二氮菲分光光度法测定微量铁

实训说明:

可见分光光度法测定无机离子,通常要经两个过程,一是显色过程,二是测量过程。邻二氮菲在 pH 值为 2～9 的缓冲溶液中,Fe2+离子与邻二氮菲发生显色反应:形成稳定的橙红色配合物,利用此反应可以测定微量铁。

实训任务目标:

1. 知识目标

① 掌握紫外—可见分光光度计的构造;

② 理解参比溶液的作用,会选择合适的参比溶液;

③ 学会利用吸收曲线确定最大吸收波长 λ_{max};

④ 掌握选择合适的分析测定条件的方法;

⑤ 掌握工作曲线法进行定量分析。

2. 技能目标

① 准确配制浓度适当的标准溶液;

② 掌握 721 分光光度计的使用;

③ 正确读数,记录数据;

④ 利用数据能进行相关计算。

3. 素质目标

① 实训开始前,按要求清点仪器,并做好实训准备工作;

② 实训过程保持实训台整洁干净;

③ 按实训要求准确记录实训过程,完成实训报告;

④ 实训结束后,认真清洗仪器,清点实训仪器并恢复实训台;

⑤ 全班完成实训任务后,恢复实训室卫生。

1.8.1 721 型分光光度计的调校

1.8.1.1 实训技能列表

(1)721 型分光光度计的使用。

(2)掌握紫外－可见分光光度计的构造。

1.8.1.2 仪器设备

721 型分光光度计。

1.8.1.3 操作步骤

1. 在接通电源之前,电表的指针必须位于"0"刻线上,否则应旋动电表上的校正螺丝调节到位。

2. 打开比色皿室的箱盖和电源开关,使光电管在无光照射的情况下预热 20 分钟以上。

3. 旋转波长调节器,选择测定所需的单色光波长。选择适当的灵敏度,一般先将灵敏度旋钮至中间位置,用零点调节器调节电表指针至 T 值为 0％处。若不能调到,应适当增加灵敏度。

4. 放入空白溶液和待测溶液,使空白溶液置于光路中,盖上比色皿室箱盖,使光电管受光,调节光量调节旋钮使电表指针在 T 值为 100％处。

5. 打开比色皿室箱盖(关闭光门),调节零点调节旋钮使针在 T 值为 0％处,然后盖上箱盖(打开光门),调节光量调节旋钮使指针在 T 值为 100％处。如此反复调节,直到关闭光门进和打开光门时指针分别指在 T 值为 0％和 100％处为止。

6. 将待测溶液置于光路中,盖上箱盖,由此时指针的位置读得待测溶液的 T 值或 A 值。

7. 测量完毕后,关闭开关取下电源插头,取出比色皿洗净擦干,放好。盖好比色皿暗箱,盖好仪器。

1.8.2 吸收曲线的绘制

1.8.2.1 实训技能列表

(1)721 型分光光度计的使用。

(2) 选择正确的参比溶液。

(3) 利用测定数据绘制吸收曲线,确定最大吸收波长 λmax。

1.8.2.2 仪器设备

(1)721 型分光光度计。

(2)50ml 容量瓶两支。

(3)10ml 移液管一支 、5ml 移液管一支 、2ml 移液管两支

1.8.2.3 试剂

(1)$NH_4Fe(SO_4)$ · $12H_2O$:配制 $100.00\mu g/mL$ 标准铁储备液用。

(2)3mol/L H_2SO_4:配制 $100.00\mu g/mL$ 标准铁储备液用。

(3)盐酸羟胺:配制 100.0g/L 盐酸羟胺溶液用。

(4)邻二氮菲:配制 1.5g/L 邻二氮菲溶液用。

(5)醋酸钠:配制 1.0 mol/L 醋酸钠溶液用。

1.8.2.4 操作步骤

1. 清洗所需使用的玻璃器皿。

2. 配制 $100.00\mu g/mL$ 铁标准溶液和其他辅助试剂。

3. 开机预热。

4. 绘制吸收曲线。

一般情况下,应该选择被测物质的最大吸收波长的光为入射光,这样不仅灵敏度高,准确度也好。当有干扰物质存在时,不能选择最大吸收波长,可根据"吸收最大,干扰最小"的原则来选择。

取两个 50mL 干净容量瓶;移取 $10.00ug/mL$ 铁标准溶液 5.00mL 于其中一个 50mL 容量瓶中,然后在两容量瓶中各加入 1mL 100.0 g/L 盐酸羟胺溶液,摇匀。各加入 2mL 1.5 g/L 邻二氮菲溶液,5mL 1.0mol/L NaAc 溶液,用蒸馏水稀释至刻线摇匀。用 1cm 吸收池,以试剂空白为参比,在 $440\sim540$nm 间,每隔 10nm 测量一次吸光度。在峰值附近每间隔 5nm 测量一次,以波长为横坐标,吸光度为纵坐标确定最大吸收波长 λmax。

1.8.2.5 实训要点提示

1. 配制 $10.00\mu g/mL$ 的铁储备液时,其中需加入 10mL 3mol/L H_2SO_4 防止水解;$100.0\mu g/mL$ 铁标准溶液由 $10.00\mu g/mL$ 的铁储备液稀释配制。

2. 显色过程中,每加入一种试剂均要摇匀。

3. 测试试样应完全透明,如有浑浊,应预先过滤。

1.8.3 工作曲线法测定微量铁

1.8.3.1 实训技能列表

(1)721 分光光度计的使用。

(2)显色条件的选择。

(3)利用数据,绘制工作曲线,得到正确的测定结果。

1.8.3.2 仪器设备

(1)721 型分光光度计。

(2)100mL 容量瓶七支。

(3)10mL 移液管两支、5mL 移液管一支、2mL 移液管两支。

1.8.3.3 试剂

(1)$10.00\mu g/mL$ 铁标液。

(2)100.0g/L 盐酸羟胺溶液。

(3) 1.5g/L 邻二氮菲溶液。

(4)1.0 mol/L 醋酸钠溶液。

(5)1.0 mol/L 氢氧化钠。

1.8.3.4 实训步骤

1. 清洗所需使用的玻璃器皿。

2. 开机预热。

3. 显色条件的选择。

(1)有机配合物稳定性试验。

有色配合物的颜色应当稳定足够的时间,至少应保证在测定过程中,吸光度基本不变,以保证测定结果的准确度。

取两个 50mL 干净容量瓶;移取 10.00ug/mL 铁标准溶液 5.00mL 于其中一个50mL 容量瓶中,然后在两容量瓶中各加入 1mL 100.0 g/L 盐酸羟胺溶液,摇匀。放置 2min 后,各加入 2mL 1.5 g/L 邻二氮菲溶液,5mL 1.0mol/L NaAc 溶液,用蒸馏水稀释至刻线摇匀。放置约 2min 立即用 1cm 吸收池,以试剂空白溶液为参比溶液,在选定的波长下测定吸光度。以后隔 10、20、30、60、120min 测定一次吸光度,并记录吸光度和时间。

(2)显色剂用量试验。

配制一系列被测元素浓度相同不同显色剂用量的溶液,分别测其吸光度,作 A—CR 曲线,找出曲线平台部分,选择一合适用量即可。

取 6 只洁净 50mL 容量瓶中各加入 10.00ug/mL 铁标准溶液 5.00mL,1mL100g/mL 盐酸羟胺溶液,摇匀。再分别加入 0、0.5、1.0、2.0、3.0、4.0mL 1.5g/L 邻二氮菲,5mL 1.0mol/L NaAc 溶液,用蒸馏水稀释至标线,摇匀。用 1cm 吸收池,以试剂空白溶液为参比溶液,在选定的波长下测定吸光度,记录各吸光度值。

(3)溶液酸度影响试验。

在不同 pH 缓冲溶液中,加入等量的被测离子和显色剂,测其吸光度,作 A—pH曲线,由曲线上选择合适的 pH 范围。

在 6 只洁净的 50mL 容量瓶中各加入 10.00ug/mL 铁标准溶液 5.00mL,1mL100g/L 盐酸羟胺溶液,摇匀。再分别加入 2mL 1.5g/L 邻二氮菲溶液,摇匀。用吸量管分别加入 1.0mol/L NaOH 溶液 0.0、0.5、1.0、1.5、2.0、2.5mL,用蒸馏水稀释至标线,摇匀。用精密 pH 试纸(或酸度计)测定各溶液的 pH 后,用 1cm 吸收池,以试剂空白为参比溶液,在选定波长下测定各溶液吸光度记录所测各溶液 pH 极其相应吸光度。

4. 绘制工作曲线。

取 50 mL 容量瓶 6 只,分别移取 10.00 ? g/mL 铁标准溶液 2.0、4.0、6.0、8.0和 10.0 mL 于 5 只容量瓶中,另一容量瓶中不加铁标准溶液。然后 6 只容量瓶中各加 1 mL 100.0g/L 盐酸羟胺,摇匀,再各加 2mL 1.5g? L—1 邻二氮杂菲,5 mL 1.0mol/L NaAc 溶液,用蒸馏水稀释至标线,摇匀。在分光光度计上,用比色皿在最大吸收波长处,测定各溶液的吸光度。以铁含量为横坐标,吸光度为纵坐标,绘制工作曲线。

5. 铁含量的测定。

另取试液经适当处理后,在与上述相同的条件下显色,由测得的吸光度值从工作曲线上求得被测物质的含量。

6. 实训结束,计算分析结果。

思 考 题

一、简答题

1. 什么叫分光光度分析法?

2. 物质为什么会有颜色?

3. 什么是吸收光谱曲线? 什么叫工作曲线?

4. 朗伯—比尔定律的数学表达式是什么? 运用此定律的条件有哪些?

5. 电子跃迁有哪几种类型? 它与分子结构有何关系? 产生紫外吸收光谱的机理如何?

6. 画图说明 721 型(或 72 型、72－G 型、722 型)分光光度计的工作原理。

7. 紫外分光光度计与可见分光光度计有何不同?

8. 影响显色反应的因素有哪些?

9. 免除干扰离子的办法有哪些?

10. 已知某乙醇中含有微量苯,试拟订一个用紫外分光光度计测定苯含量的分析方案。

二、计算题

1. 某标准溶液含铁 47.0 mg/L,吸取此溶液 5 mL,加还原剂还原后,加邻菲罗啉显色,用水稀至 100 mL 后,在 510 nm 处用 1 cm 吸收池测得吸光度为 0.467,计算此络合物的摩尔吸光系数。

2. 邻菲罗啉光度法测定铁,标准溶液是由 0.864 g 铁铵矾 $NH_4Fe(SO_4)_2 \cdot 12H_2O$,加 1:1 H_2SO_4 2.5 mL,用水稀至 1 L 配制,求此溶液 1 mL 含有多少毫克铁? 吸取此溶液 0.0、2.0、4.0、6.0、8.0、10.0 mL 分别放入 50 mL 容量瓶中显色,测得吸光度为 0.0、0.12、0.24、0.36、0.47、0.59。以吸光度为纵坐标,以浓度(mg/50 mL)为横坐标,绘制标准曲线。

3. 某溶液的浓度为 C(g/L),测得透射比为 80%,当其浓度为 4C(g/L)时,其吸光度及百分透射比各为多少?

4. 用 H_2O_2 显色,在钢中同时测定钛和钒。

(1)50 mL 中含 Ti 1.00 mg,在波长 400 nm 处测得吸光度为 0.134,在波长 460 nm 处测得吸光度为 0.072;同样中含钒 1.00 mg,在波长 400 nm 处测得吸光度为 0.057,在波长 460 nm 处测得吸光度为 0.091。

(2)称取钢样 1.000 g,H_2O_2 显色后稀至 50 mL,在波长 400 nm 处测得吸光度为 0.172;在波长 460 nm 处测得吸光度为 0.116。

求钛和钒的百分含量。

2

红外吸收光谱法

2.1 概　　述

2.1.1 红外吸收光谱的分类

　　红外光谱与紫外-可见光谱同属于吸收光谱的范畴,红外光谱是研究分子运动的吸收光谱,亦称为分子光谱。通常红外光谱是指波长在 $0.78\sim25\ \mu m$ 之间的吸收光谱,这段波长范围反映出分子中原子间的振动和变角运动。分子在振动的同时还存在着转动运动,虽然转动运动所涉及的能量变化较小,处在远红外区,但转动运动影响到振动运动产生的偶极矩的变化,因而在红外光谱区实际所测得的谱图是分子的振动与转动的加合表现,因此红外光谱又称为振动-转动光谱。

　　根据所用仪器不同及所要获得的有关结构信息不同,一般将红外吸收光谱分成3个不同的光谱区域。这3个区域所包含的波长范围以及相应的能级跃迁类型如表2.1-1所示。

表 2.1-1　红外吸收光谱区分类

区域	波长/μm	波数/cm^{-1}	能级跃迁类型
近红外区(泛频区)	0.78~2.5	12 820~4 000	O—H、N—H 及 C—H 键的倍频吸收
中红外区(基本振动-转动区)	2.5~25	4 000~400	分子的振动,分子的转动
远红外区(转动区)	25~1 000	400~10	分子的转动,晶体的晶格振动

大多数有机化合物和许多无机化合物的化学键振动频率均出现在中红外区,一般所说的红外光谱就是指波数为 4 000~400 cm^{-1} 范围内的分子吸收光谱,它主要可用于有机化合物的结构鉴定,有时也用于定量分析。

2.1.2 红外吸收光谱的表示方法

分子的总能量由平动能量、振动能量、电子能量和转动能量 4 部分构成。其中振动能级的能量差为 $8.01 \times 10^{-21} \sim 1.60 \times 10^{-19}$ J,与红外光的能量相对应。当用一连续波长的红外线为光源照射样品时,其中某些波长的光就要被样品分子所吸收,这种利用观察样品物质对不同波长红外光的吸收程度进行研究物质分子的组成和结构的方法,称为红外分子吸收光谱法,简称红外光谱法,常以 IR 表示。由于物质分子对不同波长的红外光的吸收程度不同,致使某些波长的辐射能量被样品选择吸收而减弱。如果以波长 λ(或波数 σ)为横坐标,表示吸收峰的位置,用透射率 τ(或吸光度 A)作纵坐标,表示吸收强度,将样品吸收红外光的情况用仪器记录下来,就得到了该样品的红外吸收光谱。其谱图可以有 4 种表示方法:透射率与波数($\tau - \sigma$)曲线,透射率与波长($\tau - \lambda$)曲线,吸光度与波数($A - \sigma$)曲线,吸光度与波长($A - \lambda$)曲线。$\tau - \sigma$ 或 $\tau - \lambda$ 曲线上的"谷"是光谱吸收峰,$A - \sigma$ 或 $A - \lambda$ 曲线上的"峰"是光谱吸收峰。

在红外谱图中,吸收峰的位置简称峰位,常用波长$-\lambda$(μm)或波数$-\sigma$(cm^{-1})表示。由于波数直接与振动能量成正比,故红外光谱更多的是用波数为单位。波数的物理意义是单位厘米长度上波的数目,波数与波长的关系为:

$$\text{波数 } \sigma(\text{cm}^{-1}) = 10^4 / \text{波长 } \lambda(\mu m)$$

在红外谱图中,波长按等间隔分度的,称为线性波长表示法;波数按等间隔分度的,称为线性波数表示法。对于同一样品用线性波长表示和用线性波数表示,其光谱的表观形状截然不同,会误认为不同化合物的光谱。比较图 2.1—1(a)和图 2.1—1(b)分别为苯酚的波长等间隔和波数等间隔表示的红外光谱,发现 $\tau - \lambda$ 曲线"前密后疏",$\tau - \sigma$ 曲线"前疏后密"。

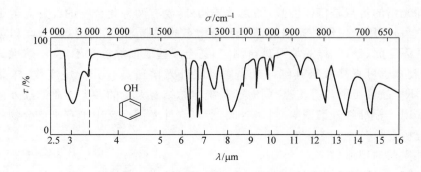

图 2.1—1(a) 苯酚的红外吸收光谱(波长等间隔)

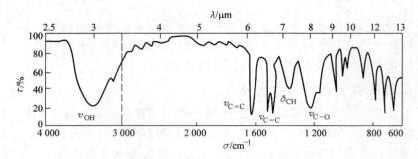

图 2.1－1(b)　苯酚的红外吸收光谱(波数等间隔)

红外光谱中一般按摩尔吸光系数 ε 的大小来划分吸收峰的强弱等级,不同等级用相对应的符号表示,如表 2.1－2 所示。

表 2.1－2　吸收峰强弱等级表示

吸收峰强弱等级	极强峰	强峰	中强峰	弱峰	极弱峰
符号表示	vs	s	m	w	vw
$\varepsilon/(L \cdot mol^{-1} \cdot cm^{-1})$范围	$\varepsilon > 100$	$\varepsilon = 20 \sim 100$	$\varepsilon = 10 \sim 20$	$\varepsilon = 1 \sim 10$	$\varepsilon < 1$

红外光谱中峰的形状各异,常见的宽峰、尖峰、肩峰和双峰的形状如图 2.1－2 所示。

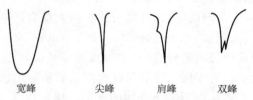

宽峰　　　　尖峰　　　　肩峰　　　　双峰

图 2.1－2　红外光谱吸收峰形状

2.1.3　红外吸收光谱的特点

红外光谱的特点是特征性强,除光学异构外,没有两种化合物的红外光谱是完全相同的。另外,用于做红外光谱的样品不受物态的限制,亦不受熔点、沸点和蒸汽压的限制。无论固、液、气样品均可进行测定,甚至一些表面涂层和不溶、不熔融的弹性体(如橡胶),也可直接获得其红外光谱图。红外光谱还具有分析速度快,样品用量少,不破坏样品且可回收等优点,同时已系统地总结有大量的各类物质的红外标准谱图(如 Sadtler 标准红外谱图等)可供查阅,所以红外光谱广泛用于有机化合物的定性与结构分析。

红外光谱的用途如下。

(1)鉴定和证实已知样品的结构,可采用与标准样或标准谱图比较的方法进行。

(2)对于未知化合物,可通过红外谱图中吸收峰的位置、数目、相对强度和吸收峰的形状了解其结构特点,如官能团和化学键、脂肪族或芳香族化合物、苯环上的取代位置、顺反异构体等,从而推断化合物的可能结构。但一般来说仅靠红外光谱来确定结构是困难的,经常需要结合其他手段,如核磁、质谱等得到的数据进行综合分析,才可能得到正确的结果。

(3)利用官能团的特征吸收进行定量分析和组分的纯度分析,也可用于进行反应速度的测定。但是红外光谱定量分析的方法麻烦且准确度不高,故应用不多,只有不能采用其他方法时方被采用。

红外光谱的应用也有一定的局限性,对于单原子分子(Ar、Ne 等)、单原子离子(K^+、Na^+ 等)、同质双原子分子(H_2、O_2 等)以及对称分子都不产生红外吸收峰,无法用红外光谱法分析;对于某些在红外区有吸收的化合物也不能用红外光谱法予以鉴别,例如旋光异构体,不同分子量的同一类高聚物等;此外,红外光谱图上的吸收峰有一些是不能做出理论解释的,可能干扰分析测定。因此一些复杂物质的结构分析,还必须与拉曼光谱、核磁、质谱等方法配合使用。

2.2 红外吸收光谱基本原理

2.2.1 红外吸收光谱产生的原因

红外光照射的能量可以引起化合物中化学键振动能级和转动能级的跃迁,从而产生红外吸收光谱。而红外光谱法主要研究的是分子中原子的相对振动,也可归结为化学键的振动。不同的化学键或官能团,其振动能级从基态跃迁到激发态所需要的能量是不同的,因此要吸收不同波长的红外光。当一定波长的红外光照射物质的分子时,若辐射能等于振动基态的能级与第一振动激发态的能级之间的能量差时,则分子便吸收红外光,由振动基态跃迁到第一振动激发态。分子吸收红外光后,能引起辐射光强度的改变,又由于不同分子吸收不同波长的红外光,因此在不同波长处出现吸收峰,从而形成了红外吸收光谱。由上述可知,红外光谱产生的原因主要是因为分子的振动,一般把分子的振动方式分为化学键的伸缩振动和变形振动(弯曲振动)两大类。

1)伸缩振动

伸缩振动是指原子沿键轴方向伸缩,使键长发生变化而键角不变的振动,用符号 ν 表示。伸缩振动又可分为对称伸缩振动和不对称伸缩振动(反对称伸缩振动),分别用符号 ν_s 和 ν_{as} 表示。对称伸缩振动指振动时各键同时伸长或缩短;不对称伸缩振动是指振动时某些键伸长,某些键则缩短。

2)变形振动(弯曲振动)

变形振动是指键角发生周期性变化而键长不变的振动,也称之为弯曲振动。可分为面内变形振动、面外变形振动及对称和不对称变形振动等形式。

变形振动在由几个原子所构成的平面内进行,称为面内变形振动。面内变形振动可分为两种:一是剪式振动(δ),在振动过程中键角的变化类似于剪刀的开和闭;二是面内摇摆振动(ρ),基团作为一个整体,在平面内摇摆。

变形振动在垂直于由几个原子所组成的平面外进行,称为面外变形振动。面外变形振动可分为两种:一是面外摇摆振动(ω),两个原子同时向面上或面下的振动;二是卷曲振动(τ),一个原子向面上,另一个原子向面下的振动。

AX$_3$基团的分子变形振动还有对称和不对称之分:对称变形振动(δ_s)中,3个AX键与轴线组成的夹角对称地增大或缩小,形如伞式的开闭,所以也称之为伞式振动;不对称变形振动(δ_{as})中,二个夹角缩小,一个夹角增大,或相反。

以亚甲基(—CH$_2$—)和甲基(—CH$_3$—)的几种振动形式为例,如图2.2—1、图2.2—2所示。

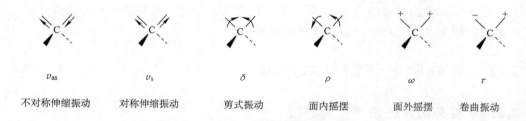

ν_{as} ν_s δ ρ ω τ

不对称伸缩振动   对称伸缩振动   剪式振动   面内摇摆   面外摇摆   卷曲振动

图 2.2—1 亚甲基的各种振动形式

("+"表示运动方向垂直向里,"—"表示运动方向垂直向外)

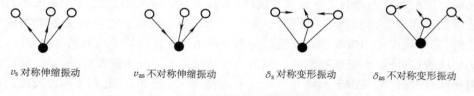

ν_s 对称伸缩振动 ν_{as} 不对称伸缩振动 δ_s 对称变形振动 δ_{as} 不对称变形振动

图 2.2—2 甲基的各种振动形式

2.2.2 产生红外吸收光谱的条件

并不是所有的振动形式都能产生红外吸收。经过实验证明,红外光照射分子,引起振动能级的跃迁,从而产生红外吸收光谱,必须具备以下条件。

(1)红外辐射应具有恰好能满足能级跃迁所需的能量,即物质的分子中某个基团的振动频率应正好等于该红外光的频率。或者说当用红外光照射分子时,如果红外光子的能量正好等于分子振动能级跃迁时所需的能量,则可以被分子吸收,这是红外光谱产生的必要条件。

(2)物质分子在振动过程中应有偶极矩的变化($\Delta\mu \neq 0$),这是红外光谱产生的充分必要条件。在红外光的作用下,只有偶极矩($\Delta\mu$)发生变化的振动,即在振动过程中 $\Delta\mu \neq 0$ 时,才会产生红外吸收。这样的振动称为红外"活性"振动,其吸收带在红外光谱中可见；而在振动过程中，偶极矩不发生改变（$\Delta\mu=0$）的振动称为"非活性"振动，这种振动不吸收红外光，因此也就记录不到其吸收带，在红外吸收谱图中也就找不到。如非极性的同核双原子分子 N_2、O_2、H_2 等，在振动过程中偶极矩并不发生变化，它们的振动不产生红外吸收谱带。有些分子既有红外"活性"振动，又有红外"非活性"振动。

以 CO_2 为例，阐述其红外谱图中吸收峰的个数。

红外光谱中吸收峰的个数取决于分子的自由度数，而分子的自由度数等于该分子中各原子在空间中坐标的总和。

$$线性分子的振动自由度=3n-5$$
$$非线性分子的振动自由度=3n-6$$

式中 n 为分子中的原子个数。

CO_2 为线性分子，其振动自由度$=3\times3-5=4$，即它应有 4 种振动形式，如图 2.2－3 所示。

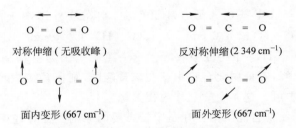

图 2.2－3　CO_2 分子的振动形式

按理 CO_2 分子的红外吸收光谱中应有 4 个吸收峰，但实际上却只有两个吸收峰，它们分别位于 2 349 cm^{-1} 和 667 cm^{-1} 处。其原因是在 CO_2 分子的 4 种振动形式中，对称伸缩振动不引起分子偶极矩的变化，因此不产生红外吸收光谱，也就不存在吸收峰。不对称伸缩振动产生偶极矩的变化，在 2 349 cm^{-1} 处出现吸收峰。而面内弯曲振动和面外弯曲振动又因频率完全相同，峰带发生简并，只产生 667 cm^{-1} 处一个吸收峰。故 CO_2 分子虽有 4 种振动形式，但只出现两个吸收峰。

在观测红外吸收谱带时，经常遇到峰数往往少于分子的振动自由度数目，其原因：①某些振动不使分子发生瞬时偶极矩的变化，不引起红外吸收；②有些分子结构对称，某些振动频率相同会发生简并；③有些强而宽的峰常把附近的弱而窄的峰掩盖；④有个别峰落在红外区以外；⑤有的振动产生的吸收峰太弱测不出来。

2.2.3　红外吸收光谱相关术语及分区

2.2.3.1　红外吸收光谱中常用术语

（1）基频峰。分子吸收一定频率的红外光，若振动能级由基态（$n=0$）跃迁到第一振动激发态（$n=1$）时，所产生的吸收峰称为基频峰。由于 $n=1$，基频峰的强度一般都较大,因而基频峰是红外吸收光谱上最主要的一类吸收峰。

(2)倍频峰。在红外吸收光谱上除基频峰外,还有振动能级由基态($n=0$)跃迁至第二($n=2$),第三($n=3$),……,第 n 振动激发态时,所产生的吸收峰称为倍频峰,分别称之为二倍频峰,三倍频峰,……,n 倍频峰。其中二倍频峰还经常观测得到,三倍频峰及其以上的倍频峰,因跃迁几率很小,一般都很弱,常观测不到。

(3)合频峰。合频峰指两个或多个基频峰之和或差所成的峰,多数为弱峰,在图谱上不易辨认。

(4)泛频峰。倍频峰和合频峰统称为泛频峰。

(5)特征峰。凡是能用于鉴定原子基团存在且具有较高强度的吸收峰,称为特征峰,其对应的频率称为特征频率。如—C≡N 的特征峰在 2 247 cm^{-1} 处。

(6)相关峰。因为一个官能团有多种振动形式,而每一种具有红外活性的振动一般相应产生一个吸收峰,有时还能观测到泛频峰,因而常常不能只由一个特征峰来肯定官能团的存在。在化合物的红外谱图中由于某个官能团的存在而出现的一组相互依存的特征峰,可互称为相关峰。

例如,分子中若有甲基(—CH_3)基团存在,则在红外谱图上能明显观测到在 2 960 cm^{-1} 处 ν_{as}(C—H)、2 870 cm^{-1} 处 ν_s(C—H)、1 460 cm^{-1} 处 δ_{as}(C—H)以及 1 370 cm^{-1} 处 δ_s(C—H)4 个特征吸收峰。这一组峰是因为甲基基团的存在而出现的相互依存的吸收峰,若证明化合物中存在该官能团,则在其红外谱图中这 4 个吸收峰都应存在,缺一不可。这 4 个峰互称为相关峰。

用一组相关峰鉴别官能团的存在是个较重要的原则。在有些情况下因与其他峰重叠或峰太弱,因此并非所有的相关峰都能检测到,但必须找到主要的相关峰才能确认官能团的存在。

2.2.3.2　红外吸收光谱分区

红外吸收光谱的最大特点就是其具有高度特征性,分子中的各种基团都有其特征红外吸收带。常见的一些基团在 4 000～670 cm^{-1} 范围内都有其各自的特征基团频率。而这个红外光谱区域(中红外区)又是普通红外光谱仪的工作区域。中红外区因此划分为特征谱带区(4 000～1 330 cm^{-1},即 2.5～7.5 μm)和指纹区(1 330～667 cm^{-1},即 7.5～15 μm)。前者吸收峰比较稀疏,容易辨认,主要反映分子中特征基团的振动,便于基团鉴定,有时也称为基团频率区。后者吸收光谱复杂,有各种 C—X(X＝C、N、O)单键的伸缩振动和各种变形振动。由于它们的键强度差别不大,各种变形振动能级差小,所以该区谱带特别密集,但却能反映分子结构的细微变化。每种化合物在该区的谱带位置、强度及形状都不一样,形同人的指纹,故称指纹区,对鉴别有机化合物用处很大。

利用红外吸收光谱鉴定有机化合物结构,必须熟悉重要的红外区域与结构(基团)的关系。通常红外光区可分为 9 个重要区段。

(1)O—H、N—H 键伸缩振动段。O—H 键伸缩振动在 3 700～3 100 cm^{-1},游

离的羟基伸缩振动在 3 600 cm^{-1} 左右,形成氢键缔合后移向低波数,谱峰变宽,特别是羧基中的 O—H 键,吸收峰常展宽到 3 200~2 500 cm^{-1}。该谱带是判断醇、酚和有机酸的重要依据。一、二级胺或酰胺等的 N—H 键伸缩振动类似于 O—H 键,但—NH$_2$ 为双峰,—NH— 为单峰。游离的 N—H 键伸缩振动在 3 300~3 500 cm^{-1},强度中等,缔合后将使峰位及强度都发生变化,但不及羟基显著,向低波数移动也只在 100 cm^{-1} 左右。

(2)不饱和 C—H 键伸缩振动段。烯烃、炔烃和芳烃等不饱和烃的 C—H 键伸缩振动大部分在 3 000~3 100 cm^{-1},只有端炔基(≡C—H)吸收在 3 300 cm^{-1}。

(3)饱和 C—H 键伸缩振动段。甲基、亚甲基、叔碳氢及醛基的碳氢伸缩振动在 3 000~2 700 cm^{-1},其中只有醛基 C—H 键伸缩振动在 2 720 cm^{-1} 附近(特征),其余均在 2 800~3 000 cm^{-1}。和不饱和 C—H 键伸缩振动比较可以发现,3 000 cm^{-1} 是区分饱和与不饱和烃的分界线。

(4)三键与累积双键段。在 2 400~2 100 cm^{-1} 范围内的红外谱带很少,只有 C≡C、C≡N 等三键伸缩振动和 C=C=C、N=C=O 等累积双键的不对称伸缩振动吸收在此范围内,因此易于辨认,但必须注意空气中 CO$_2$ 的干扰(2 349 cm^{-1})。

(5)羰基伸缩振动段。羰基的伸缩振动在 1 650~1 900 cm^{-1},所有的羰基化合物在该段均有非常强的吸收峰,而且往往是谱带中第一强峰,非常特征。它是判断羰基存在的主要依据。其具体位置还和邻接基因密切相关,对推断羰基类型有重要价值。

(6)双键伸缩振动段。烯键和芳环上的双键以及碳氮双键的伸缩振动在 1 500~1 675 cm^{-1}。其中芳环骨架振动在 1 500~1 600 cm^{-1} 有 2 到 3 个中等强度的峰,是判断芳环存在的重要标志之一。而 1 600~1 675 cm^{-1} 的吸收,往往是 C=C 或 C=N 键伸缩振动。

(7)碳氢键面内弯曲振动段。烃类 C—H 键面内弯曲振动在 1 300~1 475 cm^{-1}。一般甲基、亚甲基的弯曲振动位置都比较恒定。由于存在着对称和不对称弯曲振动(对于—CH$_3$),因此通常看到两个以上的峰。而亚甲基的弯曲振动在此区段内仅有 δ_s(~1 465 cm^{-1}),其 δ_{as} 即 ρ_{CH_2},出现在 ~720 cm^{-1} 处($-(CH_2)_n$—,$n \geqslant 4$)。

(8)C—X(X 为 C、N、O)键伸缩振动段。C—X 键伸缩振动在 1 300~800 cm^{-1}。

(9)不饱和 C—H 键面外弯曲振动段。烯烃 C—H 键面外弯曲振动在 800~1 000 cm^{-1}。不同取代类型的烯烃,其不饱和 C—H 键面外弯曲振动段位置不同,由此可判断烯烃的取代类型。芳烃的不饱和 C—H 键面外弯曲振动段在 900~650 cm^{-1},出现 1~2 个强吸收带。谱带位置及数目与苯环的取代情况有关,可用作判断苯环取代情况的辅助手段。

2.2.3.3 主要基团红外特征吸收峰

用红外光谱来确定化合物中某种基团是否存在时,需要熟悉各基团的特征吸收峰。表 2.2—1 列举了一些有机化合物的重要特征吸收峰。

表 2.2－1 主要基团红外特征吸收峰

化合物类型	基团	振动类型	波数/cm⁻¹	波长/μm	强度	注
一、链状烷烃	—CH₃	ν_{as}CH	2 960±10	3.38±0.01	s	特征,裂分为 2 个峰;共振时,裂分为 2 个峰
		ν_sCH	2 870±10	3.48±0.01	m→s	
		δ_{as}CH(面内)	1 450±20	6.90±0.1	m	
		δ_sCH(面内)	1 375±5	7.27±0.03	m	
	—CH₂—	ν_{as}CH	2 925±10	3.42±0.01	s	
		ν_sCH	2 825±10	3.51±0.01	s	
		δ_{CH}(面内)	1 465±10	6.83±0.1	m	
	—CH—	νCH	2 890±10	3.46±0.01	w	
		δ_{CH}(面内)	~1 340	~7.46	w	
	—CMe₂—		1 170±5	8.55±0.04	s	双峰强度相仿
		ν_{C-C}	1 170~1 140	8.55~8.77	s	
			~800	~12.5	m	
	—CMe₃	δ_{CH}(面内)	1 395~1 385	7.17~7.22	m	环架振动
		δ_{CH}	1 370~1 365	7.30~7.33	s	
		ν_{C-C}	1 250±5	8.00±0.03	m	
		ν_{C-C}	1 250~1 210	8.00~8.27	m	
	─(CH₂)ₙ 当 n≥4 时	δ_{CH}(平面摇摆)	750~720	13.33~13.88	m,s	
二、烯烃	\C=C/	νCH	3 095~3 000	3.23~3.33	m,w	γ=C—H 若 C=C=C 则为 2 000~1 925 cm⁻¹ 中间有数段间隔
		$\nu_{C=C}$	1 695~1 540	5.90~6.50	可变	
		δ_{CH}(面内)	1 430~1 290	7.00~7.75	m	
		δ_{CH}(面外)	1 010~667	9.90~15.0	s	
	H\C=C/H (顺式)	νCH	3 040~3 010	3.29~3.32	m	环状化合物 850~650 cm⁻¹
		δ_{C-H}(面内)	1 310~1 295	7.63~7.72	m	
		δ_{CH}(面外)	690±15	14.50±0.3	s	
	H\C=C/H (反式)	νCH	3 040~3010	3.29~3.32	m	
		δ_{CH}(面外)	970~960	10.31~10.42	s	
	\C=C/H (三取代)	δ_{CH}	1 390~1 375	7.20~7.27	s	
		δ_{CH}(面外)	840~790	11.89~12.66	s	

化合物类型	基团	振动类型	波数/cm^{-1}	波长/μm	强度	注
三、炔烃	C≡C—H	ν_{CH}	约 3 300	约 3.0	m	非特征
		$\nu_{C≡C}$	2 270～2 100	4.41～4.76	m	
		δ_{CH}(面内)	约 1 250	约 8.00		
		δ_{CH}(面外)	640～615	15.50～16.25	s	
		ν_{CH}	3 310～3 300	3.02～3.03	m→s	特征
		δ_{CH}(组峰)	1 300～1 200	7.69～8.33	m,s	
		$\nu_{C≡C}$	2 140～2 100	4.67～4.76	w,vw	
	R—C≡C—R	$\nu_{C≡C}$	2 260～2 190	4.42～4.57	w	
		与 C=C 共轭	2 270～2 220	4.41～4.51	m	
		与 C=O 共轭	约 2 250	约 4.44	s	
四、芳烃	⬡	ν_{CH}	3 040～3 030	3.29～3.30	m	特征,高分辨呈多重峰(一般为3～4个峰)
		δ_{CH}(面外的泛频峰)	2 000～1 660	5.00～5.98	w	特征,加大样品量、可判断取代图式
		ν_{C-C}(骨架振动)	1 600～1 430	6.25～6.99	可变	高度特征,确定芳核存在的重要标志之一,由于取代基团影响,个别可达到 1 615～1 650 cm^{-1}
		δ_{CH}(面内)	1 225～950	8.16～10.53	w	因峰强度太弱,仅作为在区别三取代时,提供δ_{CH}(面外)的参考峰
		δ_{CH}(面外)	900～690	11.11～14.49	s	特征,确定取代位置最重要峰
		ν_{C-C}(骨架振动)	1 600±5	6.25±0.02	可变	一般情况下,1 600±5 峰稍弱,而 1 500±25 峰稍强,二者皆属于强峰,共轭环
			1 580±5	6.33±0.02	可变	
			1 500±25	6.67±0.10	可变	
			1 450±10	6.90±0.05	可变	

化合物类型	基团	振动类型	波数/cm⁻¹	波长/μm	强度	注
四、芳烃	取代类型 X（苯环）	δ_{CH}（面外）	770～730 710～690	12.90～13.70 14.08～14.49	v,s s	5 个相邻 H
	X X（邻位）	δ_{CH}（面外）	770～735	12.99～13.61	v,s	4 个相邻 H
	X X（间位）	δ_{CH}（面外）	810～750 725～680 900～860	12.35～13.33 13.79～14.71 11.12～11.63	v,s m→s m	3 个相邻 H 3 个相邻 H 1 个孤立 H （作参考）
	X X（对位）	δ_{CH}（面外）	860～800	11.63～12.50	v,s	3 个相邻 H
五、酮	—CH₂—C(=O)—CH₂— （饱和链状酮）	$\nu_{C=O}$	1 715±10	5.83±0.03	v,s	在 CHCl₃ 中低 10～20 cm⁻¹
	—CH=CH—C(=O)—R （α,β 不饱和酮）	$\nu_{C=O}$	1 675±10	5.97±0.4	v,s	因为 C=O 与 C=C 共轭,所以降低 40 cm⁻¹
	X—CH₂—C(=O)—R （α-卤代酮）	$\nu_{C=O}$	1 735±10	5.77±0.03	v,s	
	—C(=O)—C(=O)— （α-二酮）	$\nu_{C=O}$	1 720±10	5.81±0.03	v,s	
	—C(=O)—CH₂—C(=O)— （β-二酮）	$\nu_{C=O}$	1 700±10	5.88±0.03	v,s	
	—C=C—C(=O)— 	OH （β-二酮烯醇式）	$\nu_{C=O}$	1 640～1 540	6.10～6.49	v,s	吸收峰宽而强(因共轭鳌合作同非正常 C=O 峰

化合物类型	基团	振动类型	波数/cm⁻¹	波长/μm	强度	注
六、醛	$-C(=O)H$	ν_{CH}	2 900～2 700	3.46～3.70	w	一般为两个峰带约 2 855 cm⁻¹ 及约 2 740 cm⁻¹
		$\nu_{C=O}$	1 730±10	5.78±0.03	v,s	
		ν_{C-C}	1 440±1 325	6.95～7.55	m	
		δ_{CH}(面外)	975～780	10.26～12.80	m	
	$-CH=C-C(=O)H$ （α、β 不饱和醛）	$\nu_{C=O}$ （骨架振动）	1 690±10	5.92±0.03	v,s	ν_{CH}, δ_{CH}同上
七、醌 （或 1,2）		$\nu_{C=O}$	1 675±15	5.97±0.05	v,s	与苯环上取代基有关
八、酸	$R-C(=O)OH$ （饱和脂肪酸）	ν_{OH}	3 000～2 500	3.33～4.00	m	二聚体宽峰
		$\nu_{C=O}$	1 710±10	5.84±0.03	v,s	二聚体
		δ_{O-H}(面内)	1 450～1 410	6.90～7.10	w	二聚体(或 1 440～1 395 cm⁻¹)
		$\nu_{C=O}$	1 266～1 205	7.90～8.30	m	二聚体
		δ_{O-H}(面外)	960～900	6.10～6.49 11.10	w	
	$C=C-C(=O)OH$ （α,β 不饱和酸）	$\nu_{C=O}$	1 710±10	5.84±0.03	v,s	
	$X-CH_2-C(=O)OH$ （α-卤代脂肪酸）	$\nu_{C=O}$	1 730±10	5.78±0.03	v,s	若 X=F 时，在 1 700 cm⁻¹
	羧盐	$\nu_{as}COO^-$	1 610～1 550	6.21～6.45	v,s	特征
		$\nu_{a}COO^-$	1 400	7.15	v,s	
九、酯	$-C(=O)-O-$	$\nu_{C=O}$(泛频)	约 3 450	约 2.90	w	
		$\nu_{C=O}$	1 820～1 650	5.50～6.06	v,s	
		ν_{C-O-C}	1 300～1 150	7.69～8.70	s	

化合物 类型	基团	振动类型	波数/cm^{-1}	波长/μm	强度	注
九、酯	R—C—O—R （饱和酯）	$\nu_{C=O}$	1 740±5	5.75±0.01	s	
	C=C—COR （α、β 不饱和酯）	$\nu_{C=O}$	1 730～1 717	5.78～5.82	v,s	
	—C—CH$_2$COR （β—酮酯类）	$\nu_{C=O}$	1 740～1 730	5.75～5.78	v,s	
	—C=C—COR （烯醇型）	$\nu_{C=O}$	约 1 650	约 6.07	v,s	$\nu_{C=C}$在 1 630 cm^{-1} 强峰
	—C—C—O—R （α—酮酯）	$\nu_{C=O}$	1 755～1 740	5.70～5.75	v,s	
	RCOC=C （烯醇酯）	$\nu_{C=O}$	1 780±20	5.62±0.03	v,s	
	R—C—O—Ar （苯基酯）	$\nu_{C=O}$ ν_{C-O-C}	1 690～1 650 1 200±10	5.92～6.06 8.33±0.02	s s	有时高达 1 715 cm^{-1}
十、酸酐	R—C—O—C—R	$\nu_{C=O}$ $\nu_{C=O}$	1 820±20 1 755±10 1 170～1 050	5.49±0.03 5.70±0.02 8.55～9.52	v,s v,s s	两羰基 峰通常相隔 60 cm^{-1} 共轭使峰位 降 20 cm^{-1}
	ArC—O—CAr	$\nu_{C=O}$	1 785±5 1 725±5	5.60±0.01 5.80±0.01	s v,s	两羰基峰 通常相隔 60 cm^{-1}

续表

化合物类型	基团	振动类型	波数/cm⁻¹	波长/μm	强度	注
十一、酰胺类 1. 伯酰胺	$R-\overset{O}{\underset{\parallel}{C}}-NH_2$	ν_{NH}	约 3 500	约 2.86	m	呈双峰
		ν_{NH}	约 3 400	约 2.94	m	
		$\nu_{C=O}$	约 1 690	约 5.92	s	
			约 1 650	约 6.06	s	
		δ_{NH}(面内)	1 650～1 620	6.06～6.17		液态有此峰
			1 620～1 590	6.17～6.29	s	固态有此峰
2. 仲酰胺	$-\overset{O}{\underset{\parallel}{C}}-NH-$	ν_{NH}(游离)	3 460～3 400	2.89～2.94	m	顺,反式: 3 440～3 420
		ν_{NH}(H 键)	3 320～3 140	3.01～3.19	m	顺式: 3 480～3 440
		$\nu_{C=O}$(固态)	1 680～1 630	5.95～6.14	s	
		$\nu_{C=O}$(稀溶液)	1 700～1 670	5.88～5.99	s	
3. 叔酰胺	$-\overset{O}{\underset{\parallel}{C}}-N\diagup$	$\nu_{C=O}$	1 670～1 630	5.99～6.14	s	
	—OH	ν_{OH}	3 700～3 200	3.70～3.13	变	溶剂中含水时,因水分子ν_{OH}3 760～3 450 cm⁻¹, δ_{OH} 1 640～1 595 cm⁻¹样品压片形成的H键,水一般在 ν_{OH} 3 450 cm⁻¹液态有此峰
		δ_{OH}(面内)	1 410～1 260	7.09～7.93	w	
		ν_{C-O}	1 250～1 000	8.00～10.00	s	
				13.33～15.38	s	
		δ_{CH}(面外)	1 720～5 650			
十二、醇	羟基伸缩频率游离 OH 分子间 H 键 分子间 H 键 分子内 H 键 分子内 H 键	ν_{OH}	3 650～3 590	2.74～2.79	变	尖峰
		ν_{OH}(单拆)	3 550～3 450	2.82～2.90	变	尖峰 稀释
		ν_{OH}(多聚体)	3 400～6 200	2.94～3.12	s	宽峰 移动
		ν_{OH}(单拆)	3 570～3 450	2.80～2.90	变	尖峰 稀释
		ν_{OH}(聚形物)	3 200～2 500	3.12～4.00	w	宽峰 无影响
	—CH₂OH (伯醇)	δ_{OH}(面内)	1 350～1 260	7.41～7.93	s	
		ν_{C-O}	约 1 050	约 9.52	s	
	$\diagup$CH—OH (仲醇)	δ_{OH}(面内)	1 350～1 260	7.41～7.93	s	
		ν_{C-O}	约 1 100	约 9.52	s	
	$-\overset{\vert}{\underset{\vert}{C}}-OH$ (叔醇)	δ_{OH}(面内)	1 410～1 310	7.09～7.63	s	
		ν_{C-O}	约 1 150	约 8.70	s	

续表

化合物类型	基团	振动类型	波数/cm^{-1}	波长/μm	强度	注
十三、酚	Ar—OH	ν_{OH}	3 705~3 125	2.70~3.20	s	
		δ_{OH}（面内）	1 390~1 315	7.20~7.60	m	
		ν_{C-O}	1 335~1 165	7.50~8.60	s	
十四、醚	RCH$_2$—O—CH$_2$R	ν_{C-O}	1 210~1 015	8.25~9.85	s	
	（H$_2$C=CH—O）$_2$	ν_{C-O}	约 1 110	9.01	s	
	（不饱和）	$\nu_{C=C}$	1 640~1 560	6.10~6.40	s	
十五、胺类	胺	ν_{NH}	3 500~3 300	2.86~3.03	m	伯胺强中；仲胺极弱
		δ_{NH}（面内）	1 650~1 550	6.06~6.45		
		ν_{C-N}（芳香）	1 360~1 350	7.35~8.00	s	
		ν_{C-N}（脂肪）	1 235~1 065	8.10~9.40	m,w	
		δ_{NH}（面外）	900~650	11.1~15.4		
	R—NH$_2$（Ar）伯胺	ν_{NH}	3 500~3 300	2.86~3.03	m	两峰
		δ_{NH}（面内）	1 650~1 590	6.06~6.29	s,m	
		ν_{C-N}（芳香）	1 340~1 260	7.46~8.00	s	
		ν_{C-N}（脂肪）	1 220~1 020	8.20~9.80	m,w	
	—C—NH—C—仲胺	ν_{NH}	3 500~3 300	2.86~3.03	m	一个峰
		δ_{NH}（面内）	1 650~1 550	6.06~6.45	v,w	
		ν_{C-N}（芳香）	1 350~1 280	7.41~7.81	s	
		ν_{C-N}（脂肪）	1 220~1 020	8.20~9.80	m,w	
	叔胺 C—N（C）C	ν_{C-N}（芳香）	1 360~1 310	7.35~7.63	s	
		ν_{C-N}（脂肪）	1 220~1 020	8.20~9.80	m,w	
十六、不饱和含 N 化合物	RCN	$\nu_{C\equiv N}$	2 260~2 240	4.43~4.46	s	饱和,脂肪族
	α、β 芳香氰	$\nu_{C\equiv N}$	2 240~2 220	4.46~4.51	s	
	α、β 不饱和脂肪族氰	$\nu_{C\equiv N}$	2 235~2 215	4.47~4.52	s	
十七、硝基化合物	R—NO$_2$	ν_{ss} N(O)(O)	1 565~1 543	6.39~6.47	s	用途不大
		ν_{s} N(O)(O)	1 385~1 360	7.33~7.49	s	
		ν_{C-N}	920~800	10.87~12.50	m	
	Ar—NO$_2$	ν_{a-s} N(O)(O)	1 550~1 510	6.45~6.62	s	
		ν_{s} N(O)(O)	1 365~1 335	7.33~7.49	s	
		ν_{C-N}	860~840	11.63~11.90	s	

2.2.4　影响基团频率位移的因素

分子中化学键的振动并不是孤立的,而要受到分子中其他部分,特别是相邻基团的影响,有时还会受到溶剂、测定条件等外部因素的影响。因此在分子结构的测定中可以根据不同测试条件下基团频率位移和强度的改变,推断产生这种影响的结构因素,反过来求证是何种基团。影响基团频率位移的因素主要有两大类:一是内因,由分子结构不同决定;二是外因,由测试条件不同造成。

2.2.4.1　内部因素

1. 电子效应

电子效应是通过成键电子起作用,包括诱导效应、共轭效应和偶极场效应。诱导效应和共轭效应都会引起分子中成键电子云分布发生变化。在同一分子中,诱导效应和共轭效应往往同时存在。在讨论其对吸收频率的影响时,由效应较强者决定。该影响主要表现在 C=O 键伸缩振动中。

(1)诱导效应。诱导效应沿分子中化学键(σ 键、π 键)而传递,与分子的几何形状无关。由于取代基具有不同的电负性,通过静电诱导作用,引起分子中电子分布的变化,从而引起化学键的力常数变化,改变了基团的特征频率。一般来说,随着取代基数目的增加或取代基电负性的增大,这种静电诱导效应也增大,从而导致基团的振动频率向高频移动。

例如:RCOX

X 基	R′	H	OR′	Cl	F
$\nu_{C=O}$(cm^{-1})	1 715	1 730	1 740	1 800	1 850

丙酮中 CH$_3$ 为推电子的诱导效应,使 C=O 键成键电子偏离键的几何中心而向氧原子移动,C=O 键极性增强,使羰基中碳原子上的正电荷降低,双键性降低,C=O 键伸缩振动位于低频端;较强电负性的取代基(Cl,F)吸电子诱导效应强,使 C=O 键成键电子向键的几何中心靠近,C=O 键极性降低,使羰基中碳原子上的正电荷增加,而双键性增强,$\nu_{C=O}$ 键位于高频端;带孤对电子的烷氧基(OR)既存在吸电子的诱导,又存在着 p—π 共轭,其中前者的影响相对较大,比 —R′ 的吸电子诱导作用强,比Cl、F 吸电子诱导效应弱。酯羰基的伸缩振动频率高于酮、醛,而低于酰卤。

(2)共轭效应。共轭效应常使分子中的电子云密度平均化,造成双键略有增长,单键略有缩短,双键的极性增强,双键性降低,因此双键的力常数减小,吸收频率移向低波数。共轭效应有 p—π 共轭和 π—π 共轭。

例如,解释 RCONH$_2$(酰胺羰基)的特征吸收:$\nu_{C=O}$ 1 650～1 690 cm^{-1}。

N 原子与 Cl 原子的电负性均为 3.0,从诱导效应解释,酰胺与酰氯中羰基的特征吸收频率应相近,但测量结果表明,酰胺中羰基与醛、酮中羰基吸收频率相比,不仅不移向高波数,而反向低波数移动。这是由于 N 与 C 原子同处一周期,N 原子上的未共用 p 电子可以有效地与羰基中的 π 键共轭,使电子云密度平均化,从而使羰基的双键性降低,双键的力常数减小。即 p—π 共轭使酰胺的羰基特征吸收峰移向了低波数。

对同一基团来说,若诱导效应和 p—π 共轭效应同时存在时,则吸收频率位移的方向和程度,取决于这两种效应的净结果,若诱导效应大于 p—π 共轭效应,吸收频率移向高波数,诱导效应小于 p—π 共轭效应,吸收频率移向低波数。例如:

	RCHO	C_6H_5CHO	$4-(CH_3)_2NC_6H_4CHO$
$\nu_{C=O}(cm^{-1})$	1 730	1 690	1 663

较大共轭效应的苯基与 C=O 键相连,π—π 共轭致使苯甲醛中 $\nu_{C=O}$ 较乙醛降低 40 cm^{-1}。在对二甲氨基苯甲醛分子中,其对位上存在着推电子基(二甲氨基),共轭效应大,C=O 键极性增强,双键性下降,$\nu_{C=O}$ 较苯甲醛向低波数位移了近 30 cm^{-1}。

(3)偶极场效应。在分子的立体构型中,只有当空间结构决定了某些基团靠得很近时,才会产生场效应。场效应不是通过化学键,而是原子或原子团的静电场通过空间相互作用。场效应也会引起相应的振动谱带发生位移。

例如,邻硝基苯乙酮有两种构型,所以出现两个羰基吸收峰。

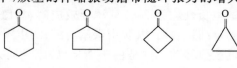

	(Ⅰ)	(Ⅱ)
$\nu_{C=O}(cm^{-1})$	1 713	1 702

硝基是强电负性基团,在化合物(Ⅰ)中,它靠近羰基,由于负电相斥,使羰基的电子云密度增加,极性减小,所以羰基的吸收频率高;在(Ⅱ)中,硝基远离羰基,不存在偶极场效应,所以羰基的吸收频率较低。

2. 空间效应

环张力和空间位阻统称为空间效应或立体效应。

(1)环张力引起 sp^3 杂化的碳—碳 σ 键键角及 sp^2 杂化的 π 键键角改变,而导致相应的振动谱带位移。环张力对环外双键(C=C,C=O)的伸缩振动影响较大。

在环外双键的环烷系化合物中,随环张力的增大,$\nu_{C=C}$ 向高波数位移。

1 650	1 660	1 680

在环酮系化合物中,羰基的伸缩振动谱带随环张力的增大,高频位移明显。

1 716	1 745	1 774	1 850

环内双键的 C=C 键伸缩振动与以上结果相反,随环张力增大,$\nu_{C=C}$ 向低波数位移。

如环己烯、环戊烯及环丁烯的 $\nu_{C=C}$ 依次为 1 645 cm^{-1}、1 610 cm^{-1}、1 566 cm^{-1}。

这是因为随着环的缩小，环内键减小，成环 σ 键的 p 电子成分增加，键长变长，振动谱带向低波数位移。而环外双键随环内角缩小，环外 σ 键的 p 电子成分减少，键长变短，振动谱带向高波数位移。

（2）空间位阻的影响是指分子因空间位阻影响到分子中正常的共轭效应或杂化状态时，导致振动谱带位移。例如：

$\nu_{C=O}$（cm^{-1}）　　　　1 663　　　　　　1 686　　　　　　　1 693

烯碳上甲基的引入，使羰基和双键不能在同一平面上，它们的共轭程度下降，羰基的双键性增强，振动向高波数位移。邻位另有两个 CH$_3$ 的引入，立体位阻增大，C=O 键与 C=C 键的共轭程度更加降低，$\nu_{C=O}$ 位于更高波数。

3. 氢键效应

羟基与羰基之间易于形成内氢键而使 $\nu_{C=O}$，ν_{OH} 向低波数位移。如下列化合物，羰基的伸缩振动频率有较大差异，由此可判断分子中羟基的位置。

1 676，1 673　　　　　　　1 622，1 675
3 610　　　　　　　　　　2 843（宽）

分子间氢键主要存在于醇、酚及羧酸类化合物中。醇、酚类化合物溶液浓度由小到大改变，红外光谱中可依次测得羟基以游离态、游离态及二聚态、二聚态及多聚态形式存在的伸缩振动谱带，频率为 3 620 cm^{-1}、3 485 cm^{-1} 及 3 350 cm^{-1}。且溶液浓度不同，其谱带的相对强度也不同。图 2.2－4 是不同浓度乙醇在 CCl$_4$ 溶液中测得的红外吸收谱图。由图可见，当乙醇浓度不同时，乙醇分子中氢键的存在形式也就不一样。图中高浓度时分子间产生了缔合，以分子间氢键形式出现；低浓度时分子间氢键消失，而以游离形式出现。但分子内氢键是不随溶液浓度的改变而改变的，并且峰带强度也不随溶液的稀释而降低。

总之，可借助改变溶液浓度的方法，来区分游离 OH 与分子间氢键 OH。

固体或液体羧酸，一般都以二聚态的形式存在，$\nu_{C=O}$ 为 1 750～1 705 cm^{-1}，较酯羰基谱带向低波数位移。极稀的溶液可测到游离态羧酸，$\nu_{C=O}$ 约为 1 760 cm^{-1}。

4. 振动偶合效应

当两个或两个以上相同的基团连接在分子中同一个原子上时，其振动吸收带常发生分裂，形成双峰，这种现象称振动偶合。有伸缩振动偶合、弯曲振动偶合、伸缩与

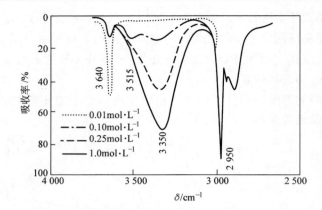

图 2.2—4　不同浓度乙醇在 CCl₄ 溶液中的红外光谱片断

弯曲振动偶合 3 类。如 IR 谱中在 1 380 cm⁻¹ 和 1 370 cm⁻¹ 附近的双峰是 C(CH₃)₂ 弯曲振动偶合引起的。又如酸酐(RCO)₂O 的 IR 谱中在 1 820 cm⁻¹ 和 1 760 cm⁻¹ 附近,丙二酸二乙酯在 1 750 cm⁻¹ 和 1 735 cm⁻¹ 附近,这是 C=O 伸缩振动偶合引起的。

5. 费米共振效应

当强度很弱的倍频带或组频带位于某一强基频吸收带附近时,弱的倍频带或组频带和基频带之间发生偶合,产生费米共振。如环戊酮,$\nu_{C=O}$ 于 1 746 cm⁻¹ 和 1 728 cm⁻¹ 处出现双峰,用重氢取代环氢时,则于 1 734 cm⁻¹ 处仅出现一单峰。这是因为环戊酮的骨架呼吸振动 889 cm⁻¹ 的倍频位于 C=O 伸缩振动的强吸收带附近,两峰产生偶合(Fermi 共振),使倍频的吸收强度大大加强。当用重氢取代时,环骨架呼吸振动 827 cm⁻¹ 的倍频远离 C=O 的伸缩振动频率,不发生 Fermi 共振,只出现 $\nu_{C=O}$ 的一个强吸收带。这种现象在不饱和内脂、醛及苯酰卤等化合物中也可以看到,在红外光谱解析时应注意。

2.2.4.2　外部因素

外部因素大多是机械因素,如制备样品的方法、溶剂的性质、样品所处物态、结晶条件、吸收池厚度、色散系统以及测试温度均能影响基团的吸收峰位置及强度,甚至峰的形状。

影响官能团频率的因素较多,往往不止是一种因素起作用。在研究官能团频率时要综合考虑各种因素,在查对标准谱图时,应注意测定的条件,最好能在相同条件下进行谱图的对比。

2.2.5　影响吸收峰强度的因素

峰强与分子跃迁几率有关。跃迁几率是指激发态分子所占分子总数的百分数。基频峰的跃迁几率大,倍频峰的跃迁几率小,合频峰与差频峰的跃迁几率更小。

峰强与分子偶极矩有关,而分子的偶极矩又与分子的极性、对称性和基团的振动方式有关。一般极性较强的分子或基团,它的吸收峰也强。例如,C=O、OH、C—O

—C、Si—O、N—H、NO₃ 等均为强峰,而 C≡C、C≡N、C—C、C—H 等均为弱峰。分子的对称性越低,则所产生的吸收峰越强。例如三氯乙烯的 $\nu_{C=C}$ 在 1 585 cm⁻¹ 处有中强峰,而四氯乙烯因它的结构完全对称,所以它的 $\nu_{C=C}$ 吸收峰消失。当基团的振动方式不同时,其电荷分布也不同,其吸收峰的强度依次为:

$$\nu_{as}>\nu_s>\delta$$

但苯环上的 γ_{Ar-H} 为强峰,而 ν_{Ar-H} 为弱峰。

2.3 红外光谱仪

红外光谱仪也称为红外分光光度计。红外光谱仪按其发展历程可分为 3 代。第一代是用棱镜作为单色器,缺点是要求恒温、干燥、扫描速度慢和测量波长的范围受棱镜材料的限制,一般不能超过中红外光区,分辨率低。第二代用光栅作单色器,对红外光的色散能力比棱镜高,得到的单色光优于棱镜单色器,且对温度和湿度的要求不严格,所测定的红外波谱范围较宽(12 500~10 cm⁻¹)。第一代和第二代红外光谱仪均为色散型红外光谱仪。随着计算机技术的发展,20 世纪 70 年代开始出现第三代干涉型分光光度计,即傅里叶变换红外光谱仪。与色散型红外光谱仪不同,傅里叶变换红外光谱仪的光源发出的光首先经过迈克尔逊干涉仪变成干涉光,再让干涉光照射样品,检测器仅获得干涉图而得不到红外吸收光谱,实际吸收光谱是用计算机对干涉图进行傅里叶变换得到的。干涉型仪器和色散型仪器虽然原理不同,但所得到的光谱是可比的。

2.3.1 色散型红外光谱仪结构及其工作原理

2.3.1.1 色散型红外光谱仪主要部件

色散型红外光谱仪的型号有很多,其构造原理大致相同,光学系统也大致相同,并且在结构原理上与紫外—可见分光光度计类似,也由光源、样品室、单色器、检测器和显示装置(含电子放大和数据处理、记录)等 5 个基本部分组成。但对每一个组成部分来说,它的结构、所用材料及性能等和紫外—可见分光光度计不同。最基本的一个区别是,后者样品是放在单色器的后面,前者是放在光源和单色器之间。色散型红外光谱仪结构示意如图 2.3—1 所示。

1. 光源

红外光源通常是用电加热一种惰性固体到 1 500~2 000 K,以便产生高强度的连续红外辐射。常用的红外光源主要有能斯特灯和硅碳棒。

能斯特灯是由稀有金属锆、钇、铈或钍等氧化物的混合物烧结制成的长 20~50 mm、直径 1~3 mm 的中空棒或实心棒。此灯的特性是:室温下不导电,电加热至 800℃变成导体,开始发光。因此工作前需加热,待发光后立即切断预热器的电流,否则容易烧坏。能斯特灯的优点是发出的光强度高,工作时不需要用冷水夹套来冷却;其缺点是机械强度差,稍受压或扭动便会损伤。

硅碳棒是将碳化硅制成直径约 5 mm、长 50 mm 的两端粗、中间细的实心棒,中间为发光部分。两端粗是为了降低两端的电阻,使之在工作状态时两端呈冷态。和能斯特灯相比,其优点是坚固、寿命长、发光面积大。另外,由于它在室温下是导体,工作前不需预热。其缺点是工作时需要水冷却装置,以免放出大量热,影响仪器其他部件的性能。

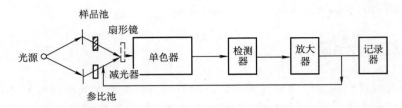

图 2.3—1 双光束红外分光光度计

2. 样品室

红外光谱仪的样品室一般为一个可插入固体薄膜或液体池的样品槽,如果需要对特殊的样品(如超细粉末等)进行测定,则需要装配相应的附件。

3. 单色器

单色器由狭缝、准直镜和色散元件(光栅或棱镜)通过一定的排列方式组合而成,它的作用是把通过吸收池而进入入射狭缝的复合光分解为单色光照射到检测器上。

早期的仪器多采用棱镜作为色散元件。棱镜由红外透光材料如氯化钠、溴化钾等盐片制成。盐片棱镜由于盐片易吸湿而使棱镜表面的透光性变差,且盐片折射率随温度增加而降低,因此要求在恒温、恒湿房间内使用。近年来已逐渐被光栅所代替。

光栅是在金属或玻璃坯子上的每毫米间隔内,刻划数十条甚至上百条的等距离线槽构成的。当红外光照射到光栅表面时,产生乱反射现象,由反射线间的干涉作用而形成光栅光谱。各级光栅相互重叠,为了获得单色光必须滤光,方法是在光栅前面或后面加一个滤光器。

4. 检测器

由于红外光本身是一种热辐射,因而不能使用光电池、光电管等作红外光的检测器,常采用高真空热电偶、测热辐射计和气体检测器。此外还有可在常温下工作的硫酸三甘肽(TGS)热检测器和只能在液氮温度下工作的碲镉汞(MCT)光电导检测器等。

(1)高真空热电偶。它是根据热电偶的两端点由于温度不同产生温差热电势这一原理,让红外光照射热电偶的一端。此时,两端点间的温度不同,产生电势差,在回路中有电流通过,而电流的大小则随照射的红外光的强弱而变化,为了提高灵敏度和减少热传导的损失,热电偶被密封在一高真空的容器内。

(2)测热辐射计。它是以很薄的热感元件做受光面,装在惠斯登电桥的一个臂上,当光照射到受光面上时,由于温度的变化,热感元件的电阻也随之变化,以此实现对辐射强度的测量。但由于电桥线路需要非常稳定的电压,因而现在的红外分光光度计很少使用这种检测器。

(3)气体检测器。常用的气体检测器为高莱池,它的灵敏度较高,其结构如图2.3－2所示。当红外光通过盐窗照射到黑色金属薄膜 B 上时,B 吸收热能后,使气室 E 内的氩气温度升高而膨胀。气体膨胀产生的压力,使封闭气室另一端的软镜膜凸起。另一方面,从光源射出的光到达镜膜时,它将光反射到光电池上,于是产生与软镜膜的凸出度成正比,也与最初进入气室的辐射成正比的光电流。这种检测器可用于整个红外波段。但采用的是有机膜,易老化,寿命短,且时间常数较长,不适于扫描红外检测。

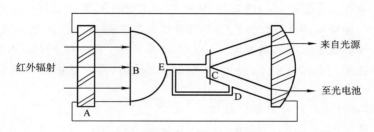

图 2.3－2　高莱池示意

A—盐窗;B—涂黑金属膜;C—软镜膜;D—泄气支路;E—氩气盒

5. 显示装置(含电子放大和数据处理、记录)

由检测器产生的电信号是很弱的,例如热电偶产生的信号强度为 10^{-9} V,此信号必须经过电子放大器放大。放大后的信号驱动光楔和马达,使记录笔在记录纸上移动。

2.3.1.2　色散型红外光谱仪工作原理

采用光栅(也可用棱镜)作色散元件的色散型红外分光光度计其光源连续的光辐射被两个凹面镜反射形成两束光——测试光路(通过样品槽)和参比光路(通过参比槽)。通过参比槽的光经光栅与通过样品槽的光会合于斩光器上,斩光器控制使参比光束和样品光束交替地进入单色器入射狭缝成像,并被光栅(或棱镜)色散后,按频率高低依次通过出射狭缝,由滤光器滤掉不属于该波长范围的辐射后,被反射镜聚焦到检测器上。如果样品光路和参比光路吸收情况相同,则检测器将不产生信号;如果在样品光路中放了样品,由于样品的吸收,当测试光路的光由于样品吸收而被减弱时,破坏了两束光的平衡,两路光的能量就不再相等,检测器就有信号产生,此时,到达检测器的光强以斩光器的频率为周期交替地使检测器的输出在恒定电压基础上伴随有斩光器频率的交变电压。这一交流信号经电学系统放大后,用来驱动梳状光阑,使之对参比光路进行遮挡,直到参比光路和样品光路的辐射强度相等,这就是“光学零位平衡”的原理。由于梳状光阑和光谱记录器由同一个驱动装置——伺服马达所驱动,当光阑移动时,记录器同时进行绘图,随着入射波数的改变,样品的吸收情况也发生改变,记录器以频率(波数)为横坐标,吸收强度为纵坐标,绘制成样品的红外吸收谱图。

由于光学零位平衡法排除了来自光源和检测器的误差以及大气吸收的干扰,从而保证了红外光谱仪的精度。

2.3.2 傅里叶变换红外光谱仪

事实证明,以色散元件(如光栅、棱镜)为主要分光系统的光谱仪器在很多方面已不能完全满足分析工作的要求。这类仪器在远红外光区的能量很弱,以至于不能得到理想的光谱;扫描速度太慢,使一些动态的研究及与其他仪器的连用(这是目前仪器分析的发展趋势)遇到困难;一些吸收红外辐射很强或信号很弱的样品的测定以及痕量组分的分析等也都受到一定限制,从而影响了红外光谱法的进一步应用。这就要求能开发一种新型的高操作性能的光谱分析仪器来解决上述问题。随着光学、电子学尤其是计算机技术的迅猛发展,20 世纪 60 年代末,一种基于干涉调频分光的傅里叶变换的红外光谱仪诞生了,并已实现仪器商品化,目前已被分析仪器室广泛使用。

2.3.2.1 傅里叶变换红外光谱仪结构

傅里叶变换红外光谱,简称 FT－IR,其仪器结构如图 2.3－3 所示。主要由光学检测和计算机两大系统组成,其光学检测系统目前主要是由迈克尔逊(Michelson)干涉仪组成。干涉仪将光源来的信号以干涉图的形式送往计算机进行傅里叶变换的数学处理,最后将干涉图还原成红外吸收光谱图。

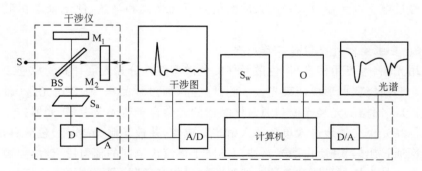

图 2.3－3　傅里叶变换红外光谱仪工作原理示意

S—光源;M$_1$—定镜;M$_2$—动镜;BS—分束器;D—探测器;S$_a$—样品;
A—放大器;A/D—模数转换器;D/A—数模转换器;S$_w$—键盘;O—外部设备

1. 光源

傅里叶变换红外光谱仪要求光源能发射出稳定、能量强、发射度小的具有连续波长的红外光。通常使用能斯特灯、硅碳棒或涂有稀土化合物的镍铬旋状灯丝。

2. 迈克尔逊干涉仪

傅里叶变换红外光谱仪的核心部分是迈克尔逊干涉仪,如图 2.3－4 所示,其主

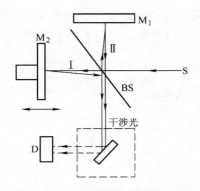

图 2.3－4　迈克尔逊干涉仪示意

M₁—定镜；M₂—动镜；

S—光源；D—探测器；

BS—光束分离器

要作用就是将复合光变为干涉光。迈克尔逊干涉仪是由定镜、动镜、分束器和探测器组成。定镜和动镜相互垂直放置，定镜 M₁ 固定不动，动镜 M₂ 可沿图示方向平行移动，再放置一呈 45°角的分束器 BS，BS 可以让入射的红外光一半透光，另一半被反射。当 S 光源的红外光进入干涉仪后，透过 BS 的光束 I 入射到动镜表面，另一半被 BS 反射到定镜上称为光束 II，I 和 II 又被动镜和定镜反射回到 BS 上（图上为便于理解绘成双线）。同样原理再被反射和透射到探测器 D 上。

在迈克尔逊干涉仪中，核心部分是分束器，其作用是使进入干涉仪中的光一半透射到动镜上，一半反射到定镜上，又返回到 BS 上，形成干涉光后送到样品上。对于不同波段的这种仪器，其分束器使用的材料不一样。近红外干涉仪的分束器采用石英和 CaF₂ 材料；中红外干涉仪的分束器使用硒溴化钾材料；远红外干涉仪的分束器采用 Mylar 膜及网络固体材料制成。

3. 检测器

傅里叶变换红外光谱仪主要采用灵敏度高、响应速度快的热检测器和光电导检测器两种类型。热检测器是将某些热电材料，如氘化硫酸三甘肽（DTGS）、钽酸锂（LiTaO₃）等晶体放在两块金属板中，当光照射到晶体上时，晶体表面电荷分布会发生变化，由此测量红外辐射的功率。光电检测器的工作原理是某些材料受光照射后，导电性能会发生变化，由此可以测量红外辐射的变化。最常用的光电导检测器有锑化铟、汞镉碲（MCT）。

2.3.2.2　傅里叶变换红外光谱仪的工作原理

由单色光源发出的未经调制的光 S 射向分束器 BS 时，被分为相等的两部分，即光束 I 和光束 II。光束 I 射向动镜 M₂ 上，然后又反射回来穿过分束器 BS 到达检测器 D；光束 II 穿过分束器 BS 到定镜 M₁ 上，再被 M₁ 反射回分束器 BS 上，在分束器上再次反射，最后在检测器 D 处与光束 I 汇合。当两束光通过样品 S_a 到达检测器 D 时，就产生了光程差而相互干涉。这一光程差将随动镜 M₂ 的往复运动而呈周期性的变化。由于光的相干原理，在检测器 D 处得到的是一个强度变化为余弦形式的信号。随动镜 M₂ 每移动 λ/4 的距离，信号强度就从明到暗（或从暗到明）地改变一次，如图 2.3－5(a)、(b)所示。单色光源只产生一种余弦信号，如图 2.3－5(a)所示；复色光源则产生对应各单色光频率的不同余弦信号，如图 2.3－5(b)所示。余弦信号的变化频率与进入干涉仪的电磁辐射频率和动镜的移动速度两个因素有关。这些信号强度相互叠加组合，得到一个迅速衰减的、中央具有极大值的对称形干涉图。通过

样品 S_a 到达检测器 D 的干涉光的强度 I 将作为两束光的光程差 S 的函数 $I(S)$ 被记录下来,经过傅里叶变换(计算机处理),将干涉仪 $I(S)$ 变成人们熟悉的光谱 $I(\nu)$。

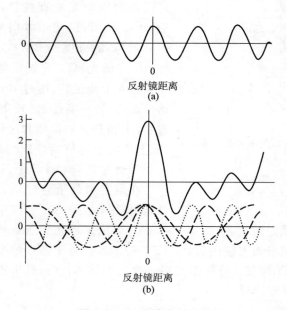

图 2.3—5　迈克尔逊干涉

2.3.3　常见红外光谱仪的日常维护

2.3.3.1　日常维护

(1)红外光谱实验室要求温度适中,湿度不得超过 60%,为此,要求实验室应装配空调和除湿机。

(2)仪器须安装在防震台上或震动甚少的环境中。

(3)仪器使用的电源要远离火花发射源和大功率磁电设备,采用电源稳压设备,并应设置良好的接地线。

(4)仪器在使用过程中,对光学镜面必须严格防尘,防腐蚀,并且要特别防止机械摩擦。

(5)光源使用温度要适宜,不得过高,否则将缩短其寿命;更换、安装光源时要十分小心,以免光源受力折断。

(6)各运动部件要定期用润滑油润滑,以保持运转轻快。

(7)仪器长时间不用,再用时要对其性能进行全面检查。

2.3.3.2　WQF—410 型傅里叶红外光谱仪的日常维护和保养

(1)干涉仪是 FTIR 光谱仪的关键部件,且价格昂贵,尤其是干涉仪中的分束器,对环境湿度有很严格的要求,因此要特别注意保护干涉仪。当仪器第一次使用或搁置很长一段时间再使用仪器时,首先应让仪器预热几个小时。若干涉仪工作不正常应送厂方维修,不可自己打开干涉仪盖。

(2)应定时清扫(每 30 天清扫一次)电气箱背面的空气过滤器,因为一旦它被灰尘阻塞,会影响热交换,电学元器件就会因过热而损坏。当过滤器脏了以后,把它取下来用吸尘器清扫或直接水洗,待干燥之后再重新装上。

(3)用清洁、干燥的气体吹扫仪器,可消除空气中物质如水蒸气和 CO_2 的影响。吹扫气体必须采用干燥的压缩空气(很干净且露点为 40℃)或干燥的氮气,其压力不应超过 0.2 MPa。

(4)红外光源应定期更换。一般情况下,光源累积工作时间达 1 000 h 左右就应更换一次。否则,红外光源中挥发出的物质会溅射到附近的光学元件表面上,降低系统的性能。

2.3.3.3 4010 型红外分光光度计主要部件的维护和保养

(1)能斯特灯的维护。能斯特灯是红外光谱仪的常用光源,要求性能稳定和低噪声,因此要注意维护。能斯特灯有一定的使用寿命,要控制时间,不要随意开启和关闭,实验结束时要立即关闭。能斯特灯的机械性能差,容易损坏,因此在安装时要小心,不能用力过大,工作时要避免被硬物撞击。

(2)硅碳棒的维护。硅碳棒容易被折断,要避免碰撞。硅碳棒在工作时,温度可达 1 400℃,要注意水冷或风冷,即不能断冷却水或吹风。

(3)光栅的维护。不要用手或其他物体接触光栅表面,光栅结构精密,容易损坏,一旦光栅表面有灰尘或污物时,严禁用绸布、毛刷等擦拭,也不能用嘴吹气除尘,只能用四氯化碳溶液等无腐蚀而易挥发的有机溶剂冲洗。

(4)狭缝、透镜的维护。红外光谱仪的狭缝和透镜不允许碰撞与积尘,如有积尘应用洗耳球或软毛刷清除。一旦污物难以去除,允许用软木条的尖端轻轻除去,直至正常为止。开启和关闭狭缝时要平衡、缓慢。

(5)使用后的样品池应及时清洗,干燥后存放于干燥器中。

2.4 红外吸收光谱法应用

红外光谱法由于有操作简单、分析快速、样品用量少、不破坏样品等优点,在有机化合物定性分析中应用非常广泛。红外光谱中吸收峰的位置和强度提供了有机化合物化学键类型、几何异构、晶体结构等方面的信息。不同官能团通常在红外光谱中都有不同的特征吸收峰。因此,可以利用红外光谱对化合物进行鉴定或结构测定。化合物的鉴定,仅需将有关化合物的光谱与已知结构的化合物光谱进行比较,从而肯定或否定所提出的可能结构的化合物。结构的测定,则要通过红外光谱的特征吸收谱带,测定物质可能含有的官能团,以确定化合物的类别,再结合化合物的其他物理化学性质,结合紫外、核磁、质谱等信息,测定化合物的分子结构。

2.4.1 定性分析

2.4.1.1 红外光谱测定对分析样品的要求

红外光谱测定对分析样品的要求有以下两点。

(1)样品必须干燥不含水分(包括游离水和结晶水)。由于水本身有红外吸收,会干扰样品分子中羟基的测定,此外水还会腐蚀吸收池的盐窗,所以在测定之前必须设法除掉样品中的水分。

(2)样品应是单一组分的纯物质,其纯度应大于98%。对于含有未反应物、副产物、溶剂等杂质的被分析样品,在测定前必须采用薄层色谱、萃取、蒸馏等步骤进行分离后,再进行测定。如果样品中含有少量无机盐对红外光谱的影响不会太大。

2.4.1.2 红外光谱定性分析的操作步骤

测定未知物的结构,是红外光谱定性分析的一个重要用途,它的一般步骤如下。

1)试样的分离和精制

用各种分离手段(如分馏、萃取、重结晶、层析等)提纯未知试样,以得到单一的纯物质。否则,试样不纯不仅会给光谱的解析带来困难,还可能引起"误诊"。

2)收集未知试样的有关资料和数据

了解试样的来源、元素相对分子质量、熔点、沸点、溶解度、有关的化学性质以及紫外吸收光谱、核磁共振波谱、质谱等,这对图谱的解析有很大的帮助,可以大大节省谱图解析的时间。

3)确定未知物质的不饱和度

所谓不饱和度(U)是表示有机分子中碳原子的饱和程度。计算不饱和度的经验公式为:

$$U = 1 + n_4 + \frac{1}{2}(n_3 - n_1)$$

式中,n_1、n_3、n_4 分别为分子式中一价、三价和四价原子的数目。通常规定双键和饱和环状结构的不饱和度为1,三键的不饱和度为2,苯环的不饱和度为4。

比如,$C_6H_5NO_2$ 的不饱和度 $U = 1 + 6 + \frac{1}{2}(1-5) = 5$,即一个苯环和一个 $N=O$ 键。

4)谱图解析

由于化合物分子中的各种基团具有多种形式的振动方式,所以一个试样物质的红外吸收峰有时多达几十个,但没有必要使谱图中各个吸收峰都得到解释,因为有时只要辨认几至十几个特征吸收峰即可确定试样物质的结构,而且目前还有很多红外吸收峰无法解释。如果在样品光谱图的 4 000~650 cm⁻¹ 区域只出现少数几个宽峰,则试样可能为无机物质或多组分混合物,因为较纯的有机化合物或高分子化合物都具有较多和较尖锐的吸收峰。

谱图解析的程序无统一的规则,一般可归纳为两种方式:一种是按光谱图中吸收峰强度顺序解析,即首先识别特征区的最强峰,然后是次强峰或较弱峰,它们分别属于何种基团,同时查对指纹区的相关峰加以验证,以初步推断试样物质的类别,最后详细地查对有关光谱资料来确定其结构;另一种是按基团顺序解析,即首先按$C=O$、$O—H$、$C—O$、$C=C$(包括芳环)、$C\equiv N$和$—NO_2$等几个主要基团的顺序,采用肯定与否定的方法,判断试样光谱中这些主要基团的特征吸收峰存在与否,以获得分子结构的概貌,然后查对其细节,确定其结构。在解析过程中,要把注意力集中到主要基团的相关峰上,避免孤立解析。对于$3\ 000\ cm^{-1}$左右的ν_{C-H}吸收不要急于分析,因为几乎所有有机化合物都有这一吸收带。此外也不必为基团的某些吸收峰位置有所差别而困惑。由于这些基团的吸收峰都是强峰或较强峰,因此易于识别,并且含有这些基团的化合物属于一大类,所以无论是肯定或否定其存在,都可大大缩小进一步查找的范围,从而能较快地确定试样物质的结构。按基团顺序解析红外吸收光谱的方法如下。

(1)首先查对$\nu_{C=O}$($1\ 840\sim1\ 630\ cm^{-1}$,s)的吸收峰是否存在,如存在,则可进一步查对下列羰基化合物是否存在。

a. 酰胺:查对ν_{N-H}(约$3\ 500\ cm^{-1}$,m$\sim$s),有时为等强度双峰是否存在。

b. 羧酸:查对ν_{O-H}($3\ 300\sim2\ 500\ cm^{-1}$)宽而散的吸收峰是否存在。

c. 醛:查对CHO基团的ν_{C-H}(约$2\ 700\ cm^{-1}$,m$\sim$s)特征吸收是否存在。

d. 酸酐:查对$\nu_{C=O}$(约$1\ 810\ cm^{-1}$和约$1\ 760\ cm^{-1}$)的双峰是否存在。

e. 酯:查对ν_{C-O}($1\ 300\sim1\ 000\ cm^{-1}$,m$\sim$s)特征吸收峰是否存在。

f. 酮:当查对以上基团吸收峰都不存在时,则此羰基化合物很可能是酮,另外,酮的$\nu_{as,C-C-C}$在$1\ 300\sim1\ 000\ cm^{-1}$有一弱吸收峰。

(2)如果谱图上无$\nu_{C=O}$吸收带,则可查对是否为醇、酚、胺、醚等化合物。

a. 醇或酚:查是否存在ν_{O-H}($3\ 600\sim3\ 200\ cm^{-1}$,s,宽)和$\nu_{C-O}$($1\ 300\sim1\ 000\ cm^{-1}$,s)特征吸收峰。

b. 胺:查是否存在ν_{N-H}($3\ 500\sim3\ 100\ cm^{-1}$)和$\delta_{N-H}$($1\ 650\sim1\ 580\ cm^{-1}$,s)特征吸收峰。

c. 醚:查是否存在ν_{C-O-C}($1\ 300\sim1\ 000\ cm^{-1}$)特征吸收峰,且无醇、酚的$\nu_{O-H}$($3\ 600\sim3\ 200\ cm^{-1}$)特征吸收峰。

(3)查对是否存在$C=C$双键或芳环。

a. 查对有无链烯的$\nu_{C=C}$(约$1\ 650\ cm^{-1}$)特征吸收峰;有无芳环的$\nu_{C=C}$(约$1\ 600\ cm^{-1}$和约$1\ 500\ cm^{-1}$)特征吸收峰。

b. 查对有无链烯或芳环的$\nu_{=C-H}$(约$3\ 100\ cm^{-1}$)特征吸收峰。

(4)查对是否存在$C\equiv C$或$C\equiv N$三键吸收带。

a. 查对有无$\nu_{C\equiv C}$(约$2\ 150\ cm^{-1}$,w,尖锐)特征吸收峰;查有无$\nu_{\equiv C-H}$(约$3\ 200\ cm^{-1}$,m,尖锐)特征吸收峰。

b. 查对有无$\nu_{C\equiv N}$($2\ 260\ cm^{-1}\sim2\ 220\ cm^{-1}$,m$\sim$s)特征吸收峰。

(5)查对是否存在硝基化合物。查对有无 ν_{as,NO_2}（约 1 560 cm^{-1}，s）和 ν_{s,NO_2}（约 1 350 cm^{-1}）特征吸收峰。

(6)查对是否存在烃类化合物。如在试样光谱中未找到以上各种基团的特征吸收峰，而在约 3 000 cm^{-1}，约 1 470 cm^{-1}，约 1 380 cm^{-1} 以及 780～720 cm^{-1} 有吸收峰，则它可能是烃类化合物。烃类化合物具有最简单的红外吸收光谱图。

对于一般的有机化合物，通过以上解析过程，再仔细观察谱图中的其他光谱信息，并查阅较为详细的基团特征频率材料，就能较为满意地确定试样物质的分子结构。对于复杂有机化合物的结构分析，往往还需要与其他结构分析方法配合使用，详细情况可查阅有关专著。

2.4.1.3 解析红外谱图的注意事项

(1)由于实验仪器操作条件、制样方法、样品污染等多种原因，红外谱图有时会出现一些"杂峰"。例如：用溴化钾压片时，由于溴化钾易吸水，在 3 410～3 300 cm^{-1} 和 1 640 cm^{-1} 处出现水的吸收峰；大气中的二氧化碳会在 2 350 cm^{-1} 和 667 cm^{-1} 处出现吸收峰，切莫错将这些杂峰作为样品的特征峰。

(2)并不是在所有情况下吸收峰的存在即可确定该基团存在，要考虑杂质的因素。以羰基为例，羰基的吸收比较强，如果在 1 680～1 780 cm^{-1} 区域内有吸收峰，但其强度低，就不能表明该化合物含有羰基，而只能说明化合物中存在少量的羰基化合物，可能是杂质。

(3)如果样品在 4 000～400 cm^{-1} 区域内只有少数几个宽峰，样品可能是无机物或多组分的混合物，因较纯的有机样品应当有较多和较尖锐的吸收峰。

(4)样品光谱与标准谱图作对比时，必须采用与标准相同的制样方式，并且仪器的测绘条件必须一致。采用低分辨率的仪器，有些弱峰不能检测出来。当样品的浓度太低或测试厚度太薄时，有些弱峰也不能显现。

(5)解析红外谱图首先注意强峰，但不能忽视弱峰和肩峰的存在。

(6)对于简单的化合物，利用红外光谱可以确定其结构式，但对于比较复杂的化合物，不能仅靠一张红外谱图就确定其结构式，还应当与化学法、核磁共振、质谱、紫外光谱等分析手段结合，才能确定被分析样品的结构。

2.4.1.4 标准红外谱图的应用

在实际工作中，常常要将试样的红外谱图与标准样品的谱图进行对比，但有时候往往找不到标准样品，因此许多情况是查阅有关的红外标准谱图。最常见的红外标准谱图为萨特勒红外谱图集，它是由美国 Sadtler 研究室编制，是目前收集红外光谱最多的图集，它分为标准红外光谱、商业红外光谱和专用红外光谱 3 类。

标准红外光谱是纯度在 98% 以上的化合物的光谱，它包括棱镜光谱（以 P 表示）和光栅光谱（以 K 表示）。商业红外光谱收集了大量的工业样品，按这些商品的用途和性质又分 30 多类，并各有代号。例如：A 代表农业化学品；B 代表多元醇；C 代表表面活性剂，等等。专用红外光谱包括生物化学光谱、高分辨率光谱。

萨特勒谱图集备有以下 4 种索引可供查阅化合物的光谱图。

(1)分子式索引(Molecular Formula Index)适用于已知分子式的化合物谱图的查找。这种查谱方法最简便、直观。根据化合物的已知分子式,即可在分子式索引上查到相应的光谱号码,索引的顺序按组成分子的碳、氢和其他元素的原子个数顺序排列。

(2)名称字顺索引(Alphabetical Index)由化合物的名称即可找出相应的谱图。这种方法是按化合物英文名的字母顺序排列的索引。该索引中的化合物的名称是按先母体,后衍生物,再取代基的词序排列。用这种方法查谱,应当对化合物的英文命名比较熟悉,否则使用起来不太方便。

(3)化学分类索引(Chemical Class Index)适用于对样品结构不清楚,但从实验所得的红外谱图上可以判断出该化合物类别的情况。化学分类索引是一种按化合物类别编排的索引,使用时要对试样谱图进行解析,确定分子中的基团,并推断出它属于何种类别的化合物,然后以谱图中的信息为线索去查找对应化合物的标准红外谱图。因此索谱者应当有一定的识谱经验。

(4)谱线索引(Spec—Finder Index)是按谱峰位置来检索标准谱图。这是一种简单的计算机索谱方法的雏形。由于多种原因,其索谱命中率较低,又需按许多规定对试样光谱进行编码而较费时,故实际应用并不多。

查阅标准红外谱图要考虑,测绘的试样光谱的样品状态、试样的制样方法与标准谱图的条件是否相同,此外还要考虑仪器的性能等因素。

2.4.2 定量分析

红外吸收光谱法用于定量分析,其依据与紫外可见分光光度法相同,仍是以朗伯—比尔定律为基础,即在某一波长的单色光,吸光度与物质的浓度呈线性关系。根据测定吸收峰峰尖处的吸光度 A 来进行定量分析。红外光谱用于定量分析,其优越之处:在于红外光的穿透性很强,因此它分析样品的范围很广,包括气体、液体、固体以及聚合物样品,而不像紫外可见吸收光谱那样只对透明的液体样品才有较好的分析结果;其次在于它谱带多,测定时有选择余地;第三是红外光谱测定混合物中各组分的含量有独到之处,这是由于混合物的光谱是每个纯组分的加和,因此可以利用红外光谱各化合物官能团的特征吸收测定混合物中各组分的百分含量。

红外吸收光谱在定量测定时,存在许多缺陷。例如,光源辐射的能量不如紫外和可见光谱仪光源所辐射的能量强,这是由于红外光本身是一种热辐射,易于遭受中间介质的吸收;红外光谱仪检测器检测灵敏度低等,所以要选择较大的单色器狭缝宽度,这样又容易造成对吸收定律的偏离;杂散光的存在及其影响较为严重,这是因为红外光谱的短波长辐射较长波长辐射要强烈得多(如 $1.5\ \mu m$ 辐射较 $10\ \mu m$ 辐射要强烈 100 倍),从而引起强烈的光散射,进而导致对吸收定律的偏离;由于吸收池厚度相对紫外和可见光分析要小得多(均在 $0.01\sim1\ mm$),作为光学窗口使用的岩盐或 NaCl 晶体易于被空气中的污物和溶剂所玷污、吸潮雾化等而导致透光性变差等,为此,若像在紫外—可见分光光度法中那样,采用一个盛装溶剂(或其他参比溶液)的吸收池来扣除各种界面反应、溶剂散射与吸收、容器透光面的吸收等所引起的偏离,就行不通了。

因此,无论采用什么方法,也无法使其误差减小到紫外—可见吸收光谱的误差程度,尽管傅里叶变换红外分光光度技术大大提高了红外光谱分析的精度。因此,一般红外光谱常用来对化合物的官能团进行定性分析,定量分析使用较少。当然,如果给予一定的误差补偿,也能得到令人满意的定量分析结果。误差补偿法通常采用清池法和基线法,定量方法通常采用工作曲线法、比例法和内标准差示法等,其定量分析法可参考相关书籍,在此不再赘述。

2.4.3 红外吸收光谱应用实例

例1 图2.4—1是一个含有C、H、O的有机化合物的光谱图,试问:(1)该化合物是脂肪族还是芳香族?(2)是否为醇类?(3)是否为醛、酮、酸类?(4)是否含有双键或三键?

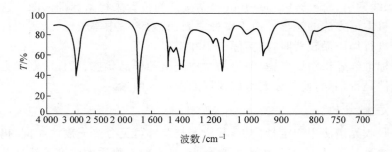

图2.4—1 有机化合物红外光谱

解

(1)在3 000 cm^{-1}以上没有任何C—H键伸缩振动峰,在1 430~1 650 cm^{-1}之间又没有苯环骨架振动吸收峰,所以不是芳香族化合物。在2 960 cm^{-1}和2 930 cm^{-1}的峰是脂肪族C—H(CH)$_3$伸缩振动峰引起的,故该化合物为脂肪族化合物。

(2)在3 300~3 500 cm^{-1}间无任何强吸收峰,故表示该化合物不可能是醇类。

(3)该化合物在1 718 cm^{-1}处有一个强羰基吸收峰,提示可能为醛、酮、酸类。又因在3 000 cm^{-1}以上缺乏羧酸基中—OH(缔合)伸缩振动产生的宽而散的强吸收峰,故进一步排除了酸类存在的可能。又因为在2 720 cm^{-1}处没有醛—CH伸缩振动峰,故提示不可能是醛类。

(4)因在1 650 cm^{-1}处及2 200 cm^{-1}附近未见其他吸收峰,说明这个化合物除羰基外不含有双键和叁键。如果有的话,其结构一定是对称的。

综上所述,该化合物很可能是一个脂肪酮类。

例2 某未知物的分子式为 $C_{12}H_{24}$，试从其红外吸收光谱图 2.4－2 推断其结构。

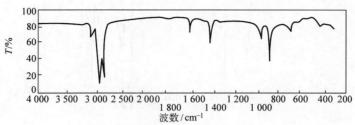

图 2.4－2 未知物 $C_{12}H_{24}$ 的红外光谱

解

(1)由分子式计算不饱和度：$U=1+12+\frac{1}{2}(0-24)=1$，该化合物具有一个双键或一个环。

(2)由 3 075 cm^{-1} 处出现小的肩峰，说明存在烯烃 C—H 键伸缩振动，在 1 640 cm^{-1} 处还出现强度较弱的 C—H 键伸缩振动，由以上两点表明此化合物为一烯烃。

(3)在 2 800～3 000 cm^{-1} 处的吸收峰表明有—CH_3、—CH_2 存在，在 2 960 cm^{-1}、2 920 cm^{-1}、2 870 cm^{-1}、2 850 cm^{-1} 处的强吸收峰表明存在—CH_3 和 —CH_2—的C—H键的非对称和对称伸缩振动，且—CH_2—的数目大于—CH_3 的数目，从而推断此化合物为一直链烯烃。

(4)在 715 cm^{-1} 出现的小峰，显示—CH_2 的面内摇摆振动，也表明长碳链的存在。

(5)在 980 cm^{-1}、915 cm^{-1} 处的稍弱吸收峰表明为次甲基和亚甲基产生的面外弯曲振动。

(6)在 1 460 cm^{-1} 处的吸收峰为—CH_3、—CH_2—的不对称剪式振动，1 375 cm^{-1} 处为—CH_3 的对称剪式振动，其强度很弱，表明—CH_3 的数目很少。

由以上解析，可确定此化合物为 1－十二烯，分子式为：$CH_2=CH—(CH_2)_9—CH_3$。

例3 某未知物分子式为 $C_4H_{10}O$，试从其红外吸收光谱图 2.4－3 推断其分子式。

解 由分子式计算它的不饱和度 $U=1+4+\frac{1}{2}(0-10)=0$，表明它是饱和化合物。

(1)在 3 350 cm^{-1} 处的强吸收峰表明存在 O—H 键的伸缩振动，它移向低波数表明存在分子缔合现象。

(2)在 2 960 cm^{-1}、2 920 cm^{-1}、2 870 cm^{-1} 处的吸收峰表明存在—CH_3、—CH_2—的 C—H 键伸缩振动。

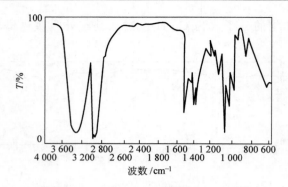

图 2.4-3 未知物 $C_4H_{10}O$ 的红外光谱

(3)在 1 460 cm^{-1} 处的吸收峰,表明存在—CH_3、—CH_2—的不对称剪式振动。

(4)在 1 330 cm^{-1}、1 370 cm^{-1} 处的等强度双峰分裂,表明存在 C—H 键的面内弯曲振动,这是异丙基分裂现象。

(5)在 1 000~1 300 cm^{-1} 的一系列吸收峰,表明存在 C—O 键的伸缩振动,即有一级醇—OH 存在。

由以上解析可确定此化合物为饱和的一级醇,存在异丙基分裂,可确定其为异丁醇。分子式为 $CH(CH_3)_2$—CH_2—OH。

例 4 某化合物分子式为 C_3H_4O,其红外光谱如图 2.4-4,试推断其结构。

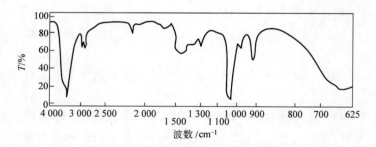

图 2.4-4 化合物 C_3H_4O 的红外光谱

解 由分子式计算它的不饱和度 $U=1+3+\dfrac{1}{2}(0-4)=2$

(1)3 300 cm^{-1} 有两个吸收峰,相互重叠,平缓者是—OH 的吸收峰,尖锐者是 $\nu_{\equiv C-H}$ 的吸收峰,结合 2 150 cm^{-1} 处的弱吸收说明确有 C≡C 存在。

(2)小于 3 000 cm^{-1} 的双吸收峰说明有饱和烷基存在,所以该化合物的结构为 HC≡C—CH_2OH。

例 5 某未知物分子式为 C_8H_7N,其红外光谱如图 2.4-5,试推断其结构。

解 计算 $U=1+8+\dfrac{1}{2}(1-7)=6$,表明分子中可能有苯环。

(1)3 020 cm^{-1} 处的吸收峰为 ν_{Ar-H},1 605 cm^{-1}、1 572 cm^{-1} 和 1 511 cm^{-1} 处的

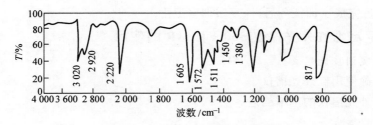

图 2.4－5 未知物 C_8H_7N 的红外光谱

吸收峰是苯环的骨架振动引起的,817 cm^{-1}处的吸收说明苯环为对位取代。

(2)2 220 cm^{-1}处的吸收峰,位于叁键和累积双键伸缩振动区,但强度很大,结合分子式和不饱和度,可知为 $\nu_{C\equiv N}$ 的伸缩振动吸收。

(3)2 920 cm^{-1}、1 450 cm^{-1}、1 380 cm^{-1}处的吸收峰说明分子中有—CH_3存在,而 785～720 cm^{-1}区无小峰,说明无—CH_2—存在。

综上所述,该化合物的结构为:

$$CH_3-\!\!\!\left\langle\rule{0pt}{1.2em}\right.\!\!\!\!\!\!=\!\!\!\!\!\!\left.\rule{0pt}{1.2em}\right\rangle-C\equiv N$$

2.5 红外吸收光谱法应用实训

实训项目 KBr 晶体压片的苯甲酸红外吸收光谱

实训说明:

本实训用溴化钾晶体稀释苯甲酸标样和试样,研磨均匀后,分别压制成晶片,以纯溴化钾晶片作参比,在相同的实验条件下,分别记录标样和试样的红外吸收光谱,然后从获得的两张图中,对照上述的各原子基团基频峰的频率及吸收强度,若两张图谱一致,则可认为该试样为苯甲酸。

实训任务目标:

1. 知识目标

① 掌握红外吸收光谱仪的基本构造;

② 能够利用红外吸收光谱图进行定性分析。

2. 技能目标

① 掌握红外吸收光谱仪的正确操作;

② 掌握压片机的使用。

3. 素质目标

① 实训开始前,按要求清点仪器,并做好实训准备工作;

② 实训过程保持实训台整洁干净;

③ 按实训要求准确记录实训过程,完成实训报告;

④ 实训结束后,认真清洗仪器,清点实训仪器并恢复实训台;

⑤ 全班完成实训任务后,恢复实训室卫生。

2.5.1　尼高力红外光谱仪 360 FT－IR 的使用

2.5.1.1　实训技能列表

(1)正确使用红外光谱仪。

(2)红外光谱仪的基本构造。

2.5.1.2　仪器设备

尼高力红外光谱仪 360 FT－IR 的使用。

2.5.1.3　实训步骤

1. 开机(顺序:稳压电源,红外光谱仪,显示器,电脑)。

2. 预热 20min,在 OMINIC 主菜单下进入红外光谱测试主程序。

3. 在 collect 子菜单下,选 Experiment setup,对扫描次数、分辨率、本底等进行设计。

4. 点击 col bgd 采集本底。

5. 点击 col samp 采集样本。

6. 放入样本。

7. 用箭头将无关的谱图点红,用 Clear 进行清除。

8. 对有用的谱图进行处理。

用 Find Peak 标出峰值;用鼠标点 T,将峰值数字挪动位置。

9. 点 Print,打印红外光谱图。

10. 点 Analyze 菜单,选 library setup,将所要加的谱库用 Add 加到右边,点 Search 键,将当前谱图与库中标准谱图进行比较,找出匹配率,点 Print,打印谱图。点 Clear 关掉 Search 窗。

11. 关机:与开机相反。

2.5.2　KBr 晶体压片的苯甲酸红外吸收光谱

2.5.2.1　实训技能列表

(1)正确使用红外光谱仪。

(2)压片法制作固体试样晶片。

(3)利用谱图进行化合物鉴定。

2.5.2.2　仪器设备

(1)红外光谱仪。

(2)压片机。

(3)玛瑙研钵。

(4)红外干燥灯。

2.5.2.3　试剂

(1)苯甲酸(优级纯)。

（2）溴化钾（优级纯）。

（3）苯甲酸试样（经提纯）。

2.5.2.4 实训步骤

1. 苯甲酸标样、试样和纯溴化钾晶片的制作。

（1）纯溴化钾晶片的制作。

称取在 110℃下干燥 48 h 以上并保存在干燥器内的溴化钾约 150 mg，于洁净的码瑙研钵中，研磨成均匀、细小的颗粒，然后转移至压片模具中（见图 2.5—1），依图顺序放好各部件后，把压模置于压片机上（图 2.5—2），并旋转压力丝杆手轮 1 压紧压膜，顺时针旋转放油阀 4 到底，然后一边抽气，一边缓慢上下移动压把 6，加压开始，注视压力表 8，当压力加到 $1\times10^5\sim1.2\times10^5$ kPa（约 $100\sim120$ kg·cm^{-2}）时，停止加压，维持 $3\sim5$ min，反时针旋转放油阀 4，压力表指针回"0"，旋松压力丝杆手轮 1 取出压模，即可得到直径为 13 mm，厚 $1\sim2$ mm 透明的溴化钾晶片，小心从压模中取出晶片，并保存在干燥器内。

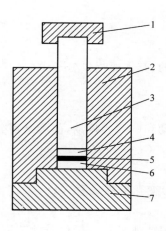

图 2.5—1 压模结构

1—压杆帽；2—压模体；3—压杆；
4—顶模片；5—试样；
6—底模片；7—底座

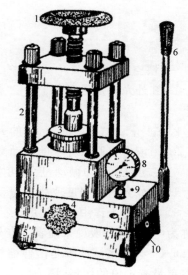

图 2.5—2 压片机

1—压力丝杆手轮；2—拉力螺柱；3—工作台垫板；
4—放油阀；5—基座；6—压把；7—压模；
8—压力表；9—注油口；10—油标及放油口

（2）苯甲酸标样晶片的制作。

另取一份 150 mg 左右溴化钾于洁净的玛瑙研钵中，加入 $2\sim3$ mg 优级纯苯甲酸，研磨均匀、压片并保存于干燥器中。

（3）试样晶片的制作。

2. 再取一份 150 mg 左右溴化钾，于洁净的玛瑙研钵中，加入 $2\sim3$ mg 苯甲酸试样,同上操作制晶片,并保存在干燥器内。

3. 将溴化钾参比晶片和苯甲酸标样晶片分别置于主机的参比窗口和试样窗口上。

4. 根据实验条件,将红外光谱仪按仪器说明书进行调节,设定参数,记录红外吸收光谱。

5. 在相同的实验条件下,测绘苯甲酸试样的红外吸收光谱。

6. 结束工作,关机。

7. 记录实验条件,在苯甲酸标样和试样红外吸收光谱图上,标出各特征吸收峰的波数,并确定其归属。将苯甲酸试样光谱图与其标准光谱图进行对比,如果两张图谱上的各种特征吸收峰及其吸收强度一致,则可认为该试样是苯甲酸。

2.5.2.5 实训要点提示

制得的晶片,必须无裂痕,局部无发白现象,如同玻璃般完全透明,否则应重新制作。晶片局部发白,表示压制的晶片厚薄不匀;晶片模糊,表示晶体吸潮,水在 3 450 cm^{-1} 和 1 640 cm^{-1} 处有吸收峰。

思 考 题

一、填空题

1. 红外光谱是由于分子( )能级的跃迁产生的,其主要提供分子中( )的信息。

2. ν_{C-H}、ν_{C-O}、ν_{C-C}、ν_{C-Cl} 的大小顺序为( )。

3. 一般将多原子分子的振动类型分为( )振动和( )振动,前者又可分为( )振动和( )振动,后者可分为( )、( )、( )和( )。

4. 红外光谱的强度取决于振动中( )的变化。

5. 在红外光谱中,将基团在振动过程中有( )变化的振动称为( ),相反则称为( ),一般说来前者在红外光谱图上有( )。

6. ( )区域的峰是由伸缩振动产生的,基团的特征吸收一般位于此范围,它是鉴定最有价值的区域,称为( );( )区域中,当分子结构稍有不同时,该区的吸收就有细微的不同,犹如人的( )一样,故称为( )。

7. CO_2 有( )种振动形式,其在红外谱图上有( )个吸收峰。

8. 化合物 C_7H_7Br 在 801 cm^{-1} 处有一单峰,它的正确结构为( )。

9. 红外分光光度计常用的光源有( )和( )。

10. 傅里叶变换红外分光光度计主要由( )( )( )( )( )( )等部分组成,它与色散型红外分光光度计的主要区别在( )和( )两部分。

11. 紫外分光光度计和红外分光光度计的主要区别是( )的位置不同。前者是放在( )和( )之间,后者是放在( )和( )之间。

12. 设有 CH_3、$CH\equiv C$、$CH=CH-CH_3$、$HC=O$ 4 个基团和 3 300 cm^{-1}、3 030 cm^{-1}、2 960 cm^{-1}、1 720 cm^{-1} 4 个吸收带，则 3 300 cm^{-1} 是由（   ）基团引起的，3 030 cm^{-1} 是由（   ）基团引起的，2 960 cm^{-1} 是由（   ）基团引起的，2 720 cm^{-1} 是由（   ）基团引起的。

二、选择题

1. 不考虑费米共振等因素的影响，比较 C—H、N—H、O—H、P—H 的伸缩振动，指出产生吸收峰最强的伸缩振动为（   ）。

    A. C—H   B. N—H   C. P—H   D. O—H

2. 不考虑其它条件影响，在酸、醛、酯、酰卤和酰胺类化合物中，C=O 伸缩振动频率的大小顺序为（   ）。

    A. 酸＞酰卤＞酰胺＞酯＞醛   B. 酰卤＞酸＞酯＞酰胺＞醛

    C. 酯＞酸＞酰卤＞醛＞酰胺   D. 酰卤＞酸＞酯＞醛＞酰胺

3. 分别在下列溶剂中测定 2—戊酮的红外吸收光谱，预计 $\nu_{C=O}$ 吸收带在哪一种溶剂中出现的频率较低（   ）

    A. 95％乙醇   B. 正己烷   C. CCl_4 D. 乙醚

4. 色散型红外分光光度计中常用的光学材料为（   ）。

    A. 玻璃   B. 石英   C. 卤化物晶体   D. 红宝石

5. 某一化合物在紫外光区未见吸收带，在红外光谱的官能团区有如下吸收峰 3 000 cm^{-1} 左右和 1 650 cm^{-1}，则该化合物可能是（   ）。

    A. 芳香族化合物   B. 烯烃   C. 醇   D. 醚

6. 傅里叶变换红外分光光度计的色散元件是（   ）。

    A. 石英棱镜   B. 卤化盐棱镜

    C. 迈克尔逊干涉仪   D. 闪耀光栅

7. 下面几种化合物中 C=C 伸缩振动吸收强度最大的是（   ）。

    A. R—CH=CH—R'（顺式）   C. R—CH=CH$_2$

    B. R—CH=CH—R'（反式）   D. R—CH=CH—R（反式）

8. 下列红外光谱数据中，哪一组数据说明分子中有末端双键存在（   ）

    A. 724 cm^{-1} 和 1 650 cm^{-1} B. 967 cm^{-1} 和 1 650 cm^{-1}

    C. 911 cm^{-1} 和 1 650 cm^{-1} D. 990 cm^{-1} 和 911 cm^{-1} 和 1 650 cm^{-1}

9. 在下面各种振动模式中，不产生红外吸收带的是（   ）。

    A. 乙炔分子中的—C≡C—   B. 乙醚分子中的 C—O—C

    C. CO_2 分子中的 C—O—C 对称伸缩振动   D. HCl 分子中的 H—Cl 键伸缩振动

10. 有一含氧化合物，如用红外光谱判断它是否为羰基化合物，主要依据的谱带范围为（   ）。

    A. 3 500～3 200 cm^{-1} B. 1 950～1 650 cm^{-1}

    C. 1 500～1 300 cm^{-1} D. 1 000～650 cm^{-1}

三、简答题

1. 分子的各种振动形式都有其特定的振动频率,但为什么不是每一种振动形式都能产生一个红外吸收峰。

2. 某化合物经取代反应后,生成的取代产物有可能为下列两种物质:

$$N\equiv C—NH—CH_2—CH_2OH \qquad HN\equiv CH—NHCOCH_3$$

取代产物在 3 300 cm^{-1} 和 1 600 cm^{-1} 有两个尖峰,但 2 300 cm^{-1} 和 3 600 cm^{-1} 没有吸收峰,问产物为何物? 并指出各峰的归属。

3. 用红外光谱区别下面各组化合物。

(1) CH_3—⬡—COOH   ⬡—COOCH$_3$

(2) CH_3CH_2—$COCH_3$ $CH_3CH_2CH_2CHO$

4. 试预测丙二酸和戊二酸在官能团的吸收方面有何不同,为什么?

四、解析题

1. 某未知物分子式为 C_8H_8O,测得其红外光谱如图 1,试推测其结构。

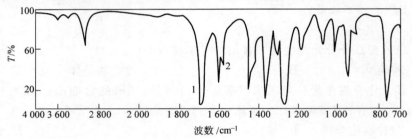

图 1 未知物 C_8H_8O 的红外光谱

2. 某化合物分子式为 $C_{11}H_{14}O_2$,红外光谱如图 2,试推测其结构。

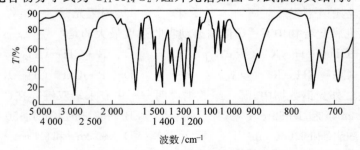

图 2 未知物 $C_{11}H_{14}O_2$ 的红外光谱

3

原子吸收光谱法

3.1　概述

3.1.1　原子吸收光谱法的发现与发展

　　原子吸收光谱分析（Atomic Absorption Spectrometry，AAS）又称原子吸收分光光度分析，是 20 世纪 50 年代中期建立并逐渐发展起来的一种新型的仪器分析方法。

　　原子吸收光谱分析是基于试样蒸气相中被测元素的基态原子对由光源发出的该原子的特征性窄频辐射产生共振吸收，其吸光度在一定范围内与蒸气相中被测元素的基态原子浓度成正比，以此测定试样中该元素含量的一种仪器分析方法。它的发展大致可分为以下 4 个阶段。

　　第一阶段：原子吸收现象的发现与科学解释。

　　早在 1802 年，伍朗斯顿（W. H. Wollaston）在研究太阳连续光谱时，就发现了太阳连续光谱中出现的暗线。1817 年，弗劳霍费（J. Fraunhofer）在研究太阳连续光谱时，再次发现了这些暗线，由于当时尚不了解产生这些暗线的原因，于是就将这些暗线称为弗劳霍费线。1859 年，克希荷夫（G. Kirchhoff）与本生（R. Bunson）在研究碱金属和碱土金属的火焰光谱时，发现钠蒸气发出的光通过温度较低的钠蒸气时，会引起钠光的吸收，并且根据钠发射线与暗线在光谱中位置相同这一事实，断定太阳连续光谱中的暗线，正是太阳外围大气圈中的钠原子对太阳光谱中的钠辐射吸收的结果。

　　第二阶段：原子吸收光谱仪器的产生。

　　原子吸收光谱作为一种实用的分析方法是从 1955 年开始的。这一年澳大利亚的瓦尔西（A. Walsh）发表了他的著名论文"原子吸收光谱在化学分析中的应用"，从而奠定了原子吸收光谱法的基础。20 世纪 50 年代末和 60 年代初，Hilge，Varian Techtron 及 Perkin－Elmer 公司先后推出了原子吸收光谱商品仪器，发展了瓦尔西的设计思想。到了 20 世纪 60 年代中期，原子吸收光谱开始进入迅速发展的时期。1965 年，威尼斯将氧化亚氮－乙炔高温火焰成功地应用于火焰原子吸收光谱法中，使火焰原子吸收光谱法测定的元素由近 30 个增加到 70 个之多，扩大了火焰原子吸收光谱法的应用范围。自 20 世纪 60 年代后期开始，"间接"原子吸收光谱法的开发，不仅使一些非金属元素和难熔元素得以有效测定，而且也可以用来测定葡萄糖等有机化合物，为原子吸收光谱法开拓了新的广阔的应用领域。

第三阶段：电热原子吸收光谱仪器的产生。

1959 年，苏联里沃夫发表了电热原子化技术的第一篇论文。电热原子吸收光谱法的绝对灵敏度可达到 $10^{-12} \sim 10^{-14}$ g，使原子吸收光谱法向前发展了一步。近年来，塞曼效应和自吸效应扣除背景技术的发展，使在很高的的背景下亦可顺利实现原子吸收测定。基体改进技术的应用、平台及探针技术的应用以及在此基础上发展起来的稳定温度平台石墨炉技术（STPF）的应用，可以对许多复杂组成的试样有效地实现原子吸收测定。

第四阶段：原子吸收分析仪器的发展。

原子吸收技术的发展推动了原子吸收仪器的不断更新和发展，而其他科学技术进步，为原子吸收仪器的不断更新和发展提供了技术和物质基础。近年来，使用连续光源和中阶梯光栅，结合使用光导摄像管、二极管阵列多元素分析检测器，设计出了微机控制的原子吸收分光光度计，为解决多元素同时测定开辟了新的前景。微机控制的原子吸收光谱系统简化了仪器结构，提高了仪器的自动化程度，改善了测定准确度，使原子吸收光谱法的面貌发生了重大变化。联用技术（色谱－原子吸收联用）日益受到人们的重视。色谱－原子吸收联用，不仅在解决元素的化学形态分析方面，而且在测定有机化合物的复杂混合物方面，都有着重要用途，是一个很有前途的发展方向。

3.1.2 原子吸收光谱法的特点

原子吸收光谱法是一种重要的成分分析方法，其特点如下。

1）灵敏度高，检测限低

火焰原子吸收分光光度法测定大多数金属元素的相对灵敏度为 $1.0 \times 10^{-8} \sim 1.0 \times 10^{-10}$ g·mL^{-1}，非火焰原子吸收分光光度法的绝对灵敏度为 $1.0 \times 10^{-12} \sim 1.0 \times 10^{-14}$ g。

2）测量精密度好

由于温度的变化对测定影响较小，该法具有良好的稳定性和重现性，精密度好。一般仪器的相对标准偏差为 $1\% \sim 2\%$，性能好的仪器可达 $0.1\% \sim 0.5\%$。在通常条件下，火焰原子吸收法测定结果的相对标准偏差可小于 1%，其测量精密度已接近于经典化学方法。石墨炉原子吸收法的测量精度一般约为 3%~5%。

3)选择性好,方法简便

由光源发出特征性入射光很简单,且基态原子是窄频吸收,元素之间的干扰较小,可不经分离在同一溶液中直接测定多种元素,操作简便。

4)准确度高,分析速度快

测定微、痕量元素的相对误差可达 0.1%~0.5%,分析一个元素只需数十秒至数分钟,如用 P-E5000 型自动原子吸收光谱仪在 35 min 内,能连续测定 50 个试样中的 6 种元素。

5)应用广泛

可直接测定岩矿、土壤、大气飘尘、水、植物、食品、生物组织等试样中 70 多种微量金属元素,还能用间接法测量硫、氮、卤素等非金属元素及其化合物。该法已广泛应用于环境保护、化工、生物技术、食品科学、食品质量与安全、地质、国防、卫生检测和农林科学等各部门。

对原子吸收分析法基本理论的讨论,主要是解决两方面的问题:①基态原子的产生以及它的浓度与试样中该元素含量之间的定量关系;②基态原子吸收光谱的特性及基态原子的浓度与原子吸收光谱的产生。

基态原子吸收其共振辐射,外层电子由基态跃迁至激发态而产生原子吸收光谱。原子吸收光谱位于光谱的紫外区和可见区。

3.2 原子吸收光谱法基本原理

3.2.1 共振线和吸收线

一个原子可能有多种能态,在正常状态下,原子处在最低能态,这个能态称为基态。基态原子受外界能量激发,其外层电子可能跃迁到不同能态,因此可能有不同的激发态。电子从基态跃迁到能量最低的激发态(称为第一激发态)时要吸收一定频率的辐射,它再跃回基态时,则发射出同样频率的辐射,对应的谱线称为共振发射线,简称共振线。电子从基态跃迁至第一激发态所产生的吸收谱线称为共振吸收线,也简称共振线。

各种元素的原子结构和外层电子排布不同,不同元素的原子从基态激发至第一激发态(或由第一激发态跃迁返回基态)时,吸收(或发射)的能量不同,因而各种元素的共振线不同而各有其特征性,所以这种共振线是元素的特征谱线。在原子吸收分析中,就是利用处于基态的待测原子蒸气对从光源辐射的共振线的吸收来进行分析的。

3.2.2 谱线轮廓与谱线变宽

如前所述,原子吸收现象早在 18 世纪已被发现,但成功地运用于分析化学是从 1955 年开始的,其主要原因是由于极窄的吸收线所致(约 10^{-3} nm)。

原子吸收光谱线并不是严格几何意义上的线（几何线无宽度），而是有相当窄的频率或波长范围，即有一定宽度。一束不同频率强度为 I_0 的平行光通过厚度为 L 的原子蒸气，一部分光被吸收，透过光的强度 I_v 服从吸收定律

入射光　原子蒸气

$$I_v = I_0 \cdot \exp(-K_v L) \quad (3.2-1)$$

式中：I_0 为入射光的强度；L 为原子蒸气的宽度；K_v 是基态原子对频率为 v 的光的吸收系数（见图 3.2-1）。

吸收系数 K_v 将随着光源的辐射频率而改变，这是由于物质的原子对光的吸收具有

图 3.2-1　基态原子对光的吸收示意

选择性，对不同频率的光，原子对光吸收也不同，故透过光强度 I_v 随着光的频率而有所变化，其变化规律如图 3.2-2 所示。由图可见，在频率 v_0 处透过的光最少，亦即吸收最大。人们把这种情况称为原子蒸气在特征频率 v_0 处有吸收线。由此可见，原子群从基态跃迁至激发态所吸收的谱线（吸收线）并不是绝对单一的几何线，而是具有一定宽度，通常称之为谱线轮廓。若绘制吸收系数 K_v 随频率 v 变化的关系图（如图 3.2-3 所示），则吸收线轮廓的意义就更清楚。此时可用吸收线的半宽度来表征吸收线的轮廓。由图 3.2-3 可见，在频率 v_0 处，吸收系数有一极大值（K_0），在距 v_0 某一点，K_v 之值为零。吸收线在中心频率 v_0 的两侧具有一定宽度。通常以吸收系数等于极大值的一半（$K_0/2$）处吸收线轮廓上两点间距离（即两点间频率差）来表征吸收线的宽度，称为吸收线的半宽度，以 Δv 表示，其数量级约为 $10^{-3} \sim 10^{-2}$ nm。同样，发射线也具有谱线宽度，不过其半宽度要窄得多（$5 \times 10^{-4} \sim 2 \times 10^{-3}$ nm）。由上述可见，表征吸收线轮廓特征的值是中心频率 v_0 和半宽度 Δv，前者由原子的能级分布特征决定，后者除谱线本身具有的自然宽度外，还受多种因素影响。下面简要讨论几种重要的变宽效应。

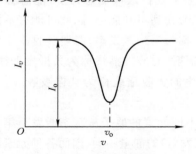

图 3.2-2　I_v 与 v 的关系

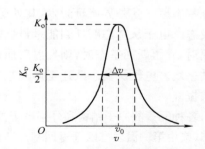

图 3.2-3　原子吸收光谱轮廓与半宽度

1）自然宽度 Δv_N

没有外界影响，谱线仍有一定的宽度称为自然宽度，以 Δv_N 表示。它与激发态原子的平均寿命有关，平均寿命愈长，谱线宽度愈窄。不同谱线有不同的自然宽度，在多数情况下 Δv_N 约为 10^{-5} nm 数量级。

2）多普勒变宽 Δv_D

通常在原子吸收光谱法测定条件下,多普勒(Doppler)变宽是影响原子吸收光谱线宽度的主要因素。多普勒变宽是由于原子热运动引起的,又称为热变宽,以 Δv_D 表示。从物理学中可知,无规则热运动的发光原子的运动方向背离检测器,则检测器接收到的光的频率较静止原子所发的光的频率低。反之,发光原子向着检测器运动,检测器接受光的频率较静止原子发的光频率高,于是谱线发生变宽。谱线的多普勒变宽可由下式决定:

$$\Delta v_D = \frac{2v_0}{c}\sqrt{\frac{2(\ln 2)RT}{A_r}} \qquad (3.2-2)$$

式中:R 为气体常数;c 为光速;A_r 为吸光质子的相对原子质量;T 为热力学温度,K;v_0 为谱线的中心频率。

因此,多普勒变宽与元素的相对原子质量、温度和谱线的频率有关。由于 Δv_D 与 $T^{1/2}$ 成正比,所以在一定温度范围内,温度稍有变化,对谱线的宽度影响并不很大。但从式中可见,待测元素的相对原子质量 A_r 越小,温度 T 愈高,则 Δv_D 越大。

3）压力变宽

当原子吸收区气体压力变大时,相互碰撞引起的变宽是不可忽略的。原子之间的相互碰撞导致激发态原子平均寿命缩短,引起谱线变宽。根据与其碰撞的原子不同,又可分为劳伦茨变宽及赫鲁兹马克变宽两种。劳伦茨变宽是指被测元素原子和其他种粒子碰撞引起的变宽,它随原子区内气体压力增大和温度升高而增大,以 Δv_L 表示。赫鲁兹马克变宽是指和同种原子碰撞而引起的变宽,也称为共振变宽。只有在被测元素浓度高时共振变宽才起作用,在原子吸收法中共振变宽可忽略不计。劳伦茨变宽与多普勒变宽有相同的数量级,也可达 $10^{-3} \sim 10^{-2}$ nm。当采用火焰原子化装置时,劳伦茨变宽是主要的。当采用无火焰原子化装置时,多普勒变宽将占主要地位。但是不论是哪一种因素,谱线的变宽都将导致原子吸收分析灵敏度的下降(表 3.2-1)。

表 3.2-1 多普勒变宽和劳伦茨变宽(10^{-4} nm)

元素	相对原子质量	波长/nm	$T=2\,000$ K		$T=2\,500$ K		$T=3\,000$ K	
			Δv_D	Δv_L	Δv_D	Δv_L	Δv_D	Δv_L
Na	22.99	589.00	39	32	44	29	48	27
Ba	137.24	553.56	15	32	17	28	18	26
Sr	87.62	460.73	16	26	17	23	19	21
V	50.94	437.92	20		22		24	
Ca	40.08	422.67	21	15	24	13	26	12
Fe	55.85	371.99	16	13	18	11	19	10
Co	58.93	352.69	13	16	15	14	16	13

元素	相对原子质量	波长/nm	$T=2\,000$ K		$T=2\,500$ K		$T=3\,000$ K	
			Δv_D	Δv_L	Δv_D	Δv_L	Δv_D	Δv_L
Ag	107.87	338.29	10	15	11	13	13	12
		328.07	10	15	11	14	16	13
Cu	63.54	324.16	13	9	14	8	16	7
Mg	24.31	285.21	18		21		23	
Pb	207.19	283.31	6.3		7		8	
Au	196.97	267.59	6.1		7		7.5	

4) 自吸变宽

由自吸现象引起的谱线变宽称为自吸变宽。光源空心阴极灯发射的共振线被灯内同种基态原子吸收产生自吸现象,使谱线变宽。灯电流愈大,自吸变宽愈严重。

此外,由于外界电场或带电粒子、离子形成的电场及磁场的作用,使谱线变宽称为场致变宽。这种变宽影响不大。

3.2.3　原子吸收值与待测元素浓度的定量关系

原子吸收光谱的测量可分为以下几类。

1) 积分吸收

对原子吸收光谱,若以连续光源来进行吸收测量将非常困难。连续光源经单色器及狭缝分离后所得到的入射光的谱带宽度约 0.2 nm。而原子吸收线的宽度约 10^{-3} nm。可见由待测原子吸收线引起的吸收值仅相当于总入射光线的 0.5%,即原子吸收只占其中很小的部分,灵敏度极差。

在吸收线轮廓内,将吸收系数对频率进行积分称为积分吸收系数,简称为积分吸收,它表示吸收的全部能量。从理论上可以得出,积分吸收与原子蒸气中吸收辐射的原子数成正比。数学表达式为:

$$\int K_v \mathrm{d}v = \frac{\pi e^2}{mc}N_\circ f \tag{3.2-3}$$

式中:e 为电子电荷;m 为电子质量;c 为光速;$N_\circ$ 为单位体积内的基态原子数;f 为振子强度,即能被入射辐射激发的每个原子的平均电子数,它正比于原子对特定波长辐射的吸收几率,在一定条件下对于一定元素,f 可视为一定值。

根据这一公式,积分吸收与单位体积基态原子数成简单线性关系,这是原子吸收分析的一个重要理论基础。若能测得积分吸收,即可计算出待定元素的原子浓度。但由于原子吸收线的半宽度很小,要测定半宽度如此小的吸收线的积分吸收,需要分辨率高达 50 万的单色器,在目前的技术情况下尚无法实现。

2) 峰值吸收

吸收线中心波长处的吸收系数 $K_\circ$ 称为峰值吸收系数,简称峰值吸收。在温度不太高的稳定火焰条件下,峰值吸收系数 K_0 与火焰中被测元素的原子浓度 N_0 成正比。原子吸收光谱法必须采用峰值吸光度的测量才能实现其定量分析,如何实现峰值吸光度的测量?

这个问题直到 1955 年瓦尔西提出锐线光源才得以解决。所谓锐线光源,就是能发射出谱线宽度很窄的发射线的光源,他所产生的供原子吸收的辐射必须具备两个条件:一是能发射待测元素的共振线,即发射线的中心频率与吸收线的中心频率(v_0)一致;二是发射线的半峰宽(Δv_c)远小于原子吸收线的半峰宽(Δv_0),如图 3.2-4 所示。这时发射线的轮廓可看作一个很窄的矩形,即峰值吸收系数 K_v 在此轮廓内不随频率而改变,吸收只限于发射线轮廓内。这样,一定的 K_0 即可测出一定的原子浓度,峰值吸收系数与原子浓度成正比,只要能测出 K_0 就可得到 N_0,如图 3.2-5 所示。

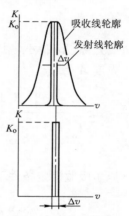

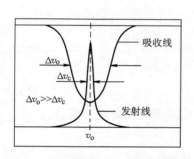

图 3.2-4 发射线与吸收线的半峰宽对比   **图 3.2-5 峰值吸收测量示意**

3)基态原子数与激发态原子的波尔兹曼分布

原子吸收光谱法是基于测量蒸气中基态原子对其共振线的吸收程度进行定量分析的一种仪器方法。按照热力学理论,在热平衡状态下,基态原子和激发态原子的分布符合波尔兹曼(Boltzmann)分配定律,即

$$\frac{N_i}{N_0} = \frac{g_i}{g_0} \cdot \exp\left[-\left(\frac{E_i - E_0}{kT}\right)\right] \tag{3.2-4}$$

式中:N_i 与 N_0 分别为激发态与基态的原子数;g_i 与 g_0 为激发态与基态能级的统计权重,它表示能级的简并度;k 为 Boltzmann 常数,其值为 $1.38 \times 10^{-23} \text{J} \cdot \text{K}^{-1}$;$T$ 为热力学温度;E_i 和 E_0 分别为激发态和基态能量。

对共振线来说,电子是从基态($E_0 = 0$)跃迁到第一激发态,于是式(3.2-4)可写成

$$\frac{N_i}{N_0} = \frac{g_i}{g_0} \cdot \exp\left(-\frac{E_i}{kT}\right) \tag{3.2-5}$$

从式(3.2-5)可看出,温度越高,N_i/N_0 值越大。在同一温度下,电子跃迁的能级 E_i 越小,共振线的频率越低,N_i/N_0 值也越大。在原子吸收光谱法中,原子化温度一般小于 3 000 K,大多数元素的最强共振线都低于 600 nm,因此对于大多数元素

来说，N_i/N_o 值绝大部分都在 10^{-3} 以下，即激发态和基态原子数之比小于千分之一，也就是说火焰中基态原子数占绝对多数，激发态原子可以忽略。因此，可用基态原子数 N_o 代表吸收辐射的原子总数。

4）实际测量

由图 3.2－1 所示，强度为 I_o 的某一波长的辐射通过均匀的原子蒸气时，根据吸收定律：

$$I = I_o \cdot \exp(-K_v L)$$

当在原子吸收线中心频率附近一定频率范围进行 Δv 测量时，则

$$I_o = \int_0^{\Delta v} I_v \mathrm{d}v \tag{3.2－6}$$

$$I = \int_0^{\Delta v} I_v \cdot \exp(-K_v L) \mathrm{d}v \tag{3.2－7}$$

使用锐线光源，Δv 很小，用中心频率处的峰值吸收系数 K_o 来表示原子对辐射的吸收。吸光度 A 为：

$$A = \lg \frac{I_o}{I} = \lg \frac{\int_0^{\Delta v} I_v \mathrm{d}v}{\int_0^{\Delta v} I_v \cdot \exp(-K_o L) \mathrm{d}v} = \lg \frac{\int_0^{\Delta v} I_v \mathrm{d}v}{\exp(-K_o L) \cdot \int_0^{\Delta v} I_v \mathrm{d}v} = 0.43 K_o L$$

$$\tag{3.2－8}$$

在通常原子吸收测定条件下，原子吸收线轮廓取决于多普勒变宽，则：

$$K_o = \frac{2}{\Delta v_D} \sqrt{\frac{\ln 2}{\pi}} \frac{\pi e^2}{mc} N_o f \tag{3.2－9}$$

将（3.2－9）式代入（3.2－8）式，得到

$$A = 0.43 \frac{2}{\Delta v_D} \sqrt{\frac{\ln 2}{\pi}} \cdot \frac{\pi e^2}{mc} \cdot f L N_o \tag{3.2－10}$$

实验条件一定，各有关的参数都是常数，吸光度为：

$$A = k L N_o \tag{3.2－11}$$

式中 k 为常数。公式表明，当用很窄的锐线光源作吸收测量时，测得的吸光度与原子蒸气中待测元素的基态原子数呈线性关系。

实际分析要求测定的是试样中待测元素的浓度，而此浓度是与待测元素吸收辐射的原子总数成正比的。因此在一定浓度范围内和一定火焰宽度 L 的情况下，式（3.2－11）可表示为：

$$A = k'c \tag{3.2－12}$$

式中：c 为待测元素的浓度；k' 在一定实验条件下是一个常数。此式称为比尔定律，它指出在一定实验条件下吸光度与浓度成正比的关系。所以通过测定吸光度就可以求出待测元素的含量。这就是原子吸收分光光度分析的定量基础。

3.3 原子吸收分光光度计

3.3.1 仪器的基本组成部件

原子吸收分光光度计由光源、原子化器、分光器、检测系统4个基本部分组成,基本构造见图3.3-1所示。

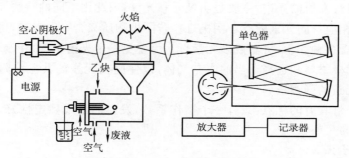

图3.3-1 原子吸收分光光度计基本构造示意

3.3.1.1 光源

光源的功能是发射被测元素的特征光谱,以供测量之用。如前所述为了测出待测元素的峰值吸收,必须使用锐线光源。为了获得较高的灵敏度和准确度,使用的光源应满足以下要求。

(1)能辐射锐线,即发射线的半宽度要明显小于吸收线的半宽度,否则测出的不是峰值吸收。

(2)能辐射待测元素的共振线,并且具有足够强度,以保证有足够的信噪比。

(3)辐射光强度必须稳定,30 min之内漂移不超过1%;背景低,低于特征共振辐射强度的1%。

(4)使用寿命长。

蒸气放电灯、无极放电灯和空心阴极灯都能符合上述要求。这里着重介绍应用最广泛的空心阴极灯。其结构如图3.3-2所示。

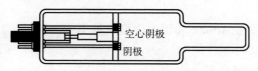

图3.3-2 空心阴极灯

空心阴极灯是一种气体放电管,它包括一个阳极(钨棒)和一个空心圆筒形阴极(由用以发射所需谱线的金属或合金,或铜、铁、镍等金属制成阴极衬套,空穴内再衬入或熔入所需金属)。两电极密封于充有低压惰性气体、带有石英窗的玻璃壳中。如图3.3-2所示。当两极之间施加适当电压(通常是300~500 V)时,便产生辉光放电。在电场作用下,电子在飞向阳极的途中,与载气原子碰撞并使之电离,放出二次电子,使电子与正离子数目增加,以维持放电。正离子从电场获得动能。如果正离子的动能足以克服金属阴极表面的晶格能,当其撞击在阴极表面时,就可以将原子从晶格中溅射出来。除溅射作用外,阴极受热也会导致阴极表面元素的热蒸发。溅射与蒸发出来的原子进入空腔内,再与电子、原子、离子等发生第二类碰撞而受到激发,发射出相应元素的特征共振辐射。

空心阴极灯发射的光谱,主要是阴极元素光谱,因此用不同的待测元素作阴极材料,可制成各相应待测元素的空心阴极灯。若阴极物质只含一种元素,可制成单元素灯;阴极物质含多种元素,可制成多元素灯。为避免发生光谱干扰,在制灯时,必须用纯度较高的阴极材料和选择适当的内充气体,以使阴极元素的共振线附近没有内充气体或杂质元素的强谱线。

空心阴极灯具有的优点:只有一个操作系数,发射的谱线稳定性好,强度高而宽度窄,并且容易更换。

3.3.1.2 原子化器

1. 作用、要求、类型

原子化器的功能是提供能量,使试样干燥、蒸发和原子化。在原子吸收光谱分析中,试样中被测元素的原子化是整个分析过程的关键环节。

对原子化器有以下方面的要求。

(1)原子化效率要高。对火焰原子化器来说,原子化效率是指通过火焰观测高度截面上以自由原子形式存在的分析物量与进入原子化器的总分析量的比值。原子化效率愈高,分析的灵敏度也愈高。

(2)稳定性要好。雾化后液滴要均匀、粒细。

(3)低的干扰水平。背景小,噪声低。

(4)安全、耐用,操作方便。

(5)实现原子化的方法,最常用有两种:一种是火焰原子化法,是原子光谱分析中最早使用的原子化方法,至今仍在广泛应用;另一种是非火焰原子化法,其中应用最广的是石墨炉电热原子化法。

2. 火焰原子化器

火焰原子化器分为全消耗型和预混合型两种类型,两者各有优缺点,但以后一类型应用较普遍。

1)预混合型火焰原子化器

预混合型火焰原子化器由雾化器、混合室和燃烧器 3 部分组成。其结构如图 3.3-3 所示。

(1)雾化器。雾化器的作用是将试液雾化,供给细小的雾滴。雾滴直径越小,在火焰中生成的基态原子数就越多,即原子化效率就越高。目前普遍采用的是同心型雾化器,在毛细管外壁与喷嘴口构成的环形间隙中,由于高压助燃气(空气、氧化亚氮

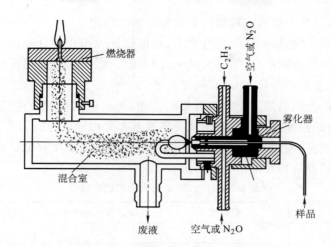

图 3.3—3　预混合型火焰原子化器示意

等)以高速通过,形成负压区,从而将试液沿毛细管吸入,并被高速气流分散成气溶胶(即成雾滴),喷出的雾滴经截流管碰在撞击球上,进而分散成细雾,与燃气、助燃气混合成气溶胶进入燃烧器。雾化器多用各种不锈钢或聚四氟乙烯塑料制成,其中毛细管则多用贵金属(如铂、铱、铑)的合金制成,极耐腐蚀。

(2)雾化室。雾化室的作用有:①进一步使试液雾滴细化和均匀化,使大雾滴或液珠聚集成液态下沉后排出,只有直径小而均匀的细小雾粒被吹进燃烧器;②使燃料气、助燃气和细小雾滴混合均匀以减少它们进入火焰时对火焰的扰动,并让气溶胶在室内部分蒸发脱溶,为达此目的,在雾化室设有撞击球、扰流器及废液排出口等装置。

(3)燃烧器。燃烧器的作用是产生火焰使进入火焰的气溶胶蒸发或原子化。燃烧器有单缝式和三缝式两种,多用不锈钢做成,常用的是单缝燃烧器。燃烧器一般应满足能使火焰稳定、原子化效率高、吸收光程长、噪声小、背景低的要求。燃烧器应能旋转一定角度,高度也能上下调节,以便选择合适的火焰部位进行测量。

2)火焰的作用、特性

火焰的作用是使待测物质分解为基态自由原子。试样金属盐的水溶液,经喷雾和分散后成为微小的雾粒喷入高温火焰中。在火焰中,化合物经历了蒸发、干燥、熔化、离解、激发和化合等复杂的物理化学过程。在此过程中除了生成大量的基态原子外,还会产生很少量的激发态原子、离子和分子等不吸收辐射的粒子,显然这些粒子是应当避免的。为了造就出尽可能多的基态自由原子,必须正确地选择和使用火焰。按助燃比的不同,可将火焰分为 3 类。

(1)正常焰。正常焰亦称化学计量焰,即助燃气和燃气的比例,与它们之间化学计量关系相近。它具有温度高、干扰小、背景低及稳定性好等特点,适合于许多元素的测定。

(2)富燃焰。富燃焰亦称还原性火焰,即助燃比小于化学计量的火焰,也就是说它是助燃气量减小或燃气量加大时产生的。火焰呈黄色,层次模糊,温度稍低,火焰的还原性较强,适合于易形成难离解氧化物元素的测定。

(3)贫燃焰。贫燃焰亦称氧化性火焰,即助燃比大于化学计量的火焰,它是在助燃气量加大或燃气量减小时产生的,其氧化性强。火焰呈蓝色,温度较低,适合于易离解、易电离元素的原子化,如碱金属等。

选择适宜的火焰条件是一项很重要的工作,可根据试样的具体情况确定。一般说来,选用火焰的温度使待测元素恰能分解成基态自由原子为宜。若温度过高,会增加原子电离或激发,而使基态自由原子减少,导致分离灵敏度降低。表3.3-1列出几种常见火焰的燃烧特性。

表 3.3-1　几种常见火焰的燃烧特性

燃气	助燃气	最高着火温度/K	最高燃烧温度/K
乙炔	空气	623	2 430
	氧气	608	3 160
	氧化亚氮		2 990
氢气	空气	803	2 318
	氧气	723	2 933
	氧化亚氮		2 880
煤气	空气	560	1 980
	氧气	450	3 013
丙烷	空气	510	2 198
	氧气	490	2 850

现对应用最多的3种火焰简要介绍如下。

(1)空气-乙炔火焰。这是用途最广的一种火焰。最高温度约2 400 K,能用以测定35种以上的元素,但测定易形成难离解氧化物的元素时灵敏度很低,不宜使用。这种火焰在短波长范围内对紫外光吸收较强。

(2)氧化亚氮-乙炔火焰。在燃烧过程中,氧化亚氮分解出氧和氮并释放出大量热,乙炔则借助其中的氧燃烧,故火焰温度较高,可达3 000 K。由于火焰温度高,所以原子化效率高,可消除在空气-乙炔火焰或其他火焰中可能存在的某些化学干扰。值得注意的是由于氧化亚氮-乙炔火焰容易发生爆炸,因此在操作中应严格遵守操作规程。

(3)氧屏蔽空气-乙炔火焰。这是一种新型高温火焰,它为用原子吸收法测定铝和其他一些易生成难离解氧化物的元素提供了一种新的可能性。这是一种用氧气流将空气-乙炔火焰与大气隔开的火焰。由于它具有较高的温度和还原性,氧气又较氧化亚氮价廉且易得的特点,因而受到重视。

3)火焰原子化系统的特点

优点:结构简单,操作方便,应用较广;火焰稳定,重现性及精密度较好;基体效应及记忆效应较小。

缺点：雾化效率低，原子化效率低；使用大量载气，起了稀释作用，使原子蒸气浓度降低，限制了检测的灵敏度；某些金属原子易受助燃气或火焰周围空气的氧化作用生成难熔氧化物或发生某些化学反应，也会减少原子蒸气的密度。

3. 石墨炉原子化器

石墨炉原子化器是常用的非火焰原子化器，它使用电热能提供能量以实现元素的原子化。

1）石墨炉原子化器的结构

石墨炉原子化器有电源、保护气系统、石墨管炉3部分组成。其结构如图3.3—4所示。

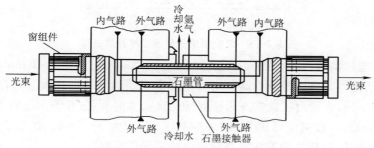

图3.3—4　管式石墨炉原子化器示意

电源提供10～25 V的低压，电流可达500 A，它能使石墨管迅速加热升温，而且通过控制可以进行程序阶梯升温，最高温度可达3 000 K。石墨管长约50 mm，外径约9 mm，内径约6 mm，管中央有一个小孔，用以加入样品。光源发出辐射线从石墨管的中央通过，管的两端与电源连接，并通过绝缘材料与保护气系统结合为完整的炉体。保护气通常使用惰性气体氩气，保护气系统是控制保护气的，仪器启动，氩气流通，空烧完毕后，切断保护气氩气。进样后，外路气中的氩气从管两端流向管中央，由管中心孔流出，所以能有效除去在干燥和挥发过程中的溶剂、基体蒸气，同时也保护已原子化了的原子不再被氧化。在原子化阶段，停止通气，以延长原子在吸收区内的平均停留时间，避免对原子蒸气的稀释作用。石墨炉炉体四周通有冷却水，以保护炉体。

2）石墨炉原子化器的升温程序及样品在原子器中的物理化学过程

试样以溶液（一般为1～50 µL）或固体（一般几毫克）从进样孔加到石墨管中，用程序升温的方式使样品原子化，其过程分为干燥、灰化、原子化等几个阶段，如图3.3—5所示。

(1)干燥。其目的主要是除去溶剂，以避免溶剂存在时导致灰化和原子化过程发生飞溅。干燥的温度一般稍高于溶剂的沸点，如水溶液一般控制在105℃。干燥的时间视进样量的不同而有所不同，一般每微升试液需约1.5 s。

(2)灰化。其目的是尽可能除去易挥发的基体和有机物，这个过程相当于化学处理，不仅减少了可能发生干扰的物质，而且对被测物质也起到富集作用。灰化温度及

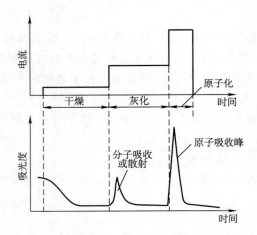

图 3.3—5 无火焰原子化器程序升温过程

时间一般要通过实践选择,通常温度在 $100\sim1\,800\,℃$,时间为 $0.5\sim1$ min。

(3)原子化。其目的是使样品解离为基态原子。原子化的温度和时间随被测元素的不同而不同,应通过实验选择最佳原子化温度和时间,这是原子吸收光谱分析的重要条件之一。一般温度可达 $2\,500\sim3\,000\,℃$,时间为 $3\sim10$ s。在原子化过程中,应停止氩气通过,以延长原子在石墨炉管内的平均停留时间。

3)石墨炉原子化器的特点

优点:原子化效率高,原子在吸收区域中平均停留时间长,因而灵敏度高;原子化温度高,可用于那些较难挥发和原子化的元素分析;在惰性气体气氛下原子化,对于那些易形成难解离氧化物的元素分析更为有利;进样量少,溶液试样量仅为 $1\sim50\,\mu L$,固体试样量仅为几毫克。

缺点:精密度较差;基体效应、化学干扰较严重,背景吸收较强;仪器装置较复杂,价格较贵,需要冷水。

对于无火焰法和火焰法的异同,表 3.3—2 进行了一些比较。

表 3.3—2 火焰原子化法和无火焰原子化法的比较

项目	火焰原子化法	无火焰原子化法
原子化原理	火焰热	电热
最高温度	$2\,955\,℃$	约 $3\,000\,℃$
原子化效率	约 10%	90% 以上
试样体积	约 1 mL	$5\sim100\,\mu L$
信号形状	平顶形	峰形
灵敏度	低	高
最佳条件下的重现性	变异系数 0.5%～1.0%	变异系数 1.5%～5%
基体效应	小	大

4. 低温原子化法

低温原子化法的原子化温度为室温至几百摄氏度,常用的有汞低温原子化法和氢化物原子化法。

1)汞低温原子化法

汞在室温下有较大的蒸气压,沸点仅为 375℃。对样品进行适当化学预处理,还原出汞原子,然后由载气(Ar 或 N_2 或空气)将汞原子蒸气送入气体吸收池内测定。本法主要用于汞的测定。在样品中加入 $SnCl_2$,将溶液中汞离子还原为金属汞,通入载气将汞蒸气带出并经干燥管进入石英吸收管,测定吸光度可测定汞量。

2)氢化物原子化法

氢化物原子化法是利用某些元素(如 Hg)本身或元素的氢化物(如 AsH_3)在低温下的易挥发性,将其导入气体流动吸收池内进行原子化。目前通过该原子化方式测定的元素有 Hg、As、Sb、Se、Sn、Bi、Ge、Pb、Te 等。生成氢化物是一个氧化还原过程,所生成的氢化物是共价分子型化合物,沸点低,易挥发分离分解。以 As 为例,反应过程可表示如下:

$$AsCl_3 + 4KBH_4 + HCl + 8H_2O = AsH_3\uparrow + 4KCl + 4HBO_2 + 13H_2\uparrow$$

AsH_3 在热力学上是不稳定的,在 900℃ 温度下就能分解出自由 As 原子,实现快速原子化。因此,其装置分为氢化物发生器和原子化装置两部分。

氢化物原子化法由于还原转化为氢化物时效率高,生成的氢化物可在较低的温度(700~900℃)下原子化,且氢化物生成的过程本身是个分离过程,因而此法具有高灵敏度、较少基体干扰和化学干扰等优点。

3.3.1.3　分光器

原子吸收仪器中,分光器的作用是引导和汇聚光束,并使之通过原子蒸气而被原子所吸收,并把待测谱线和其他谱线分开,以便进行测定。因此,全部光学系统可分为两部分:一部分称为外光路系统,它的基本作用是汇聚、收集光源所发出的光线,引导光线准确地通过原子化区,然后将它导入单色器中;另一部分为单色器,它由色散元件(光栅)、凹面镜和狭缝组成,其作用是从光源和原子化器发射的谱线中分出分析线进入检测器。现在常用的分光元件是光栅。原子吸收光谱仪对分光器的分辨率要求不高,曾以能分辨开镍三线 Ni230.003 nm、Ni231.603 nm、Ni231.096 nm 为标准,后采用 Mn279.5 nm 和 Mn279.8 nm 代替 Ni 三线来鉴定分辨率。光栅放置在原子化器之后,以阻止来自原子化器内的所有不需要的辐射进入检测器。

3.3.1.4　检测系统

检测系统主要由检测器、放大器、对数变换器、显示装置组成。现分述如下。

1)检测器

检测器的作用是将单色器分出的光信号进行光电转换。应用光电池、光电管或光敏晶体管都可以实现光电转换。在原子吸收分光光度计中常用光电倍增管做检测器。光电倍增管的原理和连接线路如图 3.3-6 所示。光电倍增管中有一个光敏阴

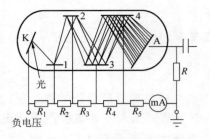

图 3.3-6 光电倍增管的光电倍增
原理和线路示意

极 K、若干个倍增极和一个阳极 A。最后经过碰撞倍增了的电子射向阳极而形成电流。光电流通过光电倍增管负载电阻 R 而转换成电信号送入放大器。

2)放大器

其作用是将光电倍增管输出的电压信号放大。由光源发出的光经原子蒸气、单色器后已经很弱,由光电倍增管放大发出信号还不够强,故电压信号在进入显示装置前还必须放大。由于原子吸收测量中处理的信号波形接近方波,因此多采用同步减波放大器,以改善信噪比。

3)对数变换器

原子吸收分光光度法中吸收前后光强度的变化与试样中待测元素的浓度关系,在火焰宽度一定时是服从比尔定律的,吸收后的光强并不直接与浓度呈直线关系。因此为了在指示仪表上显示出与试样浓度成正比例的数值,就必须进行信号的对数变换。

4)显示装置

测定值最终由指示仪表显示出来或用记录仪记录下来,也可用数字显示仪表,配合数字打印装置记录。现代原子吸收分光光度计中采用原子吸收计算机工作站,设有自动调零、自动校准、积分读数、曲线校正等装置,应用微处理机绘制、校准工作曲线以及高速处理大量测定数据等。操作者可设定仪器的参数,向微处理系统送入校正标准和样品信息即可自动进行分析。若配以自动进样器,整个测定程序便会自动进行,从而大大简化操作,提高测量精度。

3.3.2 原子吸收分光光度计的类型及特点

分光光度计按光束形式可分为单光束和双光束两类,按波道数目又有单道、双道和多道之分。目前普遍使用的是单道单光束和单道双光束原子吸收分光光度计。

3.3.2.1 单道单光束原子吸收分光光度计

单道单光束原子吸收分光光度计的基本结构如图 3.3-7 所示。

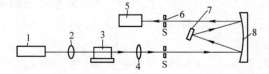

图 3.3-7 单道单光束原子吸收分光光度计基本结构

1—空心阴极灯;2,4—透镜;3—原子化器;5—检测器;6—狭缝;7—光栅;8—反射镜

来自光源的特征辐射通过原子化器,部分辐射被基态原子吸收,透过部分经分光系统,使所需的辐射通向检测器,将光信号变成电信号并经放大而读出。

　　单道单光束原子吸收分光光度计仪器简单,体积较小,操作方便,价格低廉,能满足一般原子吸收的要求,是应用最广的仪器。其缺点是不能消除光源波动造成的影响,空心阴极灯要预热一段时间,待稳定后才能进行测定。

　　国产 WYX－402、WFX－1A、WFX－1B、WFX－110 和 GGX－2 等型号均属于单道单光束原子吸收分光光度计。

3.3.2.2　单道双光束原子吸收分光光度计

　　单道双光束原子吸收分光光度计的基本结构如图 3.3－8 所示。仪器将来自光源的特征辐射经切光器分解成样品光束和参比光束,样品光束经原子化器被基态原子部分吸收,参比光束不通过原子化器,其光强不被减弱,两光束由半透明反射镜合为一束,经分光系统后进入检测器,然后在显示器或记录仪上给出两光束信号比。

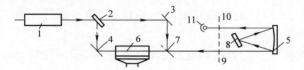

图 3.3－8　单道双光束原子吸收分光光度计基本结构
1—空心阴极灯;2—旋转反射镜;3,4,5—反射镜;6—原子化器;
7—半反射镜;8—光栅;9—入射狭缝;10—出射狭缝;11—检测器

　　单道双光束仪器在一定程度上消除了光源波动造成的影响,但由于参比光束不通过火焰,所以对火焰扰动、背景吸收等影响不能抵偿;双光束仪器的另一优点是空心阴极灯不需预热,点灯后即可开始测定;其缺点是光学系统复杂,入射光能量损失较大,约 50%。

　　国产 310 型、320 型、GFU－201 型、WFX－Ⅱ型及 WFL 型等均属于此类仪器。

3.3.2.3　双道双光束原子吸收分光光度计

　　双道双光束原子吸收分光光度计基本结构如图 3.3－9 所示。

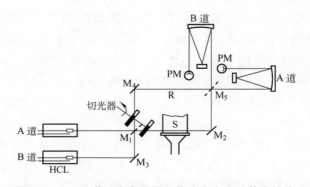

图 3.3－9　双道双光束原子吸收分光光度计基本结构
M_1,M_3—半头半反镜;M_2,M_4,M_5—反射镜;R—参比光束;S—样品光束;PM—检测器

双道双光束原子吸收分光光度计有两个光源,两套独立的单色器和检测系统。从两个空心阴极灯发出的辐射被切光器分开为各自的测量光束和参比光束,并使二者相位相差 180°,测量光束和参比光束分别被反射至合并器处会合,交替进入各自单色器。其检测系统可进行 3 种工作方式:A 和 B 方式为单道双光束;A—B 方式为背景扣除;A/B 方式为内标运算。

多道原子吸收分光光度计可以用来做多元素的同时测定。

目前 PE 公司推出的 SIMAA6000 多元素同时分析原子吸收光谱仪,以新型四面体中阶梯光栅取代普通光栅单色器获取二维光谱,以光谱响应的固体检测器替代光电倍增管,取得了同时检测多种元素的理想效果。

3.3.3 原子吸收分光光度计的维护保养

原子吸收分光光度计是一种精密的分析仪器,为了保证正常工作和良好的工作精度,应经常维护。

开机前,检查各插头是否接触良好,调好狭缝位置,将仪器面板上的所有旋钮回零再通电。开机应先开低压,后开高压,关机则相反。

空心阴极灯需要一定的预热时间。灯电流由低到高慢慢升到规定值,防止突然升高,造成阴极溅射。有些低熔点元素灯如 Sn、Pb 等,使用时防止震动,工作后轻轻取下,阴极向上放置,待冷却后再移动装盒。装卸灯要轻拿轻放。窗口如有污物或指印,用擦镜纸轻轻擦拭。空心阴极灯发光颜色不正常,可用灯电流反向器(相当于一个简单的灯电源装置),将灯的正、负极反接,在灯最大电流下点燃 20～30 min;或在大电流 100～150 mA 下点燃 1～2 min,使阳极红热,阳极上的钛丝或钽片是吸气剂,能吸收灯内残存的杂质气体,这样可以恢复灯的性能。闲置不用的空心阴极灯,定期在额定电流下点燃 30 min。

喷雾器的毛细管使用铂—铱合金制成,不要喷雾高浓度的含氟样液。工作中防止毛细管折弯,如有堵塞,可用细金属丝清除,小心不要损伤毛细管口或内壁。

日常分析完毕,应在不灭火的情况下喷雾蒸馏水,对喷雾器雾化室和燃烧器进行清洗。喷过高浓度酸、碱后,要用纯水彻底清洗雾化室,防止腐蚀。吸喷有机溶液后,先喷有机溶剂和丙酮各 5 min,再喷 1％硝酸和蒸馏水各 5 min。燃烧器如有盐类结晶,火焰成锯齿形,可用滤纸或硬纸片轻轻刮去,必要时卸下燃烧器,用 1∶1 乙醇—丙酮清洗,用毛刷蘸水刷干净。如有熔珠,可用金相砂纸轻轻打磨,严禁用酸浸泡。

单色器中光学元件严禁用手触摸和擅自调节。可用少量气体吹去其表面灰尘,不准用擦镜纸擦拭防止光栅受潮发霉,要经常更换暗盒内的干燥剂。光电倍增管室需检修时,一定要在关掉负高压的情况下,才能揭开屏障罩,防止强光直接照射,引起光电倍增管产生不可逆的"疲劳"效应。

点火时,先开助燃气,后开燃气;关闭时,先关燃气,后关助燃气。

使用石墨炉时,样品注入位置要保持一致,减少误差。工作时,冷却水的压力与惰性气流的流速应稳定。一定要在通有惰性气体的条件下接通电源,否则会烧毁石墨管。

乙炔钢瓶及其使用:乙炔是一种带有大蒜味的无色气体,在丙酮中的溶解度很大,根据这一特性,乙炔钢瓶中装有浸满丙酮的活性炭填料,在常温 1.5 MPa 压力下,乙炔稳定储存于钢瓶内;使用时,溶解在丙酮中的乙炔气分解流出进入仪器,而丙酮仍然留在钢瓶内。

乙炔钢瓶配有乙炔减压器,通过转动紧固螺钉使乙炔减压器的连接管紧贴在乙炔瓶阀的出气口上,乙炔经过减压器供给仪器燃料气。乙炔减压器与乙炔钢瓶的连接必须严密,千万不能在漏气情况下使用。开启乙炔瓶时,阀门旋开不能超过 1.5 转,防止丙酮逸出。乙炔钢瓶工作时应直立放置,防止剧烈的震动和撞击。乙炔钢瓶应放在室外,温度不应超过 30~40℃,防止风吹、日晒、雨淋。

下面介绍 AA7000 系列原子吸收仪的日常维护。

1)空心阴极灯

元素灯使用时应注意以下 3 方面。

(1)玻璃窗应十分干净,若被弄脏(灰尘或油脂)将严重影响透光。此时应用蘸有无水酒精和丙酮混合物(1:1)的脱脂棉球擦去污物。

(2)插、拔灯时应一手按住脚座,一手捏住灯管金属壳部插入或拔出,不可在玻璃壳体上用力,小心断裂。

(3)绝对避免使用最大灯电流工作。灯不用时应装入灯盒内。

2)雾化器

当吸喷的溶液含有固体颗粒时就会部分或完全堵塞雾化器毛细管,使吸光值降低,堵塞轻微时,可用一支 5 mL 注射器吸 2 mL 左右纯水,从塑料毛细管向内压水导通;堵塞严重时,应取下塑料毛细管,用金属丝通针将铂铱毛细管通开。

3)燃烧头

长期分析含有大量有机物的溶液后,在燃烧头缝口上会形成许多固体污染物,严重时会使火焰部分分叉。清洗的办法是拆下燃烧头,用去污粉和毛刷将其刷净,然后用水冲洗干净即可。

4)测量后的保养

每次测量完成后继续吸入纯水 3~5 min,将雾化器混合室内残存的样品溶液(含酸类物质)冲洗出来以避免他们长期停留在混合室内腐蚀内壁。

当使用有机溶剂后更应充分洗涤,办法是先用酒精和丙酮混合物(1:1)吸喷数分钟,再用纯水吸喷 5~10 min,然后关火。这样做的目的是为了将有机溶剂从排废液管和水封管内全部洗出,以免有机溶剂加速塑料制品的老化。

石墨炉长期使用后会在进样口周围沉积一些污物,应及时用软布擦去。炉两端的玻璃窗(石英玻璃)最容易被样品弄脏而严重影响透光度,应随时观察玻璃窗的清洁程度,一旦积有污物应拆下玻璃窗(小心打碎)用无水酒精细软布擦净后重新安装好。

5)空压机

应经常放出空压机内的积水,积水过多会严重影响火焰稳定性,并可能将积水带入仪器的空气管道、流量计内,严重影响仪器正常工作。

3.4   原子吸收光谱分析法的应用

在测定矿物、金属及其合金、玻璃、陶瓷、水泥、化工产品、土壤、食品、血液、生物试样、环境污染物等试样中的金属元素时,原子吸收法往往是一种首选的定量方法,因而它在分析化学领域内占重要地位。

3.4.1   定量方法

原子吸收光谱的定量方法有标准曲线法、标准加入法、内标法。

1)标准曲线法

配制一组合适的标准溶液,由低浓度到高浓度,依次喷入火焰,分别测定其吸光度 A,以测得的吸光度为纵坐标,待测元素的含量或浓度 c 为横坐标,绘制 A—c 标准曲线。在相同的试验条件下,喷入待测试样溶液,根据测得的吸光度,由标准曲线求出试样中待测元素的含量。

在使用本法时注意:①所配制的标准溶液的浓度,应在吸光度与浓度呈直线关系的范围内;②标准溶液与试样溶液都应用相同的试剂处理;③应该扣除空白值;④在整个分析过程中操作条件应保持不变;⑤由于喷雾效率和火焰状态经常变动,标准曲线的斜率也随之变动,因此,每次测定前应用标准溶液对吸光度进行检查和校正。

标准曲线法简便、快速,但仅适用于组成简单的试样。

例 1   制成的储备液含钙 0.1 mg/mL,取一系列不同体积的储备液于 50 mL 容量瓶中,以蒸馏水稀释至刻度。将 5 mL 天然水样品置于 50 mL 容量瓶中,并以蒸馏水稀释至刻度。测定结果见下表,试计算天然水中钙的含量。

储备溶液体积/mL	1.00	2.00	3.00	4.00	5.00	稀释水样
吸光度 A	0.224	0.447	0.675	0.900	1.122	0.475

解   (1)计算标准系列的浓度 c

$$c=\frac{(Vc)_{标液}}{50\ \text{mL}}\quad \text{mg/mL}$$

储备溶液体积/mL	1.00	2.00	3.00	4.00	5.00
标准系列浓度/$(\text{mg}\cdot\text{mL}^{-1})$	2×10^{-3}	4×10^{-3}	6×10^{-3}	8×10^{-3}	10×10^{-3}
吸光度 A	0.224	0.447	0.675	0.900	1.122

（2）以测得的吸光度 A 为纵坐标，待测元素的浓度 c 为横坐标，绘制 A—c 标准曲线。

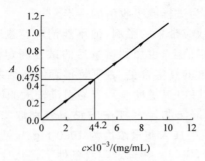

图 3.4—1　A—c 标准曲线

（3）在标准曲线中求出待测元素钙的含量

$$c_{Ca} = 0.042 \text{ mg/mL}$$

2）标准加入法

取相同体积的试样溶液两份，分别移入容量瓶 A 及 B 中，另取一定量的标准溶液加入 B 中，然后将两份溶液稀释至刻度，测出 A 及 B 两溶液的吸光度。设试样中待测元素（容量瓶 A 中）的浓度为 C_x，加入标准溶液（容量瓶 B 中）的浓度为 C_0，A 溶液的吸光度为 A_x，B 溶液的吸光度为 A_0，则可得：

$$A_x = kc_x$$

$$A_0 = k(c_0 + c_x)$$

由上两式得：

$$c_x = \frac{A_x}{A_0 - A_x} c_0 \qquad (3.4—1)$$

实际测定中，都采用作图法：取若干份（例如 4 份）体积相同的试样溶液，从第二份开始按比例加入不同量待测元素的标准溶液，然后用溶剂稀释至一定体积（设试样中待测元素的浓度为 c_x，加入标准溶液后浓度分别为 $c_x + c_0$、$c_x + 2c_0$、$c_x + 4c_0$），分别测得其吸光度（A_x、A_1、A_2 及 A_3），以 A 对加入量作图，得图 3.4—2 所示

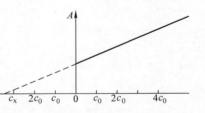

图 3.4—2　标准加入法

的直线。这时曲线并不通过原点。显然，相应的截距所反映的吸收值正是试样中待测元素所引起的效应。如果外延此曲线使与横坐标相交，相应于原点与交点的距离，即为所求试样中待测元素的浓度 c_x。

使用标准加入法时应注意以下几点。

（1）待测元素的浓度与其相应的吸光度应呈直线关系。

（2）为了得到较为精确的外推结果，最少应采用 4 个点（包括试样溶液本身）来作

外推曲线,并且第一份加入的标准溶液与试样溶液的浓度之比应适当,这可通过试喷试样溶液和标准溶液,比较两者的吸光度来判断。增量值的大小可这样选择,使第一个加入量产生的吸收值约为试样原吸收值的一半。

(3)本法能消除基体效应带来的影响,但不能消除背景吸收的影响,这是因为相同的信号,既加到试样测定值上,也加到增量后的试样测定值上,因此只有扣除了背景之后,才能得到待测元素的真实含量,否则将得到偏高结果。

(4)对于斜率太小的曲线(灵敏度差),容易引进较大的误差。

例 2 用原子吸收光谱法测定水样中的钴。分别取 10.0 mL 水样于 5 个 100 mL 容量瓶中,每个容量瓶中加入质量浓度为 10.0 mg/L 钴标准溶液,其体积如下表所示。用水稀释至刻度后,摇匀。在选定实验条件下,测定的结果见下表。根据这些数据求出水样中钴的质量浓度(以 mg/L 表示)。

编号	水样体积/mL	加入钴标准溶液的体积/mL	吸光度 A
0	0.0	0.0	0.042
1	10.0	0.0	0.201
2	10.0	10.0	0.292
3	10.0	20.0	0.378
4	10.0	30.0	0.467
5	10.0	40.0	0.554

解 首先将 1－5 号的吸光度扣除空白溶液的吸光度 0.042 分别得 0.159、0.250、0.336、0.425、0.512。以此为纵坐标,以钴标准溶液的体积为横坐标作图,见图 3.4－3。曲线不通过原点,外推曲线与横坐标相交,其值等于 17.2 mL。

$$水样中钴的浓度 = \frac{17.2\,mL \times 10.0\,mg/L}{10.0\,mL} = 17.2\,mg/L$$

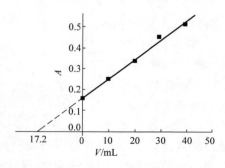

图 3.4－3 标准曲线

3)内标法

内标法是在标准试样和被测试样中,分别加入内标元素,测定分析线和内标线的吸光度比,并以吸光度比与被测元素含量或浓度绘制工作曲线。内标法的关键是选择内标元素,要求内标元素与被测元素在试样基体内及在原子化过程中具有相似的物理及化学性质。常用的内标元素见表 3.4－1 所示。

表 3.4－1　常用的内标元素

待测元素	内标元素	待测元素	内标元素	待测元素	内标元素
Al	Cr	Cu	Cd,Mn	Na	Li
A	Mn	Fe	Au,Mn	Ni	Cd
Ca	Sr	K	Li	Pb	Zn
Cd	Mn	Mg	Cd	Si	Cr,V
Co	Cd	Mn	Cd	V	Cr
Cr	Mn	Mo	Sr	Zn	Mn,Cd

内标法仅适用于双道及多道仪器,单道仪器上不能用。其优点是能消除物理干扰,还能消除实验条件波动而引起的误差。

3.4.2　评价指标

3.4.2.1　灵敏度及特征浓度

在原子吸收分光光度分析中,灵敏度 S 定义为校正曲线的斜率,其表达式为:

$$S = \frac{\mathrm{d}A}{\mathrm{d}c} \tag{3.4－2}$$

或

$$S = \frac{\mathrm{d}A}{\mathrm{d}m} \tag{3.4－3}$$

即当待测元素的浓度 c 或质量 m 改变一个单位时,吸光度 A 的变化量。

在火焰原子化法中常用特征浓度来表征灵敏度,所谓特征浓度是指能产生 1% 吸收或 0.004 4 吸光度值时溶液中待测元素的质量浓度($\mu g \cdot mL^{-1}/1\%$)或质量分数($\mu g \cdot g^{-1}/1\%$)。例如 1 $\mu g \cdot g^{-1}$ 镁溶液,测得其吸光度为 0.55,则镁的特征浓度为:

$$\frac{1}{0.55} \times 0.004\ 4 = 8\mathrm{ng} \cdot \mathrm{g}^{-1}/1\%$$

对于石墨炉原子化法,由于测定的灵敏度取决于加到原子化器中试样的质量,此时采用特征质量(以 $\mu g/1\%$ 表示)更为适宜。显然,特征浓度或特征质量愈小,测定的灵敏度愈高。

灵敏度或特征浓度与一系列因素有关,首先取决于待测元素本身的性质,例如难熔元素的灵敏度比普通元素的灵敏度要低得多。其次,还和测定仪器的性能如单色器的分辨率、光源的特性、检测器的灵敏度等有关。此外,还受到试验因素的影响,例如光源工作条件不合适,共振辐射不是从原子浓度最高的火焰区通过,燃气与助燃气流量比不恰当,引起原子化效率低等,都会降低测定的灵敏度。反之,若正确选择了实验条件,并采取了有效措施,则可进一步提高灵敏度。

3.4.2.2　检出限

检出限是指产生一个能够证实在试样中存在某元素的分析信号所需要的该元素

的最小含量,亦即待测元素所产生的信号强度等于其噪声强度标准偏差 3 倍时所对应的浓度或质量,检出限用下式表示:

$$D_c = \frac{c}{A} \cdot 3\sigma \qquad (3.4-4)$$

或

$$D_m = \frac{m}{A} \cdot 3\sigma \qquad (3.4-5)$$

式中:D_c 为相对检出限,$\mu g \cdot mL^{-1}$;D_m 为绝对检出限,g;c 和 m 分别为待测液的浓度和质量;A 为多次待测试液吸光度的平均值;σ 为噪声的标准偏差,是对空白溶液或接近空白的标准溶液进行至少 10 次连续测定,由所得的吸光度值求算标准偏差而得。

检出限比灵敏度具有更明确的意义,它考虑到了噪声的影响,并明确指出了测定的可靠程度。由此可见,降低噪声、提高测定精密度是改善检出限的有效途径。因此对于一定的仪器,合理选择分析条件,诸如选择合适的灯电流、仪器的充分预热、调节合适的检测系统的增益、保证供气的稳定等,都可以降低噪声水平。

3.5　原子吸收光谱法实验技术

原子吸收光谱法广泛应用于各种不同类型的液体样品和固体样品的分析,样品的类型和数量决定样品处理步骤和样品制备方法的选择。

3.5.1　试样制备

3.5.1.1　样品的溶解

在原子吸收法中样品的性质决定样品的处理方法。对于固体样品,主要是溶解,把样品转换为溶液。

原子吸收法中最常用的溶解步骤是酸溶,对金属、合金和矿石最常用的酸是 HCl、H_2SO_4、H_3PO_4、HNO_3 和 $HClO_4$。H_2SO_4 和 H_3PO_4 混合用于某些冶金样品;氢氟酸常与另一种酸生成氟化物而促进溶解。

目前,高压密闭溶样和微波溶样技术在国内得到重视和应用,例如,硅酸盐岩的高压溶解,土壤的高压密封溶解。

3.5.1.2　样品的灰化

灰化又称消解,广泛用于无机分析前破坏样品中的有机物,灰化法又分干法和湿法两种。

1)干法

将样品置于合适的容器里,在空气中加热,温度为 400~800℃。固体样品在灰化前应先烘干,水溶液应先进行蒸发,然后灰化。干法灰化技术简单,可处理大量样品,一般不受污染,但应注意大气中引入的污染物。干法灰化对一些易挥发的元素不利,例如含汞、铝、镉、砷和硒的样品,它可以造成分析元素的部分损失或全部损失。

干法有时可加入氧化剂帮助灰化。在灼烧前加入盐溶液,润湿样品或加几滴酸或加入纯硝酸镁作灰化基体,这样可加快灰化过程和减少某些元素的挥发损失。

2)湿法

采用湿法灰化可以在较低的温度下破坏有机物,最常用的氧化剂是硝酸、硫酸和高氯酸,它们可以单独使用或混合使用。湿法灰化时样品很少损失,然而汞、硒、砷等易挥发元素仍然不能完全避免。湿法由于加入试剂,故污染可能比干法大,而且需要小心操作。

3.5.1.3　被测元素的分离和富集

分离共存干扰组分,同时使被测组分得到富集实体是提高痕量组分测定相对灵敏度的有效途径。目前常用来分离和富集的方法有沉淀和共沉淀法、萃取法、离子交换法、浮选分离富集技术、电解预富集技术及应用泡沫塑料、活性炭等的吸附技术。在实验室应用较普遍的是萃取和离子交换法。

3.5.2　标准样品溶液的配制

标准样品溶液的组成要尽可能接近未知试样的组成。标准储备液的浓度不宜低于 $1.00\ \text{mg}\cdot\text{mL}^{-1}$,在配制时一般加入少量酸以免器皿表面吸附,通常储存于聚四氟乙烯、聚乙烯或硬质玻璃器皿中。非水标准溶液可将金属有机化合物溶于适宜的有机溶剂中配制,用合适的溶剂萃取,通过测定水相中的金属离子含量间接标定。

3.5.3　测定条件的选择

3.5.3.1　分析线

通常选用元素的共振吸收线为分析线,因为这样可使测定具有较高灵敏度。但并不是在任何情况下都如此,例如砷、硒、汞等的共振线处于远紫外区,此时火焰的吸收很强烈,因而不宜选择这些元素的共振线作分析线。即使共振线不受干扰,在实际工作中,也未必都要选用共振线,例如在分析较高浓度试样时,就宁愿选择灵敏度较低的谱线,以便得到适度的吸收值,改善标准曲线的线性范围。显然,对于微量元素的测定,就必须选用最强的吸收线。

最适宜的分析线应视具体情况通过实验确定。

3.5.3.2　狭缝宽度

在原子吸收分光光度法中,谱线重叠的概率较小,因此在测定时可以允许使用较宽的狭缝,这样可以增加光强,降低检测器的噪声,从而提高信噪比,改善检测极限。

狭缝宽度的选择与许多因素有关,首先与单色器的分辨能力有关。当单色器的分辨能力大时,可以使用较宽狭缝。在光源辐射较弱或共振线吸收较弱时,必须使用较宽的狭缝。当火焰的背景发射很强,在吸收线附近有干扰谱线或非吸收光存在时,就应使用较窄的狭缝。合适的狭缝宽度应通过实验确定。

3.5.3.3 空心阴极灯的工作电流

空心阴极灯一般需要预热 10~30 min 才能达到稳定输出。灯电流过小，放电不稳定，故光谱输出不稳定，且光谱输出强度小；灯电流过大，发射谱线变宽，导致灵敏度下降，校正曲线弯曲，灯寿命缩短。选用灯电流的一般原则是，在保证有足够强且稳定的光强输出条件下，尽量使用较低的工作电流。通常以空心阴极灯上标明的最大电流的 1/2~2/3 作为工作电流。在具体的分析场合，最适宜的工作电流由实验确定。

3.5.3.4 火焰的选择

在火焰原子化法中，火焰类型和特征是影响原子化效率的主要因素。对低、中温元素，使用空气－乙炔火焰；对高温元素，采用氧化亚氮－乙炔高温火焰；对分析线位于短波区（200 nm 以下）的元素，使用空气－氢火焰是合适的。选定火焰类型后，应通过实验进一步确定燃气与助燃气流量的合适比例。

3.5.3.5 燃烧器高度

根据被测组分在火焰中发生的物理、化学过程，自下而上可将火焰分成干燥、蒸发、热解原子化和氧化还原 4 个区域，火焰的区域不同，基态原子的密度不同，因而测定灵敏度也不同。所以在测定时必须仔细调节燃烧器的高度，使测量光束从自由原子浓度最大的火焰区通过，以期得到最佳的灵敏度。

3.5.3.6 进样量

在火焰原子化法中，在一定范围内，喷雾样品量增加，原子蒸气的吸光度随之增大。但在样品喷雾量超过一定值时，吸光度反而有所下降。因此，应该在保证燃气与助燃气之间有一定比例和一定总气流量条件下，测定吸光度随喷雾样品量的变化，达到最大吸光度的样品喷雾量即为最佳样品喷雾量。

使用石墨炉原子化法，取样量需根据使用石墨管内容积的大小确定，一般固体进样量 0.1~10 mg，液体进样量 1~50 μL。

3.5.4 干扰及消除技术

3.5.4.1 物理干扰

物理干扰是指试样在转移、蒸发过程中任何物理因素变化而引起的干扰效应。属于这类干扰的因素有试液的黏度、溶剂的蒸汽压、雾化气体的压力等。这些因素会影响试液的喷入速度、雾化效率、雾滴大小等，因而会引起吸收强度的变化。物理干扰是非选择性干扰，对试样各元素的影响基本相似。

配制与被测试样相似的标准样品，是消除物理干扰的常用方法。在不知道试样组成或无法匹配试样时，可采用标准加入法或稀释法来减小和消除物理干扰。

3.5.4.2 化学干扰

化学干扰是指待测元素与其他组分之间的化学作用所引起的干扰效应，它主要影响待测元素的原子化效率，是原子吸收分光光度法中的主要干扰来源。它是由于液相或气相中被测元素的原子与干扰物质组分之间形成热力学更稳定的化合物,从而影响被测元素化合物的解离及其原子化。

消除化学干扰的方法有加入干扰抑制剂的方法。抑制剂主要有释放剂、保护剂和缓冲剂等。

(1)释放剂。其作用是它与干扰物生成比被测元素更稳定的化合物,使被测元素从其与干扰物质形成的化合物中释放出来。例如:试样中有 PO_4^{3-} 存在时会干扰 Ca 的测定,可加入 La、Sr 的盐类,它们与 PO_4^{3-} 生成更稳定的磷酸盐,把 Ca 释放出来。

(2)保护剂。其作用是它能与被测元素生成稳定且易分解的配合物,以防止被测元素与干扰组分生成难解离的化合物,起到了保护作用。保护剂一般是有机配位剂,用得最多的是 EDTA 和 8-羟基喹啉。例如:试样中有 PO_4^{3-} 存在时会干扰 Cu 的测定,当加入 EDTA 后,生成 EDTA-Cu 配合物,即稳定又易破坏。Al 对 Ca、Mg 的干扰可用 8-羟基喹啉做保护剂。

(3)缓冲剂。有的干扰当干扰物质达到一定浓度时,干扰趋于稳定。如果在被测溶液和标准溶液中加入一定量的干扰物质,使干扰稳定相同,可消除干扰。如用乙炔-氧化亚氮火焰测定 Ti 时,Al 抑制了 Ti 的吸收。但是当 Al 的浓度大于 200 $\mu g \cdot mL^{-1}$ 后,吸收就趋于稳定。因此在样品及标样中都加 200 $\mu g \cdot mL^{-1}$ 的干扰元素,可消除干扰。

3.5.4.3　电离干扰

在高温下原子电离,使基态原子的浓度减少,引起原子吸收信号降低,此种干扰称为电离干扰。电离干扰与原子化温度和被测元素的电离电位及浓度有关。元素的电离随温度升高而增加,随元素电离电位及浓度升高而减小。碱金属的电离电位低,电离干扰就明显。

消除电离干扰的有效方法是加入消电离剂。消电离剂一般是比被测元素电离电位低的元素,在相同条件下,消电离剂首先被电离,产生大量电子,抑制了被测元素的电离。例如,测 Ba 时有电离干扰,加入过量 KCl 可以消除。

3.5.4.4　光谱干扰

光谱干扰包括吸收线重叠和非吸收线干扰。

吸收线重叠是指样品中共存元素的吸收线与被测元素的分析线波长很接近时,两谱线重叠或部分重叠,使测得的吸光度偏高。消除吸收线重叠干扰的方法是另选分析线,若还未能消除干扰,就只好进行样品分离。

非吸收线干扰是指在光谱通带范围内光谱的多重发射,也就是光源不仅发射被测元素的共振线,而且在其共振线的附近发射其他谱线,这些干扰线可能是多谱线元素,如 Co、Ni、Fe 等发射的非测量线,也可能是光源的灯内杂质所发射的谱线。消除非吸收线干扰的方法是:减小狭缝宽度,使光谱通带小到足以遮去多重发射的谱线;若波长差很小,应另选分析线;降低灯电流也可以减少多重发射。

3.5.4.5　背景干扰

在石墨炉原子吸收法中,背景吸收的影响比火焰原子吸收法严重,若不扣除背景,有时根本无法进行测定,测量时必须予以校正。

1. 用邻近非共振线校正背景

(1)先用分析线测量原子吸收与背景吸收的总吸光度,再用邻近线测量背景吸收的吸光度,两次测量值相减即得到校正了背景之后原子吸收的吸光度。

(2)非共振线与分析线波长相近,可以模拟分析线的背景吸收,但这种方法只适用于分析线附近背景分布比较均匀的场合。先用分析线测量原子吸收与背景吸收的总吸光度,再用邻近线测量背景吸收的吸光度,两次测量值相减即得到校正了背景之后原子吸收的吸光度。

2. 连续光源校正背景

先用锐线光源测量分析线的原子吸收和背景吸收的总吸光度,再用氘灯(紫外区)或碘钨灯、氙灯(可见区)测量同一波长处的背景吸收,由于原子吸收谱线波长范围仅 $10^{-3} \sim 10^{-2}$ nm,所以原子吸收可以忽略。计算两次测量的吸光度之差,即得到校正了背景的原子吸收。由于商品仪器多采用氘灯为连续光源扣除背景,故此法亦常称为氘灯扣除背景法。

3. 塞曼效应校正背景

塞曼效应校正背景是基于光的偏振特性,分为光源调制法和吸收线调制法两大类,后者应用较广。调制吸收线的方式有恒定磁场调制方式和可变磁场调制方式。

塞曼效应校正背景不受波长限制,可校正吸光度高达 $1.5 \sim 2.0$ 的背景,而氘灯只能校正吸光度小于 1 的背景,背景校正的准确度较高。恒定磁场调制方式,测量灵敏度比常规原子吸收法有所降低,可变磁场调制方式的测量灵敏度与常规原子吸收法相当。

4. 自吸效应校正背景

低电流脉冲供电时,空心阴极灯发射锐线光谱,测定的是原子吸收和背景吸收的总吸光度。高电流脉冲供电时,空心阴极灯发射线变宽,当空心阴极灯内积聚的原子浓度足够高时,发射线产生自吸,在极端情况下出现谱线自蚀,这时测得的是背景吸收的吸光度。上述两种脉冲供电条件下测得的吸光度之差,即为校正了背景吸收的原子吸收的吸光度。

3.6　原子吸收光谱法应用实训

实训项目　火焰原子吸收光谱法测定自来水中的镁(标准加入法)

实训说明:

溶液中的镁离子在火焰温度下变成镁原子蒸汽,光源空心阴极镁灯辐射出波长为 285.2 nm 的镁特征谱线,被镁原子蒸汽强烈吸收,其吸收的强度与镁原子蒸汽的

浓度关系符合朗伯比尔定律,即

$$A = \lg \frac{1}{T} kNL$$

镁原子蒸汽浓度 N 与溶液中镁离子浓度 c 成正比,当测定条件固定时,

$$A = Kc$$

利用 A 与 c 的关系,用已知不同浓度的镁离子标准溶液测出不同的吸光度,绘制成标准曲线,根据测试液的吸光度值,从标准曲线求出试液中镁的含量。

实训任务目标:

1. 知识目标

① 掌握原子吸收分光光度计的基本构造;

② 理解原子吸收分光光度法的基本原理;

③ 掌握测定条件的选择;

④ 掌握工作曲线法进行定量分析。

2. 技能目标

① 准确配制浓度适当的标准溶液;

② TAS－990 原子吸收分光光度计的使用;

③ 正确读数,记录数据;

④ 利用数据能进行相关计算。

3. 素质目标

① 实训开始前,按要求清点仪器,并做好实训准备工作;

② 实训过程保持实训台整洁干净;

③ 按实训要求准确记录实训过程,完成实训报告;

④ 实训结束后,认真清洗仪器,清点实训仪器并恢复实训台;

⑤ 全班完成实训任务后,恢复实训室卫生。

3.6.1　TAS－990 原子吸收分光光度计的使用

3.6.1.1　实训技能列表

(1)TAS－990 原子吸收分光光度计的正确使用。

(2)掌握原子吸收分光光度计的基本构造。

3.6.1.2　仪器设备

(1)TAS－990 原子吸收分光光度计。

(2)镁空心阴极灯。

(3) 空气压缩机。

(4)100mL 容量瓶 3 只;1000mL 容量瓶 1 只。

(5)5mL 吸量管 1 支;10mL 吸量管 2 支。

(6)100 mL 烧杯 2 个。

3.6.1.3 试剂

1.000mg/mL Mg 标准储备液:称取 1g 金属镁(精确到 0.000 2g),溶于少量盐酸中,并转移至 1L 容量瓶中,用去离子水稀释至标线,摇匀。或准确称取 1.66g 氧化镁(MgO),于 8000C 灼烧至恒重,溶于 50mL 盐酸及少量去离子水中,移入 1L 容量瓶中,用去离子水稀释至刻度,摇匀。

3.6.1.4 实训步骤

1. 标准溶液配制。

取 1.000mg/mL Mg 标准储备液 10mL,移入 100mL 容量瓶中,用去离子水稀释至刻度,摇匀备用,此溶液 Mg 含量为 0.1000 mg/mL。

取 0.1000mg/mL Mg 标准溶液 5mL,移入 100mL 容量瓶中,用去离子水稀释至刻度,摇匀备用,此溶液 Mg 含量为 0.0050 mg/mL。

取 0.0050mg/mL Mg 标准溶液 6mL,移入 100mL 容量瓶中,用去离子水稀释至刻度,摇匀备用,此溶液 Mg 含量为 0.3000 ug/mL。

2. 安装空心阴极灯。

将镁空心阴极灯小心从盒中取出,打开仪器左侧灯源室的旋盖,将元素灯灯脚的凸出部分对准灯座的凹槽插入,将元素等装入灯室,记住编号,拧紧灯座固定螺丝,关好灯室门。

3. 条件设置。

打开仪器主机电源后,开启计算机,打开操作软件,仪器初始化,选择镁元素灯为工作灯,对元素灯的特征波长进行寻峰操作,选择最佳测定波长,并设置实验条件,检查排水安全联锁装置。

4. 光路调节的方法。

完成寻峰、点火之前,调节燃烧器旋转调节旋钮,调节燃烧器前后调节钮,使光源发出的光斑在燃烧器的正上方与燃烧缝平行。

5. 打开气源,点火。

开启排风装置 10min 后,依次打开空压机(0.25MPa)、乙炔气瓶(0.05MPa),调节燃气流量到 2000-2400 ml/min,点火。点燃后,重新调节乙炔流量,选择合适的分析火焰。

6. 样品测定。

设置测量条件后,测定 0.3000 ug/mL 镁标准溶液的吸光度值,并保存数据。

7. 结束工作。

吸喷去离子水 5min 后,关闭乙炔气瓶主阀,待压力表指针为零后旋松减压阀,关闭空气压缩机,退出操作软件,关闭计算机,断电。

3.6.1.5 实训要点提示

1. 点火时先开空气,后开乙炔。关机时先关乙炔后关空气。

2. 乙炔使用时不可完全用完,必须留出 0.5MPa,否则乙炔挥发进入火焰使背景增大,燃烧不稳定。

3. 火焰熄灭后燃烧器仍有高温,20min 内不可触摸。

4. 按下点火按钮时,应确保其他人员手、脸不在燃烧室上方,最好关闭燃烧室的防护罩。

3.6.2 自来水中的镁的测定

3.6.2.1 实训技能列表

(1)TAS-990 原子吸收分光光度计的正确使用。

(2)利用数据,绘制工作曲线,并正确处理分析结果。

3.6.2.2 仪器设备

(1)TAS-990 原子吸收分光光度计。

(2)100mL 容量瓶 6 只。

(3)10 mL 吸量管 1 支。

3.6.2.3 试剂

0.0050mg/mL Mg 标准溶液。

3.6.2.4 实训步骤

1. 测量溶液的配制。

用 10mL 吸量管分别吸取 0.0050mg/mL Mg 标准溶液 2.00,4.00,6.00,8.00,10.00mL 于 5 个 100mL 容量瓶中,用去离子水稀释至刻度,摇匀。

2. 制备水样。

用 10mL 移液管移取水样 10mL 于 100mL 容量瓶中,用蒸馏水稀释至标线,摇匀。

3. 开机并调试仪器。

打开仪器并设定好仪器条件。

火焰:乙炔-空气

乙炔流量:1.5L/min

空气流量:6L/min

空心阴极灯电流:5mA

狭缝宽度:0.04mm

燃烧器高度:8mm

吸收线波长:285.2nm

4. 测定系列标准溶液和水样的吸光度值。

将配制好的标准溶液由低到高依次测试并读出吸光度数值,最后测量水样的吸光度。

5. 结束工作。

吸喷去离子水 5min 后,按关机顺序关机。

3.6.2.5 实训要点提示

1. 每次测完一个溶液,用去离子水喷雾调零后,再测下一个溶液。

3.6.3　火焰原子吸收法最佳实验条件的选择

3.6.3.1　实训技能列表

(1)TAS－990 原子吸收分光光度计的正确使用。

(2)需掌握的实训技能列表。

(3)学会选择最佳实验条件。

3.6.3.2　仪器设备

(1)TAS－990 原子吸收分光光度计。

(2)100mL 容量瓶 3 只。

(3)5mL 吸量管 2 支;10mL 吸量管 2 支。

(4)100 mL 烧杯 2 个。

3.6.3.3　试剂

0.3000 ug/mL 的镁标准溶液。

3.6.3.4　实训步骤

1. 安装空心阴极灯。

2. 开机并设置参数。

3. 打开气源,点火。

4. 最佳实验条件选择。

初步固定镁的工作条件为:

火焰:乙炔－空气

乙炔流量:2.0 L/min

空气流量:6L/min

空心阴极灯电流:8mA

狭缝宽度:0.04mm

吸收线波长:285.2nm

(1)选择分析线。

根据对试样分析灵敏度的要求和干扰情况,选择合适的分析线,试液溶度低时,选最灵敏线;试液溶度高时,选次灵敏线,并要选择没有干扰的谱线。

(2)选择空心阴极灯工作电流。

吸喷 0.3000 ug/mL 的镁标准溶液,固定其他实验条件,改变灯电流分别为 1mA、2mA、4mA、6mA、8mA、10mA,以不同灯电流测定镁标准溶液的吸光度,并记录相应的灯电流和吸光度。

(3)选择乙炔流量。

固定其他实验条件和助燃气流量,乙炔流量设定为 1.8 L/min、2.0 L/min、2.2 L/min、2.4 L/min、2.6 L/min 吸入镁标准溶液,记录相应的乙炔流量和吸光度。

(4)选择燃烧器高度。

吸喷 0.3000 ug/mL 的镁标准溶液,固定其他实验条件,改变燃烧器高度分别为

2.0mm、4.0mm、6.0mm、8.0mm、10.0mm,逐一记录相应的燃烧器高度和吸光度。

(5)选择光谱通带。

在以上最佳燃助比及燃烧器高度条件下,改变狭缝宽度分别为 0.1mm、0.2mm、0.4mm、1mm、2mm,测定镁标准溶液的吸光度并记录。

5. 吸喷去离子水 5min 后,按关机顺序关机。

思 考 题

一、选择题(从 4 个被选答案中,选择 1～2 个正确答案)

1. 原子吸收谱线的宽度主要决定于(　　)

A. 自然变宽　　　　　　　　　　B. 多普勒变宽和自然变宽

C. 多普勒变宽　　　　　　　　　D. 场致变宽

2. 原子吸收光谱产生的原因是(　　)

A. 分子中电子能级跃迁　　　　　B. 转动能级跃迁

C. 振动能级跃迁　　　　　　　　D. 原子最外层电子跃迁

3. AAS 测量的是(　　)

A. 溶液中分子的吸收　　　　　　B. 蒸气中分子的吸收

C. 溶液中原子的吸收　　　　　　D. 蒸气中原子的吸收

4. 在原子吸收分光光度计中,光源的作用是(　　)

A. 发射很强的连续光谱

B. 发射待测元素基态原子所吸收的特征共振辐射

C. 产生具有足够强度的散射光　　D. 提供试样蒸发和激发所需的能量

5. 石墨炉原子吸收法与火焰法相比,其优点是(　　)

A. 灵敏度高　　　B. 重现性好　　　C. 分析速度快　　　D. 背景吸收小

6. 多普勒变宽产生的原因是(　　)

A. 被测元素的激发态原子与基态原子相互碰撞

B. 原子的无规则热运动

C. 被测元素的原子与其他粒子的碰撞

D. 外部电场的影响

7. 双光束与单光束原子吸收分光光度计比较,前者突出的优点是(　　)

A. 灵敏度高　　　　　　　　　　B. 可以消除背景的影响

C. 便于采用最大狭缝宽度　　　　D. 可以抵消因光源的变化而产生的误差

8. AAS 选择性好,是因为(　　)

A. 原子化效率高

B. 光源发出的特征辐射只能被特定的基态原子所吸收

C. 检测器灵敏度高　　　　　　　D. 原子蒸气中基态原子数不受温度影响

9. 在原子吸收分光光度法定量分析中,采用标准加入法可消除(　　)

A. 电离干扰　　　　B. 物理干扰　　　　C. 化学干扰　　　　D. 光谱干扰

10. 在原子吸收分光光度法中,配置与待测试样具有相似组成的标准溶液,可减小(　　)

A. 光谱干扰　　　　B. 基体干扰　　　　C. 背景干扰　　　　D. 电离干扰

11. 在原子吸收分光光度法中,当吸收为 1% 时,其吸光度为(　　)

A. —2　　　　B. 2　　　　C. 0.01　　　　D. 0.004 4

12. 用原子吸收分光光度法测定血清钙时,加入 EDTA 是为了消除(　　)

A. 物理干扰　　　　B. 化学干扰　　　　C. 电离干扰　　　　D. 背景干扰

13. 影响谱线变宽的主要因素有(　　)

A. 原子的无规则热运动　　　　　　　　B. 待测元素的原子受强磁场或强电场影响

C. 待测元素激发态与基态原子相互碰撞　　D. 待测元素的原子与其他离子相互碰撞

14. 下述可用作原子吸收光谱测定的光源有(　　)

A. 空心阴极灯　　　　B. 氢灯　　　　C. 钨灯　　　　D. 无极放电灯

答案:1. C　2. D　3. D　4. B　5. A　6. B　7. D　8. B　9. B　10. B　11. D　12. B　13. AD　14. AD

二、计算题

1. 用 0.02 mg·L^{-1} 标准钠溶液与去离子水交替连续测定 12 次,测得钠溶液的吸光度平均值为 0.157,标准偏差为 1.17×10^{-3}。求该原子吸收分光光度计对钠的检出限。

2. 浓度为 0.25 mg·L^{-1} 的镁溶液,在原子吸收分光光度计上测得透射率为 28.2%,试计算镁元素的特征浓度。

3. 吸取 0.00、1.00、2.00、3.00、4.00 mL,浓度为 10 μg/mL 的镍标准溶液,分别置入 25 mL 容量瓶中,稀至标线,在火焰原子吸收光谱仪上测得吸光度分别是 0.00、0.06、0.12、0.18、0.23。另称取镍合金试样 0.312 5 g,经溶解后移入 100 mL 容量瓶中,稀至标线。准确吸取此溶液 2.00 mL,放入另一 25 mL 容量瓶中,稀至标线,在与标准曲线相同的测定条件下,测得溶液的吸光度为 0.15。求试样中镍的含量。

4. 用标准加入法测定溶液中的镉。各试样中加入镉标准溶液(浓度为 10.0 μg/mL)后,用水稀释至 50 mL,测得吸光度如下:

测定次数	试样体积/mL	加入镉标准溶液体积/mL	吸光度 A
1	20	0	0.042
2	20	1	0.080
3	20	2	0.116
4	20	4	0.190

求试样中镉的浓度。(0.575 μg/mL)

5. 用原子吸收法测定某矿石中 Pb 的含量,用 Mg 作内标,加入如下表所示的不同铅标准溶液(质量浓度为 10 μg/mL)及一定量的镁标准溶液(质量浓度为 10 μg/

mL)于 50 mL 容量瓶中稀释至刻度。测得 A_{Pb}/A_{Mg} 如下：

V_{Pb}/mL	2.00	4.00	6.00	8.00	10.00
V_{Mg}/mL	5.00	5.00	5.00	5.00	5.00
A_{Pb}/A_{Mg}	0.447	0.885	1.332	1.796	2.217

现取矿样 0.538 g，经溶解处理后，转移到 100 mL 容量瓶中稀释至刻度。吸取 5.00 mL 试液放入 50 mL 容量瓶中，再加入 Mg 标准溶液 5.00 mL，稀释至刻度。测得试样中 A_{Pb}/A_{Mg} 为 1.183。计算该矿石中 Pb 的含量。

4

气相色谱法

4.1 概述

4.1.1 色谱法概述

4.1.1.1 色谱法的由来

色谱法由俄国植物学家茨威特在 1906 年首创,在实验过程中,将颗粒状碳酸钙填充在玻璃管中,然后将植物叶片的石油醚浸取液加入管中,并以石油醚淋洗。由于碳酸钙对植物中各种色素的吸附能力不同,使得各种色素以不同的速度在柱内由上而下移动,各种色素在柱中彼此分离,并形成不同颜色的谱带。这种分离方法叫做色谱法,填充碳酸钙的玻璃柱叫做色谱柱,把其中具有大表面积的碳酸钙固体颗粒称为固定相,把推动被分离组分流过固定相的惰性流体称为流动相,把柱中出现颜色的色带叫做色谱图。随着色谱技术的不断发展,这种方法已不限于分离有色物质,色谱一词已经失去颜色的含义,只是仍沿用色谱这个名词。

4.1.1.2 色谱法的分类

色谱法有多种类型,从不同角度可以有不同的分类方法。

(1)按流动相和固定相所处的状态分类。按流动相的物态分类,色谱法可分为气相色谱法和液相色谱法;按固定相的物态分类,可分为气固色谱法、气液色谱法、液固色谱法和液液色谱法。

(2)按分离机理分类。分离机理是指分离物质与固定相相互作用的过程。利用组分在固体吸附剂上吸附能力的强弱进行分离的方法称为吸附色谱;利用组分在固定液中溶解度的差异而进行分离的方法称为分配色谱;利用组分在离子交换树脂上的亲和力大小不同而达到分离的方法称为离子交换色谱；利用组分的分子大小不同在多孔固定相中有选择渗透而达到分离的方法称为凝胶色谱或尺寸排阻色谱；利用固定在载体上的固化分子对组分的专属性亲和力的不同进行分离的方法称为亲和色谱，亲和色谱常用来分离蛋白质。

(3)按固定相的形状分类。色谱分离在柱上分离的称为柱色谱；色谱分离在平板状的薄层上进行的称为平板色谱，或称为薄层色谱；色谱分离在滤纸上进行的称为纸色谱；色谱分离在毛细管内进行的称为毛细管色谱。

4.1.2　气相色谱法特点

气相色谱法(GC)是英国生物化学家 Martin A T P 等人在研究液液分配色谱的基础上，于 1952 年创立的一种流动相为气体的极有效的分离方法，它可分析和分离复杂的多组分混合物。

气相色谱法具有以下优点。

(1)分离效率高。对性质极为相似的烃类异构体、同位素等有很强的分离能力，能分析沸点非常接近的复杂混合物。例如用毛细管柱可分析汽油中 50～100 多个组分。

(2)灵敏度高。高灵敏度检测器可检测出 $10^{-11}\sim10^{-13}$ g 的痕量物质。

(3)分析速度快。一般情况下完成一个样品的分析仅需几分钟。目前，配有色谱工作站或色谱微处理机的气相色谱仪能自动画出色谱峰，打印出保留时间和分析结果，分析速度更快、更方便。

(4)进样量少。使用气相色谱分析，通常气体样品仅需 1 mL，液体样品仅需 1 μL。

气相色谱法的缺点如下。

(1)不适于高分子化合物及热稳定性差的化合物的分析。

(2)色谱峰不能直接给出定性结果，不能直接分析未知物，必须用已知纯物质的色谱图和它对照。

4.2　色谱分离理论

4.2.1　色谱流出曲线相关术语

试样中各种组分经色谱柱分离后，依次流出色谱柱进入检测器，经检测器转变为电信号，然后将各组分的浓度变化记录下来，即得色谱图。色谱图是以组分的浓度变化作为纵坐标，流出时间作为横坐标得到的一条曲线，这条曲线称为色谱流出曲线，见图4.2－1所示。现以某一组分的流出曲线图来说明有关色谱术语。

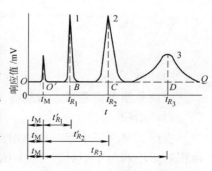

图 4.2－1　色谱流出曲线

1）基线

当色谱柱中只有载气通过时，色谱流出曲线是一条只反映仪器噪声随时间变化的曲线，称为基线。图 4.2－1 中 OQ 即为流出曲线的基线。

2）色谱峰

当有组分进入检测器时，色谱流出曲线就会偏离基线，这时检测器输出的信号随检测器中组分的浓度而变化，直至组分全部离开检测器，此时绘出的曲线（即色谱柱流出组分通过检测系统时所产生的响应信号的微分曲线）称为色谱峰，见图 4.2－2 所示。理论上色谱峰应该是对称的，符合高斯正态分布，实际上一般情况下的色谱峰都是非对称的色谱峰，见图 4.2－3 所示，主要有以下情况。

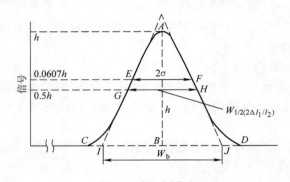

图 4.2－2 色谱峰

（1）拖尾峰：前沿陡起后部平缓的不对称色谱峰，如图 4.2－3(a)所示。

（2）前伸峰：前沿平缓后部陡起的不对称色谱峰，如图 4.2－3(b)所示。

（3）分叉峰：两种组分没有完全分开而重叠在一起的色谱峰，如图 4.2－3(c)所示。

（4）"馒头"峰：峰形比较矮而胖的色谱峰，如图 4.2－3(d)所示。

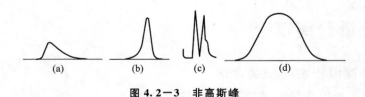

图 4.2－3 非高斯峰

3）峰高

峰高是指色谱峰顶点与基线之间的垂直距离（如图 4.2－2 中 AB），以 h 表示。

4）峰面积

峰面积是指每个组分的流出曲线与基线间所包围的面积，以 A 表示。峰高或峰面积的大小和每个组分在样品中的含量相关，因此色谱峰的峰高或峰面积是气相色谱进行定量分析的主要依据。

5)峰拐点

在色谱流出曲线上二阶导数等于零的点,称为峰拐点,如图 4.2−2 中的 E 点和 F 点。

6)峰宽与半峰宽

色谱峰两侧拐点处所作的切线与峰底相交两点之间的距离,称为峰宽,如图 4.2−2 中 IJ,常用 W_b 表示。在峰高为 $h/2$ 处的峰宽 GH,称为半峰宽,常用符号 $W_{1/2}$ 表示。

7)保留值

保留值是用来描述各组分色谱峰在色谱图中的位置,在一定实验条件下,组分的保留值具有特征性,是色谱定性的参数。保留值通常用时间或将组分带出色谱柱所需载气的体积来表示。

(1)死时间(t_M)。它是指不被固定相吸附或溶解的气体(如空气、甲烷)从进样开始到出现浓度最大值所需要的时间,如图 4.2−1 中 OO' 所示的距离。t_M 反映了色谱柱中未被固定相填充的柱内死体积和检测器死体积的大小,与被测组分的性质无关。

(2)保留时间(t_R)。它是指被测组分从进样到色谱柱后出现待测组分信号极大值所需要的时间,如图 4.2−1 中 OB 所示距离。t_R 可作为色谱峰位置的标志。

(3)调整保留时间(t_R')。它是指扣除死时间后的保留时间,如图 4.2−1 中 $O'B$ 所示的距离,即:

$$t_R' = t_R - t_M \qquad (4.2-1)$$

t_R' 是某组分由于溶解或吸附于固定相比不溶解或不被吸附的组分在色谱柱中多滞留的时间,实验条件一定时,调整保留时间决定于组分的性质。因此,调整保留时间是定性的基本参数。

(4)保留体积(V_R)。它是指从进样开始到某个组分在柱后出现浓度极大值时所通过的载气体积。对于正常峰的体积来说,保留体积即二分之一量的组分流出色谱柱时所消耗的载气体积。保留体积与保留时间 t_R 的关系为:

$$V_R = t_R \cdot F_o \qquad (4.2-2)$$

式中 F_o 为校正到柱温的气体出口体积流速,单位为 mL/min。

(5)死体积(V_M)。它是指色谱柱在填充后,管柱内颗粒间所剩留的空间、色谱仪中管路和接头间的空间、柱出口管路以及检测器内腔间等的空间总和。色谱仪设计时各部件应尽量紧凑,连结管路要短要细,尽量减少后两项的体积。因为这部分体积过大,组分在管路中容易发生纵向扩散,造成峰变宽,不利于组分分离。当后两项的体积很小,可忽略不计时,死体积也可由死时间与色谱柱出口的载气体积流速 F_o 来计算:

$$V_M = t_M \cdot F_o \qquad (4.2-3)$$

(6)调整保留体积(V_R')。它是指扣除死体积后的保留体积,即:

$$V_R' = t_R' \cdot F_o \qquad (4.2-4)$$

$$V'_R = V_R - V_M \tag{4.2-5}$$

(7)相对保留值(g_{is})。它是指一定实验条件下组分 i 与另一标准组分 s 的调整保留值之比,即:

$$g_{is} = \frac{t'_{R_i}}{t'_{R_s}} = \frac{V'_{R_i}}{V'_{R_s}} \tag{4.2-6}$$

g_{is}仅与柱温及固定相性质有关,而与其他操作条件如柱长、柱内填充情况及载气的流速等无关。

(8)选择性因子(a)。它是指相邻两组分调整保留值之比,以 a 表示:

$$a = \frac{t'_{R_1}}{t'_{R_2}} = \frac{V'_{R_1}}{V'_{R_2}} \tag{4.2-7}$$

a 数值的大小反映了色谱柱对难分离物质的分离选择性,a 值越大,相邻两组分色谱峰相距越远,色谱柱的分离选择性越高。当 a 接近于 1 或等于 1 时,说明相邻两组分色谱峰重叠未能分开。

(9)相比率(b)。它是色谱柱内气相与吸附剂或固定液体积之比,能反映各类色谱柱的不同特点,以 b 表示。

气-固色谱:

$$b = \frac{V_G}{V_S} \tag{4.2-8}$$

气-液色谱:

$$b = \frac{V_G}{V_L} \tag{4.2-9}$$

式中:V_G 是色谱柱内气相空间,mL;V_S 是色谱柱内吸附剂所占体积,mL;V_L 是色谱柱内固定液所占体积,mL。

(10)分配系数(K)。它是指平衡状态时,组分在固定相与流动相中的浓度比。

气-固色谱:$K = \dfrac{\text{每平方米吸附剂表面所吸附的组分量}}{\text{柱温及柱平均压力下每毫升载气所含组分量}} = \dfrac{C_S}{C_G} \tag{4.2-10}$

气-液色谱:$K = \dfrac{\text{每毫升固定液中所溶解的组分量}}{\text{柱温及柱平均压力下每毫升载气所含组分量}} = \dfrac{C_L}{C_G} \tag{4.2-11}$

式中:C_S、C_L 与 C_G 是组分在吸附剂、固定液与载气中的浓度。

(11)容量因子(k)。它是指组分在固定相和流动相中分配量(质量、体积、物质的量)之比:

$$k = \frac{\text{组分在固定相中的质量}}{\text{组分在流动相中的质量}} \tag{4.2-12}$$

k 与其他色谱参数的关系:

$$k = K\frac{V_L}{V_G} \text{ 或 } K\frac{V_S}{V_G} = \frac{K}{b} = \frac{t_R - t_M}{t_M} = \frac{t'_R}{t_M} \tag{4.2-13}$$

4.2.2　色谱分离原理

气相色谱按固定相的物态是固态还是液态可分为气-固色谱和气-液色谱,在气相色谱分析过程中,多组分试样的分离是在色谱柱中完成的。

4.2.2.1 气—固色谱

气—固色谱的固定相是一种具有多孔性及较大表面积的固体吸附剂,各组分的分离是基于固体吸附剂对试样中各组分的吸附能力的不同而完成的。当试样由载气携带进入填充柱时,试样中的各组分立即被吸附剂不同程度地吸附,随着载气不断流过吸附剂,已被吸附的被测组分又被洗脱下来,这种洗脱下来的现象叫做脱附。脱附的组分随着载气继续前进时,又可被前面的吸附剂吸附,随着载气的流动,被测组分在吸附剂表面进行吸附—脱附—再吸附—再脱附这样反复的过程。由于样品中各组分的性质不同,因而它们在吸附剂上的吸附能力不同,较难被吸附的组分容易被脱附,向前移动的速度快。而容易被吸附的组分不容易脱附,向前移动的速度慢。这样,经过一段时间之后,试样中的各组分就彼此分离,流出色谱柱。

4.2.2.2 气—液色谱

气—液色谱的固定相是涂在载体表面的固定液,各组分是基于固定液对其的溶解度不同而达到分离的目的。当载气携带样品进入色谱柱并和固定液接触时,气相中的被测组分就会溶解到固定液中去,随着载气的不断通入,溶解到固定液中的被测组分又会从固定液中挥发到气相中去。随着载气的流动,挥发到气相中去的被测组分分子又会再次被前面的固定液溶解,即被测组分在色谱柱中进行着反复多次的溶解—挥发—再溶解—再挥发的过程。由于试样中各组分的性质不同,所以固定液对它们的溶解能力将不同,溶解度大的组分较难挥发,往前移动就慢些,而溶解度小的组分易挥发,往前移动就快些,停留在柱中的时间较短,经过一段时间后,性质不同的各组分便彼此分离。

待测组分在固定相和流动相之间发生的吸附—脱附或溶解—挥发的过程叫做分配过程。分配系数或分配比相同的两组分,它们的色谱峰永远重合;分配系数或分配比的差别越大,则相应的色谱峰距离越远,分离越好。一般来说,对气—固色谱而言,先出峰的是吸附能力小而脱附能力大的物质;对气—液色谱而言,先出峰的是溶解度小而挥发性强的物质。总的说,分配系数小的物质先出峰,分配系数大的物质后出峰。

4.2.3 气相色谱基本理论

4.2.3.1 塔板理论

气—液色谱体系中,组分在气相和液相间的分配可认为是在精馏塔中的分离过程,将连续的色谱过程看作是许多小段平衡过程的重复。柱中有若干块想象的塔板,在每一小块塔板内,一部分空间被涂在载体上的液相占据,另一部分空间被充满的载气占据,载气占据的空间称为板体积 DV,当欲分离的组分随载气进入色谱柱后,气—液两相在每一块塔板内达成一次分配平衡,随着载气的不断流动,组分经过若干个假想的塔板,即经过多次分配后挥发度大的组分与挥发度小的组分彼此分开,依次流出色谱柱。塔板理论假设:①气、液两相可以很快地达到分配平衡;②载气脉动式进入色谱柱,而不是连续式,每次进样量为一个板体积;③所有组分开始时都加在 0 号塔板上,且沿色谱柱方向的扩散(纵向扩散)可忽略不计;④分配系数在各个塔板上均为常数,即与组分在某一塔板上的量无关。

这样,单一组分进入色谱柱,在固定相和流动相之间经过多次分配平衡,流出色谱柱时便可得到一趋于正态分布的色谱峰,色谱峰上组分的最大浓度处所对应的流出时间或载气板体积即为该组分的保留时间或保留体积。若试样为多组分混合物,则经过很多次平衡后,如果各组分的分配系数有差异,则在柱出口处出现最大浓度时所需的载气板体积数也将不同。色谱柱的塔板数相当多,因此不同组分的分配系数只要有微小差异,仍可能有很好的分离效果。

塔板理论中,每一块塔板的高度称为理论塔板高度,简称板高,用 H 表示。当色谱柱是直的,色谱柱长为 L 时,理论塔板数 n 的表达式为:

$$n = \frac{L}{H} \tag{4.2-14}$$

当 L 固定时,每次分配平衡需要的理论塔板高度 H 越小,则柱内理论塔板数 n 越多,组分在该柱内被分配于两相的次数就越多,柱效能就越高。

计算理论塔板数 n 的经验公式为:

$$n = 5.54 \left(\frac{t_R}{W_{1/2}}\right)^2 = 16 \left(\frac{t_R}{W_b}\right)^2 \tag{4.2-15}$$

式中:n 为理论塔板板数;t_R 为组分的保留时间;$W_{1/2}$ 是以时间为单位的半峰宽;W_b 为以时间为单位的峰底宽。可见,组分的保留时间越长,峰形越窄,理论塔板数 n 越大。

由于保留时间 t_R 中包括了死时间 t_M,而 t_M 不参与柱内的分配,即理论塔板数还不能真实地反映色谱柱的实际分离效能。因此实际应用中,计算出的 n 常常很大,但色谱柱的实际分离效能并不高。为此,常用 t'_R 代替 t_R 计算所得到的有效理论塔板数 $n_{有效}$ 来衡量色谱柱的柱效能。有效理论塔板数 $n_{有效}$ 的计算公式为:

$$n = \frac{L}{H_{有效}} = 5.54 \left(\frac{t'_R}{W_{1/2}}\right) = 16 \left(\frac{t'_R}{W_b}\right)^2 \tag{4.2-16}$$

式中:$n_{有效}$ 是有效理论塔板数;$H_{有效}$ 是有效理论塔板高度;t'_R 是组分调整保留时间;$W_{1/2}$ 是以时间为单位的半峰宽;W_b 为以时间为单位的峰底宽。

由于有效理论塔板数和有效理论塔板高度消除了死时间的影响,故用 $n_{有效}$ 和 $H_{有效}$ 来评价色谱柱的效能比较符合实际。但同一色谱柱对不同物质的柱效能是不一样的,当用这些指标来表示柱效能时必须说明是对什么物质而言。另外,由于分离的可能性只决定于试样混合物在固定相中分配系数的差别,而不决定于分配次数的多少,因此不能把有效理论塔板数看作能否实现分离的依据,只能看作是在一定条件下柱分离能力发挥程度的标志。

塔板理论成功地解释了流出曲线的形状、浓度极大点的位置并能合理地计算评价柱效能,但该理论的某些假设对实际色谱过程是不恰当的,塔板理论不能解释塔板高度受哪些因素影响、峰变宽的原因及为什么在不同流速下可以测得不同的理论塔板数这一现象。

4.2.3.2 速率理论

速率理论是在塔板理论的基础上得到发展的,阐明了影响色谱峰展宽的物理化学因素,并指明了提高与改进色谱柱效率的方向,为毛细管色谱柱的发展和高效液相色谱的发展起着指导性作用。

速率理论方程式也称为范氏方程式,该方程式表明了塔板高度与载气线速率 u 的关系,即:

$$H = A + \frac{B}{u} + Cu \qquad (4.2-17)$$

式中:H 为塔板高度;u 为载气的线速度(cm/s);A 为涡流扩散相,B/u 为分子扩散项,Cu 为传质阻力项。

1)涡流扩散项(A)

在填充柱中,载气从柱的入口到出口的流动过程中,碰到固定相颗粒就会不断地改变方向,使组分在气相中形成类似"涡流"的流动,如果固定相颗粒不均匀和填充不均匀,可使载气中的组分分子在柱中走过的路径长短不同而先后到达色谱柱出口,到达柱出口的时间也不同,结果使色谱峰增宽。色谱峰变宽的程度可表示为:

$$A = 2\lambda d_p \qquad (4.2-18)$$

式中:d_p 表示填充物的平均直径;λ 表示固定相颗粒的填充不均匀因子。可见 A 与 d_p 和 λ 有关,而与流动相的性质、线速度和组分性质无关。因此,使用颗粒小、粒度均匀的固定相,尽量填充均匀,可以减小涡流扩散,提高柱效。

2)分子扩散项(B/u)

样品随载气进入色谱柱后,以"塞子"的形式存在于色谱柱一小段空间内,在"塞子"的前后,样品组分由于存在浓度差而形成浓度梯度,使组分分子由高浓度向低浓度形成纵向扩散,因此该项也称为纵向扩散项。B/u 可表示为:

$$B/u = 2\gamma D_g \qquad (4.2-19)$$

式中:γ 为弯曲因子;D_g 为组分在气相中的扩散系数(m^2/s)。

所谓弯曲因子是指由于固定相的存在,使分子不能自由扩散,从而使扩散程度降低。在填充柱中,填充物的阻碍使扩散路径弯曲,扩散程度降低,$\gamma < 1$。而空心毛细管柱,由于不存在扩散的阻碍,$\gamma = 1$。D_g 为组分在气相中的扩散系数,与组分的性质、柱温、柱压及载气的性质有关,与载气密度的平方根或载气分子量的平方根成反比,因此,使用分子量较大的载气可使该项降低,减少分子扩散。此外,D_g 与柱温成正比,与柱压成反比。

3)传质阻力项(Cu)

物质系统由于浓度不均匀而发生的物质迁移过程称为传质,影响传质过程进行的阻力称为传质阻力。传质阻力项 Cu 中的 C 称为传质阻力系数,包括气相传质阻力系数和液相传质阻力系数。

$$C = C_g + C_L \qquad (4.2-20)$$

式中:C_g、C_L 分别为气相传质阻力系数和液相传质阻力系数。

气相传质过程是组分在气相和气液界面上的传质,由于存在传质阻力,使组分在两界面上不能瞬间达到分配平衡。有的分子还来不及进入两相界面,就被气相带走,出现超前现象。而有的分子在进入两相界面后还来不及返回到气相,出现滞后现象。这两种现象均将造成色谱峰变宽。对于填充柱,气相传质阻力系数可表示为:

$$C_g = \frac{0.01k^2}{(1+k)^2} \cdot \frac{d_p^2}{D_g} \qquad (4.2-21)$$

式中:k 为容量因子。可见,气相传质阻力与填充物粒度的平方成正比,与组分在气相中的扩散系数成反比。采用颗粒较小的固定相,并采用 D_g 较大的载气,如 H_2 或 He,可减小阻力,提高柱效。

液相传质过程是指组分从固定相的气、液界面移动到液相内部,并发生质量交换,达到分配平衡,然后又返回气、液界面的传质过程。液相传质阻力同样会造成色谱峰变宽。液相传质阻力系数可表示为:

$$C_L = \frac{2}{3} \cdot \frac{k}{(1+k)^2} \cdot \frac{d_f^2}{D_L} \qquad (4.2-22)$$

式中:d_f 为固定相液膜厚度;D_L 为组分在液相中的扩散系数。可见,减小固定液的液膜厚度 d_f,增大组分在液相中的扩散系数 D_L 可减小液相传质阻力系数 C_L,减小峰扩张。但液膜厚度亦不能过薄,否则会减少样品容量,降低柱的寿命。

速率理论指出了填充均匀程度、颗粒粒度、载气种类、载气流速、柱温、固定液液膜厚度等影响柱效的因素,对分离条件的选择具有指导意义。

4.3 气相色谱仪

4.3.1 仪器的基本组成部件

常见的气相色谱仪有单柱单气路和双柱双气路两种类型,由气路系统、进样系统、分离系统、检测系统、数据处理系统和温度控制系统 6 部分组成。

4.3.1.1 气路系统

气相色谱仪具有一个让载气连续运行、管路密闭的气路系统。它的气密性、载气流速的稳定性以及测量流量的准确性,对分析结果均有很大影响,必须注意控制。

1)气体钢瓶和减压阀

载气一般由高压气体钢瓶或气体发生器提供,实验室一般使用气体钢瓶。由于

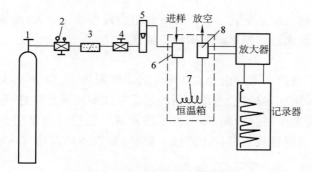

图 4.3－1　单柱单气路结构示意

1—载气钢瓶；2—减压阀；3—净化器；4—气流调节阀；5—转子流量计

6—汽化室；7—色谱柱；8—检测器

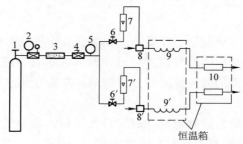

图 4.3－2　双柱双气路结构示意

1—载气钢瓶；2—减压阀；3—净化器；4—稳压阀；5—压力表；6,6'—针形阀；

7,7'—转子流量计；8,8'—进样－汽化室；9,9'—色谱柱；10—检测器

气相色谱仪使用的各种气体压力为 0.2～0.4 MPa，因此需要通过减压阀使钢瓶气源的输出压力下降。

2）净化器

由于载气要求的纯度高，所以载气在进入色谱柱之前，需通过装有活性碳颗粒、无水硅胶、5 A 或 4 A 分子筛的净化器进行净化以吸附气源中的微量水和杂质。净化管通常为内径 50 mm、长 200～250 mm 的金属管。

3）稳压阀

由于气相色谱分析中所用的气体流量较小，单靠减压阀来控制气体流速比较困难，因此通常在减压阀输出气体的管线中还要串联稳压阀，用以稳定载气的压力。

4）针形阀

针形阀用来调节载气流量，也可以用来控制燃气和空气的流量。由于针形阀结构简单，当进口压力发生变化时，处于同一位置的阀针，其出口的流量也发生变化，所以用针形阀不能精确地调节流量。针形阀通常安装于空气的气路中用以调节空气的流量。

5）稳流阀

当用程序升温进行色谱分析时，由于色谱柱柱温不断升高引起色谱柱阻力不断

增加,也会使载气流量发生变化。为了在气体阻力发生变化时,也能维持载气流速的稳定,需要用稳流阀来自动控制载气的稳定流速。

6)管路连接

气相色谱仪的管路多采用内径为 3 mm 的不锈钢管,靠螺母、压环和"O"型密封圈连接。有的也采用成本较低、连接方便的尼龙管或聚四氟乙烯管,但效果不如金属管好。特别是使用电子捕获检测器时,为了防止氧气通过管壁渗透到仪器系统造成事故,最好使用不锈钢管或紫铜管。连接管路时,要求既要保持气密性,又不会损坏接头。

气相色谱仪的气路要认真仔细进行检漏,气路不密封将会使以后的实验出现异常现象,造成数据不准确。用氢气做载气时,氢气若从柱接口漏进恒温箱,可能会发生爆炸事故。

4.3.1.2 进样系统

气相色谱仪的进样系统包括进样器和气化室。其作用是将样品定量引入色谱系统,并使样品有效气化,然后用载气将样品迅速转入色谱柱。进样量的大小、进样时间的长短等都会影响色谱的分离效率和分离结果的准确性及重现性。

1)进样器

气体样品可以用平面六通阀进样,取样时,气体进入定量管,而载气直接由图中 A 到 B。进样时,将阀旋转 60°,此时载气由 A 进入,通过定量管,将管中气体样品带入色谱柱中。定量管有 0.5、1、3、5 mL 等规格,实际工作时,可以根据需要选择合适体积的定量管。这类定量管阀是目前气体定量阀中比较理想的阀件,使用温度较高、寿命长、耐腐蚀、死体积小、气密性好,可以在低压下使用。

另一种六通阀是拉杆式的,主要由阀体和阀杆两部分组成。阀体为一圆柱筒,体上有 6 个孔,阀杆是一根金属棒,上有四道间隔不同的半圆槽并有相应的耐油橡胶密封圈,将阀体密封。阀杆有两个动作,推进时完成取样操作;拉出(6 cm)时就完成进样操作。

液体样品可以用微量注射器直接进样,常用的微量注射器有 1、5、10、50、100 μL 等规格,实际工作中可根据需要选择合适规格的微量注射器。

固体样品通常用溶剂溶解后用微量注射器进样,对高分子化合物进行裂解色谱分析时,通常先将少量高聚物放入专用裂解炉中,经过电加热,高聚物分解、汽化,然后再由载气将分解的产物带入色谱仪进行分析。

2)汽化室

汽化室将液体样品瞬间汽化为蒸气,实际上是一个加热器,通常采用金属块做加热体。当注射器针头直接将样品注入热区时,样品瞬间汽化,然后由预热后的载气在汽化室前部将汽化了的样品迅速带入色谱柱内。为了让样品在汽化室中瞬间汽化而又不分解,要求汽化室热容量要大,温度要足够高,汽化室体积尽量小,无死角,以防止样品扩散,减小死体积,提高柱效。

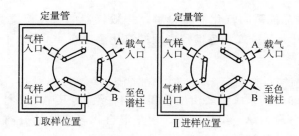

图 4.3－3　平面六通阀结构、取样和进样位置

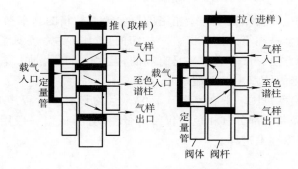

图 4.3－4　拉杆六通阀取样、进样位置

图 4.3－5 是一种常用的填充柱进样口,它的作用就是提供一个样品汽化室,所有汽化的样品都被载气带入色谱柱进行分离。

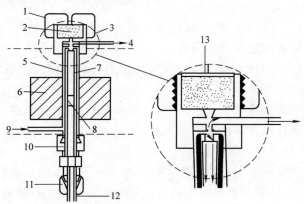

图 4.3－5　填充柱进样口结构示意

1—固定隔垫的螺母;2—隔垫;3—隔垫吹扫装置;4—隔垫吹扫器出口;5—汽化室;6—加热块;7—玻璃衬管;
8—石英玻璃帽;9—载气入口;10—柱连接件固定螺母;11—色谱柱固定螺母;12—色谱柱;13—3 的放大;

汽化室内不锈钢套管中插入石英玻璃衬管能起到保护色谱柱的作用。实际工作中应保持衬管干净,及时清洗。进样口的隔垫一般为硅橡胶,作用是防止漏气。硅橡胶在使用多次后会失去作用,应经常更换,一个隔垫的连续使用时间不能超过一周。

正确选择液体样品的汽化温度十分重要,尤其是对高沸点和易分解的样品,要求在汽化温度下,样品能瞬间汽化而不分解。一般仪器的汽化温度为 $350\sim420℃$,有时可达到 $450℃$。大部分气相色谱仪应用的汽化温度在 $400℃$ 以下,高档仪器的汽化室有程序升温功能。

4.3.1.3 分离系统

气相色谱仪的分离系统主要由柱箱和色谱柱组成,其中色谱柱是核心,主要作用是将多组分样品分离为单一组分样品。由于混合物各组分的分离在这里完成,所以它是色谱仪中最重要的部件之一。

1)柱箱

在分离系统中,柱箱相当于一个精密的恒温箱。柱箱的基本参数有两个:一个是柱箱的尺寸;另一个是柱箱的控温参数。柱箱的尺寸主要关系到能否安装多根色谱柱,以及操作是否方便。尺寸大一些是有利的,但太大了会增加能耗和仪器体积。目前气相色谱仪柱箱的体积一般不超过 $15\ dm^3$。

柱箱的操作温度范围一般在室温$\sim450℃$,且均带有多阶程序升温设计,能满足色谱优化分离的需要。部分气相色谱仪带有低温功能,低温一般用液氮或液态 CO_2 来实现,主要用于冷柱上进样。

2)色谱柱

色谱柱一般可分为填充柱和毛细管柱。

(1)填充柱。填充柱多为不锈钢和玻璃制成,内径一般为 $2\sim4\ mm$,长度一般为 $1\sim5\ m$,柱型有 U 型和螺旋型,若为螺旋型,其螺旋直径与柱内径之比一般为 15:1 到 25:1。

(2)毛细管柱。毛细管柱的分离效率比填充柱有很大提高,可以解决复杂的、填充柱难于解决的分析问题。常用的毛细管柱为涂壁空心柱(WCOT),其内壁直接涂渍固定液,柱材料大多为熔融石英,即所谓弹性石英柱。柱长一般为 $25\sim100\ m$,内径一般为 $0.1\sim0.5\ mm$。

色谱柱的分离效果除与柱长、柱径和柱型有关外,还与所选用的固定相和柱填料的制备技术以及操作条件等许多因素有关。

4.3.1.4 检测系统

气相色谱检测器的作用是将经色谱柱分离后顺序流出的化学组分的信息转变为便于记录的电信号,然后对分离物质的组成和含量进行测定和测量。

1. 检测器的分类

目前广泛使用的是微分型检测器,这类检测器显示的信号是组分随时间的瞬时量的变化。微分型检测器按原理的不同又分为浓度敏感型检测器和质量敏感型检测器。浓度敏感型检测器的响应值取决于载气中组分的浓度,常见的浓度型检测器有热导检测器及电子捕获检测器等。质量敏感型检测器输出信号的大小取决于组分在单位时间内进入检测器的量,而与浓度关系不大,常见的质量型检测器有氢火焰离子化检测器和火焰光度检测器等。

2. 检测器的性能指标

1）噪声和漂移

在没有样品进入检测器的情况下，仅由于检测器本身及其他操作条件使基线在短时间内发生起伏的信号，称为噪声（N），单位用毫伏表示。噪声是检测器的本底信号。使基线在一定时间内对原点产生的偏离，称为漂移（M），单位用 mV/h 表示。良好的检测器其噪声与漂移都应该很小，它们表明检测器的稳定状况。

2）检测器的线性与线性范围

检测器的线性是指检测器内载气中组分浓度与响应信号成正比的关系。线性范围是指被测物质的量与检测器相应信号成线性关系的范围，以最大允许进样量与最小允许进样量的比值表示，良好的检测器其线性接近于 1，检测器的线性范围越宽越好。

3）检测器的灵敏度

灵敏度（S）是指通过检测器物质的量变化时，该物质响应值的变化率。一定浓度的组分（Q）进入到检测器产生响应信号（R），将不同的物质量与相应的响应信号作图，其中线性部分的斜率就是检测器的灵敏度，即：

$$S = \frac{\Delta R}{\Delta Q} \tag{4.3-1}$$

式中：R 的单位为毫伏；Q 的单位因检测器的类型不同而不同；S 的单位随之亦有不同。对于浓度敏感型检测器，灵敏度可用下式计算：

$$S = \frac{A c_1 c_2 F}{m} \tag{4.3-2}$$

式中：A 为峰面积，mm^2；c_1 为记录器或数据处理机的灵敏度，$mV \cdot mm^{-1}$；c_2 为纸速倒数，$min \cdot mm^{-1}$；F 为载气流速，$mL \cdot min^{-1}$；m 为样品质量，mg。对于气体试样，若用体积 $V(mL)$ 代替式中 m，则其灵敏度 S_L 的单位为 $mV \cdot mL/mL$；对于液体试样，质量单位取 mg，则其灵敏度 S_L 的单位为 $mV \cdot mL/mg$。

对于质量敏感型检测器，灵敏度则用下式计算：

$$S_t = \frac{\Delta R}{\Delta m} = \frac{60 A c_1 c_2}{m} \tag{4.3-3}$$

式中：S_t 单位为 $mV \cdot s \cdot g^{-1}$，即 1 g 样品通过检测器时，每秒钟所产生的电位数。

4）检测器的检测限

检测限是指检测器能确证反应物质存在的最低试样含量，定义为：产生两倍噪声信号时，单位体积的载气或单位时间内进入检测器的组分量称为检测限 D（亦称敏感度），其定义可用下式表示：

$$D = \frac{2N}{S} \tag{4.3-4}$$

由于灵敏度 S 有不同的单位，所以检测限也有不同的单位。

$$D_g = \frac{2N}{S_g}，\text{单位为 mL} \cdot \text{mL}^{-1}$$

$$D_v = \frac{2N}{S_v}，\text{单位为 mL} \cdot \text{mL}^{-1}$$

$$D_t = \frac{2N}{S_t}，\text{单位为 g} \cdot \text{s}^{-1}$$

灵敏度和检测限是从两个不同角度表示检测器对物质敏感程度的指标。灵敏度越大，检测限越小，则表明检测器性能越好。

检测器灵敏度的测定方法是：在一定实验条件下，将一定量的纯物质（常用苯）进样，测其峰面积，应用灵敏度的计算公式，即可求得相应灵敏度。

5）检测器的响应时间

气相色谱检测器的响应时间是指进入检测器的组分输出达到 63% 所需要的时间。响应时间越小，表明检测器性能越好。

3. 气相色谱仪常用检测器

1）热导检测器（TCD）

热导检测器（TCD）是一种结构简单、性能稳定、线性范围宽、对无机和有机物都有响应、灵敏度适宜的检测器，因此在气相色谱中得到广泛应用。

热导检测器是根据各种物质和载气的导热系数不同，采用热敏元件进行检测的。

Ⅰ. 热导检测器的结构和工作原理

热导池气路有直通式、扩散式和半扩散式 3 种形式。直通式热导池响应快，但对气流波动较敏感；扩散型具有稳定的特点，但响应慢、灵敏度低；半扩散型介于二者之间。热导池体中，只通纯载气的孔道称为参比池，通载气与试样的孔道为测量池。

热导池检测器中，热敏元件电阻值的变化可以通过惠斯通电桥来测量。图 4.3－6 为四臂热导池基本原理电路示意图。

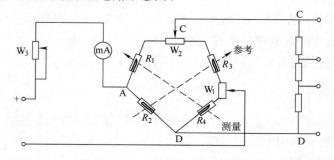

图 4.3－6　四臂热导池测量电桥

将四臂热导池的四根热丝分别作为电桥的四个臂，四根热丝电阻值分别为 R_1、R_2、R_3、R_4。在同一温度下，四根热丝电阻值相等，即 $R_1 = R_2 = R_3 = R_4$；其中 R_1 和 R_4 为测量池中热丝，作为电桥测量臂；R_2 和 R_3 为参比池中热丝，作为电桥的参考臂。W_1、W_2、W_3分别为3个电位器,可用于调节电桥平衡和电桥工作电流的大小。

热导检测器的工作原理是基于不同气体具有不同的热导系数。热丝具有电阻随温度变化的特性,当有一恒定直流电通过导热池热丝时,热丝被加热。由于载气的热传导作用使热丝的一部分热量被载气带走,一部分传给池体。当热丝产生的热量与散失热量达到平衡时,热丝温度就稳定在一定数值。此时,热丝阻值也稳定在一定数值。由于参比池和测量池通入的都是纯载气,同一种载气有相同的热导系数,因此两臂的电阻值相同,电桥平衡,无信号输出,记录系统记录的是一条直线。当有试样进入检测器时,纯载气流经参比池,载气携带着组分气流经测量池,由于载气和待测组分二元混合气体的热导系数和纯载气的热导系数不同,测量池中散热情况因而发生变化,使参比池和测量池两池孔中热丝电阻值之间产生了差异,电桥失去平衡,检测器有电压信号输出,记录仪画出相应组分的色谱峰。载气中待测组分的浓度越大,测量池中热导系数改变就越明显,温度和电阻值改变也越显著,电压信号就越强。此时输出的电压信号(色谱峰面积或峰高)与样品的浓度成正比,这正是热导检测器的定量基础。

Ⅱ. 检测条件的选择

影响热导池灵敏度的因素主要有桥路电流、载气性质、池体温度和热敏元件材料及性质。

通常热导池的灵敏度S和桥电流I的三次方成正比,因此提高桥路电流可迅速提高灵敏度。但电流不可太大,否则会造成噪音加大,基线不稳,数据精度降低,甚至会氧化烧坏金属丝。

通常载气与待测气体的导热系数相差越大、灵敏度越高。由于被测组分的导热系数一般都比较小,故应选用导热系数高的载气。常用载气的导热系数大小顺序为:$H_2 > He > N_2$。因此在使用热导池检测器时,为了提高灵敏度,一般选用H_2为载气。载气的纯度影响TCD的灵敏度。实验表明:在桥电流160~200 mA范围内,用99.999%的超纯H_2比用99%的普通H_2灵敏度高6%~13%。载气纯度对峰形亦有影响,用TCD做高纯气杂质检测时,载气纯度比被测气体高10倍以上,否则将出倒峰。

TCD的灵敏度与热丝和池体间的温差成正比,若降低池体温度,将使池体与热丝的温差变大,从而可提高灵敏度。但池体温度不能低于样品的沸点,以免样品在检测器内冷凝而造成污染和堵塞。因此,对具有较高沸点的样品分析时,采用降低检测器池体温度的方法来提高灵敏度是有限的,而对于那些永久性气体,此法可大大提高灵敏度。

Ⅲ. 应用

TCD在工厂中应用的典型实例是石油裂解气的分析:①石油裂解气的分析为工厂控制分析,是TCD应用最多的场合;②裂解气为无机气体和轻烃的混合物,最能体现TCD应用特征;③裂解气分析用工业色谱仪在线监测,要求能长期稳定运行,

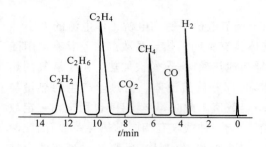

图 4.3－7　裂解气分析色谱

而 TCD 是所有气相色谱检测器中,最能满足要求的检测器。图 4.3－7 为裂解气分析色谱图,它采用 4 个阀和 4 根填充柱配合,自动取样,自动柱切换,自动反吹,15 min 一次,对无机和轻烃混合的 7 组分进行检测。

2)氢火焰离子化检测器(FID)

氢火焰离子化检测器又称氢焰检测器。它具有结构简单、灵敏度高、死体积小、响应快、线性范围宽、稳定性好等优点,是目前常用的检测器。但是它仅对含碳有机化合物有响应,对某些物质,如永久性气体、水、一氧化碳、二氧化碳、氮氧化物、硫化氢等不产生信号或信号很弱。

Ⅰ. 氢焰检测器的结构和工作原理

如图 4.3－8 所示,氢焰检测器的主要部件是离子室,离子室一般由不锈钢制成,包括气体入口、出口、火焰喷嘴、极化极和收集极、点火线圈等部件。极化极为铂丝做成的圆环,安装在喷嘴之上。收集极是金属圆筒,位于极化极上方,两极间距可以用螺丝调节。在收集极和极化极间加一定的直流电压(常用 150～300 V),以收集极作负极、极化极作正极,构成一外加电场。载气一般为氮气,燃气用氢气,分别由入口处通入,调节载气和燃气的流量配比,使它们以一定比例混合后,由喷嘴喷出。助燃空气进入离子室,供给氧气。在喷嘴附近安有点火装置,点火后在喷嘴上方即产生氢火焰。

工作时,首先在空气存在时,用点火线圈通电,点燃氢焰,当被测组分由载气带出色谱柱后,与氢气在进入喷嘴前混合,然后进入离子室火焰区,生成正负离子。在电场作用下,它们分别向两极定向移动,从而形成离子流。此离子流即基流,经放大后送至记录仪记录。

在氢火焰中,有机物的电离不是热电离而是化学电离。以苯为例,在氢火焰中的化学电离反应如下:

$$C_6H_6 \xrightarrow{裂解} 6\times CH$$
$$6\times CH + 3O_2 \longrightarrow 6\times CHO^+ + 6e$$
$$6\times CHO^+ + 6H_2O \longrightarrow 6CO + 6H_3O^+$$

Ⅱ. 检测条件的选择

FID 可供选择的主要参数有:载气种类和载气流速;氢气和空气的流速;柱、汽化室和检测器的温度;极化电压;电极形状和距离,等。

a)气体种类、流速和纯度

气体 N_2、Ar、H_2、He 均可作为 FID 的载气,N_2、Ar 作载气时 FID 灵敏度高、线性范围宽。因 N_2 价格比 Ar 低,所以通常用 N_2 作载气。载气流速通常根据柱分离

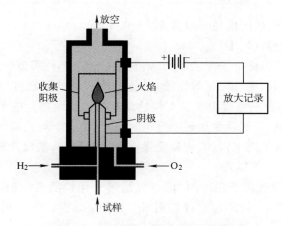

图 4.3-8 氢火焰离子化检测器结构

的要求进行调节。对 FID 而言,适当增大载气流速会降低检测限,所以从最佳线性和线性范围考虑,载气流速以低些为妥。

实验表明,氮稀释氢焰的灵敏度高于纯氢焰。在要求高灵敏度时,调节氮氢比在 1:1 左右往往能得到响应值的最大值。如果是常量组分的质量检验,增大氢气流速,使氮氢比下降至 0.43~0.72 范围内,虽然减小了灵敏度,但可使线性和线性范围得到大的改善和提高。

作为氢火焰的助燃气,通常空气流速约为氢气流速的 10 倍。流速过小,供氧量不足,响应值低;流速过大,易使火焰不稳,噪声增大,一般情况下空气流速在 300~500 mL/min 范围。

常量分析时,载气、氢气和空气纯度在 99.9% 以上即可,但在作痕量分析时,则要求 3 种气体的纯度,一般都要求达 99.999% 以上,空气中总烃含量应小于 0.1 mL·L^{-1}。

b)温度

在 FID 中,由于氢气燃烧,产生大量水蒸气。若检测器温度低于 80℃,水蒸气不能以蒸汽状态从检测器排出,冷凝成水,使高阻值的收集极阻值大幅度下降,减小灵敏度,增加噪声。所以要求 FID 检测器温度必须在 120℃ 以上。汽化室温度变化时对其性能既无直接影响亦无间接影响,只要能保证试样汽化而不分解就行。

c)极化电压

极化电压的大小将直接影响检测器的灵敏度。当极化电压较低时,离子化信号随所采用的极化电压的增加而迅速增大。当电压超过一定值时,增加电压对离子化电流的增大没有明显的影响。正常操作下,所用极化电压一般为 150~300 V。

d)电极形状和距离

为提高收集效率,收集到更多的正离子,要求收集极必须具有足够大的表面积。收集极的形状有网状、片状、圆筒状等,圆筒状电极的采集效率最高。两极之间距离为 5~7 mm 时灵敏度较高。另外喷嘴内径小、气体流速大有利于组分的分离,检测器灵敏度高,圆筒状电极的内径一般为 0.2～0.6 mm。

3)电子捕获检测器(ECD)

电子捕获检测器也称电子俘获检测器,它是一种选择性很强的检测器,对具有电负性的物质(如含卤素、硫、磷、氰等物质)的检测有很高的灵敏度(检出限约 10^{-14} g·cm^{-3})。它是目前分析痕量电负性有机物最有效的检测器。电子捕获检测器已广泛应用于农药残留量、大气及水质污染分析,生物化学、医学、药物学和环境监测等领域。它的缺点是线性范围窄,且响应易受操作条件的影响,重现性较差。

Ⅰ.ECD 结构和工作原理

ECD 是一种放射性离子化检测器,与火焰离子化检测器相似,也需要一个能源和一个电场。能源多数用^{63}Ni 或^{3}H 放射源,其结构如图 4.3－9 所示。

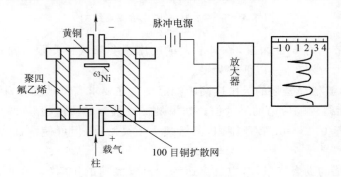

图 4.3－9 ECD 结构示意

检测器内腔有两个电极和筒状的 β 放射源。β 放射源贴在阴极壁上,以不锈钢棒作正极,在两极施加直流或脉冲电压。放射源的 β 射线将载气(N_2 或 Ar)电离,产生次级电子和正离子,在电场作用下,电子向正极方向移动,形成恒定基流。当载气带有电负性物质进入检测器时,电负性物质就能捕获这些低能量的自由电子,形成稳定的负离子,负离子再与载气正离子复合成中性化合物,使基流降低而产生负信号——倒峰 。

当载气(N_2)从色谱柱流出进入检测器时,放射源放射出的 β 射线使载气电离,产生正离子及低能量电子:

$$N_2 \xrightarrow{\ \beta\text{射线}\ } N_2^+ + e^-$$

这些带电粒子在外电场作用下向两电极定向流动,形成了 10^{-8} A 的离子流,即为检测器基流。当电负性物质 AB 进入离子室时,因为 AB 有较强电负性,可以捕获低能量的电子,而形成负离子,并释放出能量。电子捕获反应如下:

$$AB + e^- \rightarrow AB^- + E$$

式中:E 为反应释放的能量。

电子捕获生成的负离子 AB^- 与载气的正离子 N_2^+ 复合生成中性分子。反应式为：

$$AB^- + N_2^+ \rightarrow N_2 + AB$$

由于电子捕获和正负离子的复合,使电极间的电子数和离子数目减少,致使基流降低,产生了样品的检测信号。由于被测样品捕获电子后降低了基流,所以产生的电信号是负峰,负峰的大小与样品的浓度成正比,这正是 ECD 的定量基础。实际工作中,常可通过改变极性使负峰变成正峰。

图 4.3-10 是 ECD 产生的色谱图。

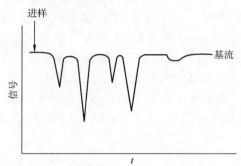

图 4.3-10　ECD 产生的色谱

Ⅱ. 检测条件的选择

a)载气和载气流速

ECD 一般采用 N_2 作载气,载气必须经过严格纯化,彻底去除水和氧气。载气流速增加,基流随之增大,N_2 在 100 mL·min^{-1} 左右,基流最大,同时为了获得较好的柱分离效果和较高基流,通常采用在柱与检测器间引入补充的 N_2,以便检测器内 N_2 达到最佳流量。

b)检测器的使用温度

当电子捕获检测器采用 ^3H 作放射源时,检测器温度不能高于 220℃;当采用 ^{63}Ni 作放射源时,检测器最高使用温度可达到 400℃。

c)极化电压

极化电压对基流和响应值都有影响,选择基流等于饱和基流值的 85% 时的极化电压为最佳极化电压。直流供电时,极化电压为 20~40 V;脉冲供电时,极化电压为 30~50 V。

d)固定液的选择

为保证 ECD 正常使用,必须严格防止其放射源被污染。因此色谱柱的固定液必须选择低流失、电负性小的,以防止其流失后污染放射源。当然,在实际工作中,柱子必须充分老化后才能与 ECD 联用。

e)安全保障

^{63}Ni 是放射源,必须严格执行放射源使用、存放管理条例。拆卸、清洗应由专业

人员进行。尾气必须排放到室外,严禁检测器超温。

4)火焰光度检测器(FPD)

火焰光度检测器又称硫、磷检测器,它是一种对含磷、硫有机化合物具有高选择性和高灵敏度的质量型检测器,检出限可达 10^{-12} g·s^{-1}(对 P)或 10^{-11} g·s^{-1}(对 S)。这种检测器可用于大气中痕量硫化物以及农副产品、水中的微克级有机磷和有机硫农药残留量的测定。

FPD 的结构和工作原理如下。

FPD 的结构示意如图 4.3－11 所示,它主要由氢焰部分和光度部分构成。氢焰部分包括火焰喷嘴、遮光槽、点火器等,光度部分包括石英窗、滤光片和光电倍增管。含硫或磷的化合物由载气携带,先与空气(或纯氧)混合后由检测器下部进入喷嘴,在喷嘴周围由 4 个小孔供给过量的燃气氢气,点燃后产生光亮、稳定的富氢火焰。喷嘴上面的遮光槽可以将火焰本身及烃类物质发出的光挡去,这样可以使火焰减少噪声。硫、磷产生的特征光通过石英窗口、滤光片,然后经光电倍增管转化为电信号,由记录仪记录色谱峰。

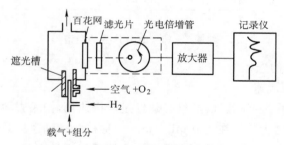

图 4.3－11　FPD 结构示意

含硫或磷的有机化合物在富氢火焰中燃烧时,硫、磷被激发而发射出特征波长的光谱。当硫化物进入火焰时,形成激发态的 S_2^*,此分子回到基态时发射出特征的蓝紫色光;当磷化物进入火焰时,形成激发态的 HPO^* 分子,它回到基态时发射出特征的绿色光。这两种特征光的光强度与被测组分的含量均成正比,这正是 FPD 的定量基础。特征光经滤光片滤光,再由光电倍增管进行光电转换后,产生相应的光电流,经放大器放大后由记录系统记录下相应的色谱图。

4.3.1.5　数据处理系统

数据处理系统最基本的功能是将检测器输出的模拟信号随时间的变化曲线,即将色谱图画出来。

(1)电子电位差计。最简单的数据处理装置是记录仪,常用的是电子电位差计,是一种记录直流电信号的记录仪。记录仪中记录纸的移动速度可通过变速齿轮调节,纸速使用要适当。这种装置记录的色谱图,其色谱峰面积和峰高等数据必须用手工测量,往往带来人为误差,故记录仪的使用有被完全淘汰的趋势。

（2）积分仪。目前使用比较多的电子积分仪，实质上是一个积分放大器，利用电容的充放电，将一个峰信号变成一个积分信号，这样就可以直接测量出峰面积，最后打印出色谱峰的保留时间、峰面积和峰高等数据。

（3）色谱数据处理机。色谱数据处理机是一种功能较多的积分仪，可以将积分仪得到的数据进行存储、变换，采用多种定量分析方法进行色谱定量分析，并将色谱分析结果（包括色谱峰的保留时间、峰面积、峰高、色谱图、定量分析结果等）同时打印在记录纸上。色谱处理机的发展大大减轻了色谱工作者的劳动，同时使色谱定性、定量分析的结果更加准确可靠。

（4）色谱工作站。色谱工作站是一种由微型计算机实时控制色谱仪器，并进行数据采集和处理的一个系统，由硬件和软件两部分组成。

硬件是一台微型计算机，软件主要包括色谱仪实时控制程序、峰识别和峰面积积分程序、定量计算程序、报告打印程序等。

色谱工作站在数据处理方面的功能有色谱峰的识别、基线的校正、重叠峰和畸形峰的解析、计算峰参数（包括保留时间、峰高、峰面积、半峰宽等）、定量计算组分含量等。色谱工作站的软件还有对谱图再处理功能（包括对已存贮的色谱图整体或局部调出、检查），色谱峰的加入或删除，对色谱图进行放大或缩小处理，对色谱图进行叠加或相减运算等。

色谱工作站对色谱仪的实时控制功能包括色谱仪各单元中单片机具有的所有功能，包括色谱仪的一般操作条件的控制、程序的控制、自动进样的控制、流路切换及阀门切换的控制以及自动调零、衰减、基线补偿的控制等。

4.3.1.6　温度控制系统

在气相色谱测定中，温度直接影响柱的分离效能、检测器的灵敏度和稳定性。控制温度主要指对色谱柱、汽化室、检测器的温度控制，尤其是对色谱柱的控温精度要求很高。

（1）柱箱。通常把色谱柱放在一个恒温箱中，以提供可以改变的、均匀的恒定温度。恒温箱的使用温度为室温～450℃，要求箱内上下温差在 3℃ 以内，控制点的控制精度在 ±(0.1～0.5)℃。

当分析沸点范围很宽的混合物时，用等温方法很难完成分离任务，此时就要采用程序升温方法来完成分析任务。所谓程序升温就是在一个分析周期里，色谱柱的温度连续地随分析温度的增加从低温升到高温，升温速率可为 1～30℃/min，这样可改善宽沸程样品的分离度并缩短分析时间。

（2）检测器和汽化室。检测器和汽化室有独立的恒温调节装置，其温度控制及测量和色谱柱恒温箱类似。

4.3.2　气相色谱仪日常维护

4.3.2.1　气路系统的日常维护

（1）气体管路的清洗。清洗气路连接金属管时，首先将该管的两端接头拆下，再将该段管线从色谱仪中取出,这时应先把管外壁灰尘擦洗干净,再用无水乙醇进行疏通处理。如管路不通,可用洗耳球加压吹洗或用细钢丝疏通。如此法仍不能使管线畅通,可用酒精灯加热管路使堵塞物在高温下炭化而达到疏通目的。疏通完成后,可加热管线并用干燥气体对其进行吹扫,将管线装回原气路待用。如疏通后管线中仍有其他不易被乙醇溶解的污染物,可针对具体物质溶解特性选择其他清洗液。

(2)阀的维护。阀的调节须缓慢进行。稳压阀不工作时,必须放松调节手柄;针形阀不工作时,应将阀门处于"开"的状态;稳流阀气路通气时,必须先打开稳流阀的阀针,流量的调节应从大流量调到所需要的流量。各种阀均不可做开关使用,进、出气口不能接反。

(3)转子流量计和皂膜流量计的维护。使用转子流量计时应保持气源清洁,若由于对载气中微量水分干燥净化不够,在玻璃管壁吸附一层水雾造成转子跳动,或由于灰尘落入管中将转子卡住等现象时,应对转子流量计进行清洗。

使用皂膜流量计时要注意保持流量计清洁、湿润,皂水要用澄清的皂水或其他能起泡的液体,使用完毕应洗净、晾干放置。

4.3.2.2 进样系统的日常维护

(1)汽化室进样口的维护。硅橡胶微粒可能会堵塞进样口,气源净化不彻底可能使进样口堵塞,应对进样口进行清洗,并进行气密性检查。

(2)微量注射器的维护。微量注射器使用前要先用丙酮等溶剂清洗,使用后亦应立即清洗处理,以免芯子被样品中高沸点物质玷污而堵塞;切忌用重碱性溶液洗涤,以免玻璃受腐蚀和不锈钢零件受腐蚀而漏水漏气;对于注射器针尖为固定式,不宜吸取有较粗悬浮物质的溶液,一旦针尖堵塞,可用直径 0.1 mm 不锈钢丝串通;高沸点样品在注射器内部分冷凝时,不得强行多次来回抽动拉杆,以免损坏;如注射器内有不锈钢氧化物影响正常使用,可在芯子上蘸少量肥皂水塞入注射器来回抽拉几次,然后清洗;注射器针尖不宜在高温下工作,更不能用火直接烧,以免针尖退火而失去穿戳能力。

(3)六通阀的维护。应避免带有小颗粒固体杂质的气体进入六通阀,以免拉动阀杆或转动阀盖时固体颗粒擦伤阀体造成漏气;长时间使用后应按结构装卸要求卸下进行清洗。

4.3.2.3 分离系统的日常维护

(1)新制备或新安装色谱柱使用前必须进行老化;新购买的色谱柱要在分析样品前先测试柱性能是否合适,如不合适可以退货或更换新的色谱柱。

(2)色谱柱暂时不用时,应从仪器上卸下,在柱两端套上不锈钢螺帽,并放在相应的柱包装盒中,以免柱头被污染。

(3)每次关机前都应将柱温降到 50 ℃ 以下,再关电源和载气。若温度过高时切断载气,则空气(氧气)扩散进入柱管会造成固定液氧化和降解。仪器有过温保护功能时,每次新安装了色谱柱都要重新设定保护温度,以确保柱箱温度不超过色谱柱的最高使用温度,对色谱柱造成一定损伤,降低色谱柱使用寿命。

（4）对于柱效有所降低的毛细管柱,可在高温下老化,用载气将污染物冲洗出来。若柱效不能恢复,可从仪器上卸下柱子将柱头截去 10cm 或更长,去除最容易被污染的柱头后再安装测试。若仍不起作用,可反复注射丙酮、甲苯、乙醇等注射溶剂进行清洗,以恢复柱效。

4.3.2.4 检测系统的日常维护

（1）热导检测器的维护。尽量采用高纯气源;载气至少通入半小时,保证将气路中的空气赶走后方可通电,以防止热丝元件氧化;根据载气的性质,桥电流不允许超过额定值;检测器不允许有剧烈震动;热导池高温分析时如停机,除首先切断桥电流外,最好等检测器温度低于 100℃ 以下时,再关闭气源;当热导池使用时间长或被沾污后,必须进行清洗。

（2）氢火焰离子化检测器的维护。尽量采用高纯气源,空气必须经过 5 A 分子筛充分净化;应在最佳 N_2/H_2 比以及最佳空气流速的条件下使用;色谱柱必须经过严格老化处理;离子室要注意外界干扰,保证使其处于屏蔽、干燥和清洁环境中;使用中应经常清洗喷嘴,防止喷嘴堵塞;使用时间长或被沾污后,必须进行清洗。

（3）电子捕获检测器的维护。ECD 使用过程中必须保持整个系统的洁净,要求系统气密性好,载气和尾吹气纯度高;应使用耐高温隔垫和洁净样品;检测器温度必须高于柱温 10℃ 以上;若直流和恒频率方式 ECD 基流下降或恒电流方式基流增高,噪声增大,信噪比下降,或者基线漂移变大,线性范围变小,甚至出现负峰,则表明ECD 可能污染,必须进行净化。目前常用的净化方式是"氢烘烤"。

4.4 气相色谱法应用

4.4.1 气相色谱定性分析

大量实验结果表明,在一定的固定相和一定的操作条件(如柱温、柱长、柱内径、载气流速等)下,各种物质都有一定的保留值或确定的色谱数据,并且不受其他组分的影响。因此,保留值具有特征性,可作为一种定性指标,即用标准物与未知物的保留值是否相同来定性。但在同一色谱条件下,不同物质也可能具有相似或相同的保留值。因此对于一个完全未知的混合样品单靠色谱法定性是有困难的,往往需要采用多种方法综合解决,例如与质谱仪、红外光谱仪等联用。实际分析任务中,大多数成分是已知的,或者可以根据样品来源、生产工艺、用途等信息推测出样品的大致组成和可能存在的杂质,因此通常利用简单的气相色谱法就能解决问题。

4.4.1.1 利用保留值定性

两个相同的物质在相同的色谱条件下应该具有相同的保留值,但是,在相同的色谱条件下,具有相同保留值的两种物质却不一定是同一种物质,这便是利用保留值定性的基本理论。

在已知标准物的情况下,直接对照定性是一种最简单的定性方法,具体方法是:将未知物与已知物质用同一根色谱柱,在相同的色谱操作条件下进行分析,作出色谱图后进行对照比较。图 4.4－1 为一未知试样(a)和标准试样(b)在同样的色谱条件下得到的色谱图直接进行比较,可以推测出 2、3、4、7、9 分别为甲醇、乙醇、正丙醇、正丁醇和正戊醇。经过这样的初步推测之后,可用另一根极性完全不同的色谱柱,做同样的对照比较,以得到更加准确可靠的结论。

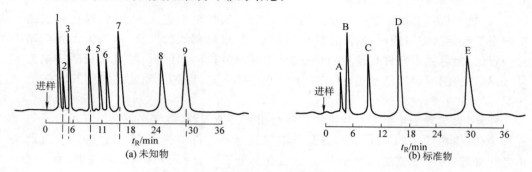

图 4.4－1　利用已知标准物质直接对照定性
已知标准物:A—甲醇;B—乙醇;C—正丙醇;D—正丁醇;E—正戊醇

实际过程中,在利用已知纯物质直接对照进行定性时是利用保留时间(t_R)直接比较,这时要求载气的流速、载气的温度和柱温要恒定,载气流速的微小波动、载气温度和柱温的微小变化,都会使保留值(t_R)有变化,从而对定性结果产生影响。为了避免这个问题,有时用保留体积(V_R)定性。不过,直接测量保留体积非常困难,一般是利用载气流速和保留时间来计算保留体积的数值。

实际过程中常采用以下方法避免因载气流速和温度的微小变化而引起保留时间的变化,从而给定性分析结果带来影响。

(1)用相对保留值定性。相对保留值只受柱温和固定相性质的影响,而与柱长、固定相的填充情况和载气的流速无关。所以在柱温和固定相一定时,相对保留值为一定值,用它来定性可得到较可靠的结果。

(2)用已知标准物增加峰高法来定性。如果未知样品中组分较多,而且峰间距离又太近,要准确测定保留值有一定困难时,可采用增加峰高的方法定性,该方法是确认某一复杂样品中是否含有某一组分的最好办法。首先作出未知样品的色谱图,然后在未知样品中加入一种已知的纯物质(与试样中估计的某一组分为同一化合物),在相同条件下做出色谱图。对比这两个色谱图,如果后一色谱图中色谱峰相对增高了,则可确定该色谱峰所对应的组分与加入的已知纯物质是同一化合物。但如果峰虽然有所增高,但峰不重合或峰中出现转折,则试样中不含所加入的纯物质这种组分。这一方法既可避免因载气流速的微小变化对保留时间的影响而影响定性分析的结果,又可避免色谱图形复杂时准确测定保留时间的困难。

4.4.1.2 利用保留指数定性

保留指数是气相色谱领域现已被广泛采用的定性指标,规定为:在任一色谱分析操作条件下,对碳数为 n 的任何正构烷烃,其保留指数为 $100n$。如对正丁烷、正己烷、正庚烷,其保留指数分别为 400、600、700。在同样色谱分析条件下,任一被测组分的保留指数 I_x 可表示如下:

$$I_x = 100 \left[n + z \cdot \frac{\lg t'_{R(x)} - \lg t'_{R(n)}}{\lg t'_{R(z+n)} - \lg t'_{R(n)}} \right] \qquad (4.4-1)$$

式中,$t'_{R(x)}$、$t'_{R(n)}$、$t'_{R(n+z)}$ 分别代表待测物质 x 和具有 n 及 $n+z$ 个碳原子数的正构烷烃的调整保留时间。n 可以是 1、2、3、$\cdots$,但数值不宜过大。

要测被测组分的保留指数,必须同时选择两个相邻的正构烷烃,使这两个正构烷烃的调整保留时间,分别在被测组分的调整保留时间之前和之后。可通过这两个相邻的正构烷烃作基准,求出被测组分的保留指数。保留指数用 I 表示,其右上角符号表示固定液类型,右下角用数字表示柱温,如 I_{120}^{sq} 表示某物质在角鲨烷柱上的保留指数。因正构烷烃的保留指数与固定液和柱温无关,而对其他物质,保留指数就与固定液和柱温有关,所以用上述方法表示。

如果要测某一物质的保留指数,只要与相邻两正构烷烃混合在一起或分别进行,在相同色谱条件下进行分析,测出保留值,并按上式计算出保留指数 I,将 I 与文献值对照定性,I 值只与固定相及柱温有关。

4.4.1.3 联机定性

色谱法是比较高效的分析方法,但是不能对已经分离的每一组分直接定性。当找不到已知标准物质或遇到一些保留值非常接近的物质时,就加大了分析的难度,影响定性结果的准确性。而质谱法、红外光谱法、紫外光谱法和核磁共振波谱法对已分离开的单一组分有较强的定性能力。因此,可用气相色谱将混合物分离成单个或简单的组成,然后再与质谱、光谱联用以解决复杂混合物定性的分析问题。

早期的方法是首先用气相色谱将复杂混合物分离并将分离出的有关馏分分别收集,再用质谱仪、光谱仪分别鉴定。近年来分析仪器有所发展,出现了气相色谱与质谱或红外光谱在系统上直接连用的色谱-质谱仪和色谱-红外光谱仪,分离与定性同时进行,色谱分析完毕时,质谱或光谱的谱图也就全部得到。

4.4.1.4 与化学反应结合定性

利用有些带官能团的化合物与一些试剂发生化学反应能从样品中去除,比较处理前后两个样品的色谱图,就可以鉴别哪些组分属于哪些化合物。还可以在柱后把流出物通入有选择性的化学试剂中,利用显色、沉淀等现象对未知物进行定性。只要在柱后更换装有不同试剂的试管,就有可能对混合样中各组分进行鉴定。

4.4.2 气相色谱定量分析

4.4.2.1 定量分析基础

气相色谱的定量分析是对峰高或者峰面积进行定量,在某些条件限定下,色谱峰

的峰高或峰面积与所测组分的数量(或浓度)成正比,满足公式:

$$w_i = f_i \cdot A_i \tag{4.4-2}$$

或

$$c_i = f_i \cdot h_i \tag{4.4-3}$$

式中:w_i 为组分 i 的质量;c_i 为组分 i 的浓度;A_i 为组分 i 的峰面积;h_i 为组分 i 的峰高。

在选择定量方法时要根据使用条件和对准确度的要求程度选择合适的方法,因此,掌握各种方法的特点,灵活运用是非常重要的。

1. 峰高和峰面积的测定

峰高和峰面积的测量精度直接影响定量分析的精度。峰高是峰尖至峰底或基线的距离,峰面积是色谱峰与峰底或基线所围成的面积。因此准确测量峰高和峰面积,关键在于峰底或基线的确定。峰底是从峰的起点与峰的终点之间的一条连接直线。一个完全分离的峰,峰底与基线是完全重合的。

使用积分仪或色谱工作站来测量峰高和峰面积时,仪器可根据人为设定的半峰宽、峰高和最小峰面积等积分参数和基线来计算每个色谱峰的峰高和峰面积,然后直接打印出峰高和峰面积的结果,以供定量计算使用。若使用记录仪记录色谱峰时,需要用手工测量的方法对峰高和峰面积进行测量,常用的手工测量方法有以下几种。

1)峰高乘以半峰宽法

当色谱峰形对称且不太窄时,可采用本方法,即

$$A = h \cdot W_{1/2} \tag{4.4-4}$$

式中:h 为峰高;$W_{1/2}$ 为半峰宽。

该方法测得的峰面积为实际峰面积的 0.94 倍,故实际面积应为:

$$A_{实际} = 1.065h \cdot W_{1/2} \tag{4.4-5}$$

2)峰高乘以平均峰宽

当峰不对称时,可采用此法,该法计算出的峰面积较准确,即先分别测出峰高为 0.15 和 0.85 处的峰宽,然后按下式计算面积:

$$A = \frac{1}{2}(W_{0.15} + W_{0.85}) \cdot h \tag{4.4-6}$$

3)峰高乘以保留时间

测量色谱峰的保留时间比测量半峰宽容易而且准确,当测量有的峰较窄、有的峰较宽的同系物的峰面积时,该法较准确。因为,在一定条件下,同系物的半峰宽与保留时间成正比,可由下式表示:

$$W_{1/2} = b \cdot t_R \tag{4.4-7}$$

$$A = h \cdot W_{1/2} = h \cdot b \cdot t_R \tag{4.4-8}$$

进行相对计算时,b 可以约去。

2. 定量校正因子的测定

气相色谱定量分析的依据是基于待测组分的量与其峰面积成正比的关系。但是

峰面积大小不仅与组分的量有关,还与组分和检测器的性能有关。实验表明,用同一检测器测同一种组分,组分量越大,相应峰面积越大。但同一检测器测定相同质量的不同组分时,由于不同组分性质不同,检测器对不同物质的响应值不同,产生的峰面积也不同,因此不能直接应用峰面积计算组分含量,需用"定量校正因子"来校正峰面积。定量校正因子分为绝对校正因子和相对校正因子。

1)绝对校正因子(f_i)

绝对校正因子是指单位面积或单位峰高所代表的组分的量,可表示为:

$$f_i = m_i / A_i \tag{4.4-9}$$

或
$$f_{i(h)} = c_i / h_i \tag{4.4-10}$$

式中:m_i 为组分 i 的质量(物质的量或体积);c_i 为组分 i 的浓度;A_i 为组分 i 的峰面积;h_i 为组分 i 的峰高;峰高定量校正因子 $f_{i(h)}$ 受操作条件影响大,因而在用峰高定量时,一般不直接引用文献值,必须在实际操作条件下用标准纯物质测定。

为了准确求得各组分的绝对校正因子,在严格控制色谱操作条件基础上,要求准确知道进入检测器的组分的量 m_i,并要准确测量出峰面积或峰高,这在实际工作中有一定困难。因此,在实际测量中通常使用相对校正因子。

2)相对校正因子(f_i')

相对校正因子是指组分 i 与另一标准物 s 的绝对校正因子之比,可表示为:

$$f_i' = \frac{f_i}{f_s} = \frac{m_i \times A_s}{m_s \times A_i} \tag{4.4-11}$$

或
$$f_i' = \frac{f_i}{f_s} = \frac{c_i \times h_s}{c_s \times h_i} \tag{4.4-12}$$

式中:f_i' 为 i 物质的相对校正因子;f_i 为 i 物质的绝对校正因子;f_s 为基准物质的绝对校正因子;m_i 为 i 物质的质量;c_i 为 i 物质的浓度;A_i 为 i 物质的峰面积;h_i 为 i 物质的峰高;m_s 为基准物质的质量;c_s 为基准物质的浓度;A_s 为基准物质的峰面积;h_s 为基准物质的峰高。不同的检测器常用的基准物质不同,例如,苯常用作热导检测器的基准物,正庚烷常用作氢火焰离子化检测器的基准物。

相对校正因子可简称为校正因子,根据物质量的表示方法不同可分为以下几种。

(1)相对质量校正因子(f_m')。组分的量以质量表示时的相对校正因子是最常用的校正因子,可表示为:

$$f_m' = \frac{f_{i(m)}}{f_{s(m)}} = \frac{m_i / A_i}{m_s / A_s} = \frac{A_s \times m_i}{A_i \times m_s} \tag{4.4-13}$$

式中:下标 i、s 分别代表被测物和标准物。

(2)相对摩尔校正因子(f_M')。它是指组分的量以物质的量 n 表示时的相对校正因子,可表示为:

$$f_M' = \frac{f_{i(M)}}{f_{s(M)}} = f_m' \frac{M_s}{M_i} \tag{4.4-14}$$

式中：M_i、M_s 分别为被测物和标准物的摩尔质量。

（3）相对体积校正因子（f'_V）。对于气体样品，以体积计算时，对应的相对校正因子称为相对体积校正因子。当温度和压力一定时，相对体积校正因子等于相对摩尔校正因子，即 $f'_M = f'_V$。

f'_m、f'_M、f'_V 均是峰面积校正因子，若将各式中的峰面积 A_i 和 A_s 用峰高 h_i、h_s 表示，则可以得到 3 种峰高的相对校正因子 $f'_{m(h)}$、$f'_{M(h)}$、$f'_{V(h)}$。

3）校正因子的实验测定方法

准确称取色谱纯或已知准确含量的被测组分和基准物质，配制成已知准确浓度的样品，在已定的色谱实验条件下，取一定体积的样品进样，准确测量所得组分和基准物质的色谱峰面积，根据以上公式就可分别计算出相对质量校正因子、相对摩尔校正因子和相对体积校正因子。

4）相对响应值（s'_i）

相对响应值是物质 i 与标准物质 s 的响应值（灵敏度）之比，单位相同时，与相对校正因子互为倒数，即

$$s'_i = \frac{1}{f'_i} \tag{4.4-15}$$

f'_i 和 s'_i 只与试样、标准物质以及检测器类型有关，而与操作条件和柱温、载气流速、固定液性质等无关，是一个能通用的参数。

4.4.2.2　定量分析方法

归一化法、标准曲线法、内标法和标准加入法是气相色谱中常用的定量方法，每种方法都有特定的使用范围和特点，必须根据实际工作中分离精度的要求程度和样品的具体情况选择合适的定量方法。

1. 归一化法

当试样中所有组分均能流出色谱柱，并在检测器上产生信号时，可用归一化法进行计算。归一化法就是以样品中被测组分经校正过的峰面积占样品中各组分经校正过的峰面积总和的比例来表示样品中的各组分含量。

归一化法把所有组分的含量之和按 100% 计，假设试样中有 n 个组分，每个组分的质量分别为 m_1、m_2、$\cdots$、m_n，在一定条件下测得各组分峰面积分别为 A_1、A_2、$\cdots$、A_n，各组分的峰高分别为 h_1、h_2、$\cdots$、h_n，则组分的质量分数

$$w(i) = \frac{m_i}{m} = \frac{m_i}{m_1 + m_2 + m_3 + \cdots m_n} = \frac{f'_i A_i}{f'_1 A_1 + f'_2 A_2 + f'_3 A_3 + \cdots f'_n \cdot A_n} = \frac{f'_i A_i}{\sum f'_i A_i} \tag{4.4-16}$$

或　$$w(i) = \frac{m_i}{m} = \frac{m_i}{m_1 + m_2 + m_3 + \cdots m_n} = \frac{f'_i h_i}{f'_1 h_1 + f'_2 h_2 + f'_3 h_3 + \cdots f'_n A_n} = \frac{f'_i h_i}{\sum f'_i h_i} \tag{4.4-17}$$

式中：f'_i 为 i 组分的相对质量校正因子；A_i 为组分 i 的峰面积。

若试样中各组分的相对校正因子很接近，则可以不用校正因子，直接用峰面积归一化法进行定量，上式可简化为：

$$w(i) = \frac{A_i}{\sum A_i} \qquad (4.4-18)$$

若用积分仪或色谱工作站处理数据时，往往采用峰面积直接归一化定量，得出各组分的面积百分比，其结果的相对误差在 10% 左右；若是对校正因子比较接近的组分，直接峰面积归一化定量的误差很小，在误差允许范围内。

归一化法操作简便、精确，进样量的多少不影响定量结果，流速、柱温等操作条件的变化对定量结果的影响很小。该方法的缺点是必须准确测量每一种组分的校正因子，并且所有组分在一定时间内必须都出峰，且该方法不适合微量组分的测定。

2. 标准曲线法

标准曲线法是一种简便、快速的定量方法。首先用待测组分的标准样品绘制标准曲线，绘制方法是：用标准样品配制成不同浓度的标准系列，在与待测组分相同的色谱条件下，等体积准确进样，测量各峰的峰面积或峰高，用峰面积或峰高对样品浓度作标准曲线，该标准曲线应是通过原点的直线。若标准曲线不通过原点，则说明存在系统误差，标准曲线的斜率即为绝对校正因子。在测定样品中的组分含量时，要用与绘制标准曲线完全相同的色谱条件做出色谱图，测量色谱峰面积或峰高，然后根据峰面积和峰高在标准曲线上直接查出柱中样品组分的浓度。

当绘制好标准曲线后，用标准曲线法测定就非常简单，可以直接从标准曲线上读出含量，特别适合大量样品的分析。该方法的缺点是每次分析的色谱条件都很难完全相同，因此会造成一定误差。此外，绘制标准曲线时，一般使用欲测组分的标准样品或已知准确含量的样品，而实际样品的组成千差万别，也将给测量带来误差。

3. 内标法

当样品中所有组分不能全部流出色谱柱，或检测器不能对每个组分都产生响应，或只需要测定试样中几个组分的含量时，可采用内标法。

内标法就是将一定量的纯物质 s 作为内标物加入到准确称取重量的试样中，混合均匀后，在一定操作条件下注入色谱仪，出峰后分别测量组分 i 和内标物 s 的峰面积或峰高，便可计算出组分 i 的含量。

$$w_i = \frac{m_i}{m_{\text{试样}}} = \frac{m_s \cdot \dfrac{f_i' A_i}{f_s' A_s}}{m_{\text{试样}}} = \frac{m_s}{m_{\text{试样}}} \cdot \frac{A_i}{A_s} \cdot \frac{f_i'}{f_s'} \qquad (4.4-19)$$

式中：f_i'、f_s' 分别为组分 i 和内标物的 s 质量校正因子；A_i、A_s 分别为组分 i 和内标物 s 的峰面积，也可以用峰高代替峰面积：

$$w_i = \frac{m_s \cdot f_{i(h)}' \cdot h_i}{m_{\text{试样}} \cdot f_{s(h)}' \cdot h_s} \qquad (4.4-20)$$

式中：$f_{i(h)}'$、$f_{s(h)}'$ 分别为组分 i 和内标物 s 的峰高校正因子。

内标法中，常以内标物为基准，即 $f_s' = 1.0$，则

$$w_i = f'_i \frac{m_s \times A_i}{m_{试样} \times A_s} \qquad (4.4-21)$$

或

$$w_i = f'_{i(h)} \frac{m_s \times h_i}{m_{试样} \times h_s} \qquad (4.4-22)$$

使用该方法时,内标物的选择非常重要,应满足以下条件。

(1)内标物应是试样中不存在的纯物质,否则将会使色谱峰重叠,无法准确测量内标物的峰面积。

(2)内标物加入量应接近于被测组分的量。

(3)内标物的性质应与待测组分性质相近,以使内标物的色谱峰位于被测组分色谱峰的附近,或几个被测组分色谱峰的中间,并与这些组分完全分离。

(4)内标物与样品应完全互溶,但不能发生化学反应。

内标法的优点是:当进样量不超量时,进样量的多少、操作条件的微小变化对测定结果影响不大,并且测定时只需待测组分和内标物出峰,与其他组分是否出峰无关。该法适合测定微量组分。

内标法的缺点是:制样要求高,选择合适的内标物比较困难,内标物称量要准确,操作比较复杂。

4. 标准加入法

标准加入法是一种特殊的内标法,以欲测组分的纯物质为内标物加入到待测样品中,然后在相同色谱条件下,测定加入欲测组分纯物质前后欲测组分的峰面积或峰高,从而计算欲测组分在样品中的含量。

首先在一定的色谱条件下作出欲分析样品的色谱图,测定其中欲测组分 i 峰面积 A_i 或峰高 h_i,然后在该样品中准确加入定量欲测组分 i 的标准或纯物质(与样品相比,欲测组分的浓度增量为 ΔW_i),在完全相同的色谱条件下,作出已加入欲测组分 i 标样或纯物质后的样品色谱图。测定这时欲测组分 i 的峰面积 A'_i 或峰高 h'_i,此时待测组分的含量为:

$$w_i = \frac{\Delta W_i}{\dfrac{A'_i}{A_i} - 1} \qquad (4.4-23)$$

或

$$w_i = \frac{\Delta W_i}{\dfrac{h'_i}{h_i} - 1} \qquad (4.4-24)$$

标准加入法的优点是:不需要加入另外的标准物质作为内标物,进样量不必非常精确,操作简单,是色谱分析中常用的定量分析方法。

该方法的缺点是:必须严格控制加入欲测组分前后两次色谱测定的色谱条件完全相同,以保证两次测定时的校正因子完全相等,否则将引起误差。

4.5 气相色谱法实验技术

4.5.1 载气及其流速的选择

4.5.1.1 载气的选择

气相色谱最常用的载气是氢气、氮气、氩气和氦气,在选择载气时,首先要考虑使用何种检测器。使用热导池检测器时,需用氢气或氦气作为载气,能提高灵敏度,氢气作为载气还能延长热敏元件钨丝的寿命;使用氢火焰检测器宜用氮气作载气,也可以用氢气;使用电子捕获检测器常用氮气;使用火焰光度检测器常用氮气和氢气。

扩散系数 D_g 与载气性质有关,D_g 与载气的摩尔质量平方根成反比,所以选用摩尔质量大的载气,如氮气或氩气可以使 D_g 减小,减小分子扩散系数 B,提高柱效。但选用摩尔质量小的载气,使 D_g 增大,会使气相传质阻力系数 C_g 减小,使柱效提高。因此使用低线速载气时,应选用摩尔质量大的氮气,使用高线速载气时,宜选用摩尔质量小的氢气或氦气。

4.5.1.2 载气流速的选择

由速率理论方程式可以看出,分子扩散项与载气流速成反比,而传质阻力项与流速成正比,所以有一最佳流速使板高 H 最小,柱效能最高。

最佳载气流速一般通过实验选择,其方法是:选择好色谱柱和柱温后,固定其他实验条件,依次改变载气流速,将一定量待测组分纯物质注入色谱仪。出峰后,分别测出在不同载气流速下,该组分的保留时间和峰底宽。利用 $n = \dfrac{L}{H_{有效}} = 5.54$

$(\dfrac{t'_R}{W_{1/2}})^2 = 16(\dfrac{t'_R}{W_b})^2$,计算出不同流速下的有效理论塔板数 $n_{有效}$,并由 $H = L/n$ 求出相应的有效塔板高度。以载气流速 u 为横坐标,板高 H 为纵坐标,绘制 $H-u$ 曲线,如图 4.5-1 所示。

在图 4.5-1 中曲线最低点处对应的塔板高度最小,因此对应载气的最佳线速度 u_{opt},在最佳线速下操作可获得最佳柱效,相应的载气流速为最佳载

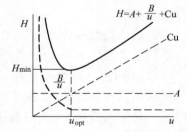

图 4.5-1 $H-u$ 曲线

气流速。使用最佳流速虽然柱效高,但分析速度慢,因此实际工作中,为了加快分析速度,同时又不明显增加塔板高度的情况下,一般采用比 u_{opt} 稍大的流速进行测定。对一般色谱柱常用 $20 \sim 100 \ \text{mL} \cdot \text{min}^{-1}$。

4.5.2 色谱柱的选择

在气相色谱分析中,分离过程是在色谱柱内完成,混合组分能否在色谱柱中完全分离,主要取决于是否能选择合适的色谱柱。因此,色谱柱的制备和选择是至关重要的。

4.5.2.1 色谱柱柱形、柱内径及柱长的影响

色谱柱形、柱内径、柱长均可影响柱效率。色谱柱以 U 型为好,因载气流动会受柱弯曲的影响而产生紊乱、不规则的流动,降低柱效率,因此要求柱弯曲的地方曲率半径应尽量大一些。使用螺旋型柱时,柱本身的直径要尽可能均匀。

填充柱内径过小易造成填充困难和柱压降增大,给操作带来麻烦,故一般选择内径为 3～4 mm。柱内径增大虽可增大样品用量,但会使柱效率下降。

柱子长一般柱效率高,当柱长度增加时,分析时间会延长,并要增大载气的柱前压力,因此希望在保证选择性和柱效的前提下使柱长减至最短,故填充色谱柱常用 1～2 m。

4.5.2.2 气—固色谱柱的选择

气—固色谱的固定相为固体,因此固体固定相的选择在选择色谱柱过程中起到至关重要的作用。这些固体固定相可以分为以下几类。

1. 无机吸附剂

该类吸附剂有硅胶、氧化铝、碳素吸附剂以及分子筛等,大多可在高温下适用,吸附剂吸附容量大,热稳定性好,是分析永久性气体及气态烃类混合物的理想固定相。但某些吸附剂吸附性能与其制备的方法有密切关系,不同厂家生产、甚至同一厂家生产的不同批号的产品,性能都可能存在很大差别。另外,吸附剂一般具有催化活性,不宜用于活性组分的分析,它们的吸附等温线是非线性的,容易造成色谱峰的拖尾。

(1)硅胶。硅胶是一种氢键型的强极性吸附剂,其化学成分为 $SiO_2 \times nH_2O$。气相色谱适用的大多数是粗孔硅胶,孔径为 80～100 nm,比表面接近 300 m^2/g,可用于分析 N_2O、SO_2、H_2S、SF_6、CF_2Cl_2 以及 C_1～C_4 烷烃等物质。硅胶在使用前要经过活化处理。

硅胶活化处理的方法是:首先用 6 mol/L 盐酸浸泡 2 h,而后用水冲洗至无 Cl^-,干燥后在高温炉中于 200～500℃下灼烧活化 2 h 后,降温取出,置于干燥器中备用。

(2)氧化铝。氧化铝具有不同的晶型,而仅有 g 型氧化铝适用于气相色谱分析。该吸附剂具有中等极性,主要用于 C_1～C_4 烃类的分析,低温下也可用于氢同位素的分离。使用前要在 600℃下活化 4 h 以上。为了保持使用过程中含水量的稳定,可将载气通过含有结晶水的硫酸钠(或硫酸铜)后再进入色谱柱。

(3)碳素。碳素是一类非极性的固体吸附剂,主要有活性炭、石墨化炭黑、碳分子筛等数种。活性炭是无定形碳,具有微孔结构,比表面积 800～1 000 m^2/g,可用于分析永久性气体及低沸点烃类。在活性炭上涂渍环丁砜固定液,可用来分析空气、一氧化碳、甲烷、二氧化碳、乙烯、乙烷等混合物。石墨化炭黑是炭黑在惰性气体保护下于 2 500～3 000℃煅烧而成的石墨化细晶,最适于空间和结构异构体的分离,也可用来分析硫化氢、二氧化硫、低级醇类、低级脂肪酸、酚及胺类等物质。

(4)分子筛。分子筛是一种人工合成的硅铝酸盐,其基本化学组成为 MO·$Al_2O_3 \cdot xSiO_2 \cdot yH_2O$,其中 M 代表 Na^+、K^+、Li^+ 或 Ca^{2+}、Mg^{2+} 等金属阳离子。

气相色谱中常用的有 4A、5A 及 13X 等 3 种类型。在气相色谱分析中,该吸附剂主要应用于分离 H_2、O_2、N_2、CO、CH_4 以及低温下分析惰性气体等。

2. 高分子多孔小球

高分子多孔小球(GDX)是以苯乙烯与二乙烯基苯交联共聚而成的小球。该类聚合物具有类似吸附剂的性能,而在另一方面又具有固定液的性能。因此,既可作为吸附剂在气固色谱中应用,也可涂以固定液后应用。在烃类、卤代烷、醇、醚、醛、酮以及各种气体的气相色谱分析中已得到广泛应用。

其优点是:吸附活性低;对含羟基的化合物亲和力低,在非极性的此类聚合小球上,出峰次序基本上是按分子半径大小而分离,所以非常适用于有机物中痕量水的测定;可选择范围大,不仅可根据样品性质选择合适的孔径、极性的产品直接使用,也可涂上固定液使亲油性组分的保留时间短,极性化合物的保留时间适当延长,从而改善了色谱柱的选择性;热稳定性好。

3. 化学键固定相

利用化学反应将固定液键合到载体表面而获得的固定相称为化学键合固定相。大致可分为以下类型。

(1)硅氧烷型。它是以有机氯硅烷或有机烷氧基硅烷与载体表面硅醇基反应生成 Si—O—Si—C 键合相。热稳定性好,在气相及液相色谱中广为应用。

(2)硅脂型。它是利用扩孔后的硅胶表面的硅醇基与醇类反应生成 Si—O—C 键而制备的固定相。在一定条件下有水解或醇解的可能性,热稳定性较硅氧烷型略差。

(3)硅碳型。将载体表面的硅醇基用 $SiCl_4$ 等氯化后,与其他试剂反应可制得 Si—C 键合相。这种化学键合固定相对极性溶剂无分解作用,而且热稳定性良好。

化学键合固定相的主要优点是热稳定性好,适合于快速分析、对极性和非极性组分均可获得对称的色谱峰而且耐溶剂。在气相色谱分析中常用作分析 $C_1 \sim C_4$ 烃类、卤代烃、二氧化碳以及有机含氧化合物。

4.5.2.3 气—液色谱柱的选择

气—液色谱填充柱中所用的填料是液体固定相。它是由惰性的固体支持物和其表面上涂渍的高沸点有机物液膜构成的。通常把惰性的固体支持物称为"载体",把涂渍的高沸点有机物称为"固定液"。因此,气—液色谱柱的选择主要就是固定液和载体的选择。

1. 载体

载体俗称担体,大部分为多孔性固体颗粒,有较大表面积的惰性表面,使固定液能在它的表面上形成一层薄而均匀的液膜,起到使固定液和流动相相互之间有尽可能大的接触面积的作用。对载体的要求是:比表面积大,可以负荷较多的固定液;粒度均匀、形状规则、不易粉碎;孔径分布均匀,孔结构利于组分传质;化学惰性和热稳定性良好。硅藻土类制品至今仍是气相色谱分析的最佳载体,在特殊情况下可采用氟化物及玻璃微珠作为载体。

1）载体的种类

（1）硅藻土载体。硅藻土载体是迄今为止使用时间最长、应用最广泛的载体。这类载体大部分是以硅藻土为原料，加入木屑及少量胶黏剂，加热煅烧制成的。一般分为红色硅藻土载体和白色硅藻土载体两种。这两种载体的化学组成基本相同，内部结构相似，都是以硅、铝氧化物为主体，以水合无定型氧化硅和少量金属氧化物杂质为骨架。但是它们的表面结构差别很大，红色硅藻土载体和硅藻土原来的细孔结构一样，表面空隙密集，孔径较小，表面积大，能负荷较多的固定液。由于结构紧密，所以机械强度好。常见的红色硅藻土载体有国产的 6201 载体及国外的 C—22 火砖等。白色硅藻土载体在烧结过程中破坏了大部分的细孔结构，变成了较多松散的烧结物，所以孔径比较粗，表面积小，能负荷的固定液少，机械强度不如红色载体。但是和红色载体相比，它的表面吸附作用和催化作用比较小，能用于高温分析，应用于极性组分分析时，易于获得对称峰。常见的白色硅藻土载体有国产的 101 白色载体、405 白色载体等。

（2）玻璃微球。玻璃微球是一种有规则的颗粒小球。它具有很小的表面积，通常把它看作是非孔性、表面惰性的载体。为了得到较为理想的表面特性，增大表面积，使用时往往在玻璃微球上涂覆一层固定粉末，如硅藻土、氧化铁、氧化铝等。也可以用含铝量较高的碱石灰玻璃制成蜂窝状结构的低密度微球；或者用硅酸钠玻璃制成表面具有纹理的微球；或者用酸、碱腐蚀法制成表面惰性、多孔性的微球等。这类载体的主要优点是能在较低的柱温下分析高沸点的物质，使某些热稳定性差但选择性好的固定液获得应用。缺点是柱负荷量小，只能用于涂渍低配比固定液，而且，柱寿命较短。国产的各种筛目的多孔玻璃微球载体性能很好，可供选择使用。

（3）氟载体。氟载体的特点是吸附性小，耐腐蚀性强，适合于强极性物质和腐蚀性气体的分析。缺点是表面积较小，机械强度低，对极性固定液的浸润性差，涂渍固定液的量一般不超过 5%。

这类载体主要有聚四氟乙烯和聚三氟氯乙烯两个品种，前者通常在 200℃柱温以下使用，后者与前者相比，颗粒比较坚硬，易于填充操作，但表面惰性和热稳定性较差，使用温度不能超过 160℃。

2）载体的预处理

载体主要起承担固定液的作用，它的表面应是惰性的，但实用中的载体总是呈现出不同程度的催化活性，特别是当固定液的液膜厚度较小，分离极性物质时，载体对组分有明显的吸附作用。其结果是造成色谱峰严重不对称，所以载体在使用前必须经过处理。

引起载体表面活性的主要原因如下。

（1）表面硅醇基基团。载体表面的硅醇基可与酸、胺、醇等极性化合物形成氢键，而造成吸附，使色谱峰产生拖尾。

（2）金属氧化物。载体中存在的金属会形成酸性或碱性活性中心，从而造成吸附,使色谱峰产生拖尾。

（3）硅藻土载体的微孔分布与孔径大小对其性质有很大影响。孔径小于 1 mm 的微孔会妨碍气相传质。红色硅藻土便存在许多这种微孔，它们是造成吸附的原因之一。

为了得到良好的分离效果，尤其是在分析极性、酸碱性以及氢键型样品时获得对称的色谱峰，可以用下列方法进行预处理。

（1）酸洗。以 6 mol/L 的盐酸浸泡载体过夜或加热（勿沸）处理 30 min，而后以水洗至中性，再用甲醇淋洗，而后烘干过筛备用。经酸洗的载体用于酸性物质和酯类的分析。但是，其催化活性较大，高温下会使聚硅氧烷固定液的硅氧键断裂、PEG—400 裂解，而且不宜于分析碱性化合物和醇类。

（2）碱洗。经酸洗的载体用 10％的 NaOH—甲醇溶液浸泡过夜或回流加热 1h，而后用水洗至中性，最后用甲醇淋洗，烘干备用。这种载体适用于胺类等碱性化合物的分析。

（3）硅烷化。硅烷化处理是利用硅烷化试剂处理载体，使载体表面的硅醇和硅醚基团失去氢键力，因而钝化了表面，消除了色谱峰拖尾现象。用 5％～8％的硅烷化试剂的甲苯溶液浸泡载体，回流加热 4 h，而后用无水甲醇淋洗至中性，烘干备用。常用的硅烷化试剂有三甲基氯硅烷、二甲基二氯硅烷和六甲基二硅胺等。硅烷化处理后的载体只适于涂渍非极性及弱极性固定液，而且只能在低于 270℃柱温下使用。

（4）釉化。釉化处理的目的在于堵塞载体表面的微孔，改善表面性质。方法是用 2％ Na_2CO_3 水溶液浸泡载体 24 h，而后吸滤，用水稀释母液（水：母液＝3：1），用稀释了的母液淋洗载体。烘干后，在 870℃下煅烧 3.5 h，然后升温至 980℃煅烧40 min。釉化载体适于分析醇、酸类极性较强的物质，但对甲醇、甲酸存在不可逆吸附，分析非极性物质时柱效较低。

3）载体的选择

选择适当载体能提高柱效，有利于混合物的分离。选择载体的大体原则如下。

（1）固定液用量＞5％（质量分数）时，一般选用硅藻土白色载体或红色载体。若固定液用量＜5％（质量分数）时，一般选用表面处理过的载体。

（2）腐蚀性样品可选氟载体；而高沸点组分可选用玻璃微球载体。

（3）载体程度一般选用 60～80 目或 80～100 目；高效柱可选 100～120 目。

表 4.5—1　载体选择参考表

固定液	样品	选用硅藻土载体	备注
非极性	非极性	未经处理过的载体	
非极性	极性	酸、碱洗或经硅烷化处理过的载体	当样品为酸性时，最好用酸洗载体；当样品为碱性时用碱洗载体

续表

固定液	样品	选用硅藻土载体	备注
极性或非极性,固定液含量(质量分数)<5%时	极性及非极性	硅烷化载体	
弱极性	极性及非极性	酸洗载体	
弱极性,固定液含量(质量分数)<5%时	极性及非极性	硅烷化载体	
极性	极性及非极性	酸洗载体	
极性	化学稳定性低	硅烷化	对化学活性和极性特强的样品,可选用聚四氟乙烯等特殊载体

2. 固定液

固定液是气液色谱柱的关键组成部分,其主要优点:在通常情况下,样品组分在气液两相间的分配等温线大多是线性的,因此比较容易获得对称的色谱峰。

1)对固定液的要求

(1)固定液应是一种高分子的有机化合物,其蒸汽压低,热稳定性好,在色谱分析操作温度下呈液体状态。固定液的沸点应比操作温度高 100℃ 左右,否则固定液流失,会缩短色谱柱的使用寿命,还会引起保留值的变化影响定性检测或引起检测器的本底电流增大。

(2)在色谱柱的操作温度下,固定液的黏度要低,以保证固定液能均匀地分布在载体表面上。一般降低柱温会增加固定液的黏度,降低色谱柱的分离效率。对某些固定液的使用温度不能低于使用的低限温度。

(3)在色谱柱的操作温度下固定液要有足够的化学稳定性,这对高温(200℃ 以上)色谱柱尤为重要。有些固定液在高温下会变质,并有结构上的变化。

(4)对所要分离的组分要有高选择性,即对两个沸点相同或相近,但属于不同类型的异构体有尽可能高的分离能力。

2)固定液的分类

在气—液色谱中使用的固定液已达 1 000 多种,通常按固定液的组成大体可分为非极性、中等极性、极性、氢键型 4 类,如表 4.5-2 所示。固定液也可按相对极性划分,假设角鲨烷的极性为零,β,β'-氧二丙腈的极性为 100,把固定液按相对极性划分,以每 20 个极性单位为一级,可分为 0、+1、+2、+3、+4、+5 六个等级,按 0~+5 顺序极性不断增加。

相对极性在 0~+1 间的为非极性固定液;+2、+3 为中等极性固定液、+4、+5 为强极性固定液。

表 4.5－2 固定液的分类

	固定液	最高使用温度/℃	常用溶剂	相对极性	分析对象
非极性	十八烷	室温	乙醚	0	低沸点碳氢化合物
	角鲨烷	140	乙醚	0	C_8 以前碳氢化合物
	阿匹松(L. M. N)	300	苯,氯仿	+1	各类高沸点有机化合物
	硅橡胶	300	丁醇＋氯仿(1+1)	+1	各类高沸点有机化合物
中等极性	癸二酸二辛酯	120	甲醇、乙醚	+2	烃、醇、醛酮、酸酯各类有机物
	邻苯二甲酸二壬酯	130	甲醇、乙醚	+2	烃、醇、醛酮、酸酯各类有机物
	磷酸三苯酯	130	苯、氯仿、乙醚	+3	芳烃、酚类异构体、卤化物
	丁二酸乙二酸乙二醇酯	200	丙酮、氯仿	+4	
极性	苯乙腈	常温	甲醇	+4	卤代烃、芳烃和 $AgNO_3$ 一起分离烷烯烃
	二甲基甲酰胺	0	氯仿	+4	低沸点碳氢化合物
	有机皂土－34	200	甲苯	+4	芳烃、特别对二甲苯异构体有高选择性
	β,β'－氧二丙腈	<100	甲醇、丙酮	+5	分离低级烃、芳烃、含氧有机物
氢键型	甘油	70	甲醇、乙醇	+4	醇和芳烃,对水有强滞留作用
	季戊四醇	150	氯仿＋丁醇(1+1)	+4	醇、酯、芳烃
	聚乙二醇 400	100	乙醇、氯仿	+4	极性化合物:醇、酯、醛、腈、芳烃
	聚乙二醇 20M	250	乙醇、氯仿	+4	极性化合物:醇、酯、醛、腈、芳烃

3)固定液的选择

在选择固定液时,针对不同的分析对象和分析要求,可按以下原则考虑。

(1)根据"相似性原则",被分离的组分为非极性物质时,应选用非极性固定液,组分流出色谱柱的先后次序,一般符合沸点规律,即低沸点的先流出,高沸点的后流出。若被分离的组分为极性物质,应选用极性固定液,被分离组分流出色谱柱的先后次序,一般符合极性规律,即极性弱的先流出,极性强的后流出。若被分离的物质含有极性和非极性组分,在使用非极性固定液时,极性组分比非极性组分先流出。

(2)对能形成氢键的物质,如醇、酸、醚、醛、酮、酯、酚、胺、腈和水的分离,一般选用极性或氢键型固定液,流出顺序取决于组分与固定液分子间形成氢键能力的大小。不易形成氢键的先流出,易形成氢键的后流出。

(3)被分析的物质与固定液发生某种特殊作用,被选择性地分离。当被分析的物质组成复杂时,常常使用混合固定液,它是由两种性质不同的以适当比例混合而成的固定液组成,此时可将固定液的极性、氢键结合能力或特殊作用性能调节到我们所要求的范围内,使其对给定混合物的分离既有比较满意的选择性,又不致使分析时间拖得很长。

例如,在分子中含有不饱和双键的极性和氢键型固定液(如苯乙腈、乙二醇、甘油、四氢化萘等)中,加入一定量的硝酸银,由于阴离子可与烯烃中不饱和键生成络合物,与炔烃生成不挥发的乙炔化合物,因此可保留烯烃、炔烃,而烷烃就先流出。这种银离子不饱和键化合物在 65℃ 以上迅速分解,因此不能在较高温度下使用。当分离 C_4 烃类时,常采用苯乙腈－$AgNO_3$ 混合固定液,可完成正、异丁烯的分离任务。

4)气－液色谱柱的制备

色谱柱分离效能的高低,不仅与选择的固定液和载体有关,而且与固定液的涂渍和色谱柱的填充情况有密切关系。气—液色谱填充柱的制备过程主要包括下面 3 个步骤。

(1)色谱柱的选择与清洗。在选定合适形状、长度的色谱柱后,需要对柱子进行试漏清洗。试漏的方法是将柱子一端堵住,全部浸入水中,另一端通入气体,在高于使用时操作压力下,不应有气泡冒出,否则应更换柱子。

柱子的清洗方法应根据柱子的材料来选择。若使用的不锈钢柱,可以用 $50 \sim 100 \text{ g} \cdot \text{L}^{-1}$ 的热 NaOH 水溶液抽洗 4 到 5 次,以除去管内壁的油渍和污物,然后用自来水冲洗至中性,烘干后备用。若使用的是玻璃柱,可注入洗涤剂浸泡洗涤两次,然后用自来水冲洗至呈中性,再用蒸馏水洗两次,在 110℃ 烘箱内烘干后使用。对于铜柱,则需要使用 $w(\text{HCl})=10\%$ 的盐酸溶液浸泡,抽洗,直至抽吸液中没有铜锈或其他浮杂物为止,再用自来水冲洗至呈中性,烘干备用。对经常使用的柱管,在更换固定相时,只要倒出原来装填的固定相,用水清洗后,再用丙酮、乙醚等有机溶剂冲洗 $2 \sim 3$ 次,然后烘干,即可重新装填新的固定相。

(2)色谱柱的涂渍。一根好的色谱柱不仅与选择的固定液和载体合适与否有关,而且与固定液能否在载体表面上分布,呈一层均匀液膜及固定相的填充情况有关。

为了在载体表面上得到一层薄而均匀的液膜,根据配比需要先称取一定量的固定液,再溶解在一适当的有机溶剂(能溶解固定液且不与固定液发生反应,沸点低,易挥发)中,溶剂用量应能把载体全部覆盖并有多余。固定液在有机溶剂中,加入一定量经预处理的载体,轻轻搅拌,用红外灯照射(或用水浴),使溶剂挥发,溶剂全部挥发后即涂渍完毕。应注意,在涂渍过程中不可为求快用烘箱烘烤,若溶剂挥发过快,则固定液不易涂渍均匀,也不宜用玻璃棒猛烈搅拌,以免损坏载体。

对在溶剂中溶解较差的高沸点固定液,如氟橡胶、硬脂酸盐类可用回流法,使固定液在溶剂中完全溶解后,再加入载体,继续回流 $1.5 \sim 2.0 \text{ h}$,然后取下让溶剂挥发。涂渍完毕后可在 $60 \sim 80℃$ 烘箱中,将涂渍了固定液的载体干燥,准备装柱。

(3)色谱柱的填装。将已处理好的色谱柱一端塞好玻璃棉并接真空泵,另一端接一漏斗,将固定相(固体吸附剂或已涂渍固定液的载体)倒入漏斗中,边抽气,边轻轻敲打(或用振荡器机械振动),使固定相均匀地装紧在色谱柱中,否则会影响分离效果。当填装 GDX 固定相时,由于有静电效应,高分子多孔小球易粘成小块不好填充,此时可用少量丙酮润湿纱布擦拭漏斗,使填充可顺利进行。填满后将柱接漏斗一端填充好玻璃棉,用带丝扣螺帽安装在色谱仪上。为获得好的分离效果并提高柱效,应注意将色谱柱原接真空泵的一端与检测器相连,而另一端接至汽化室。

(4)色谱柱的老化。在色谱仪上安装好欲使用的色谱柱,接通载气试漏以后,就可升高柱温进行老化。老化的目的,一是彻底除去残余的溶剂和挥发性杂质,再是促使固定液均匀、牢固地分布在载体表面上。老化的方法由固定液的性质而定,老化时柱温应略高于操作时使用的柱温,但不能超过固定液的最高使用温度,用较低的载气流速,让载气冲洗色谱柱,并烘烤老化几到十几小时。老化时,色谱柱连检测器的一端可断开,以防止检测器被沾污。老化好的标志是接通记录仪后,基线走得平直。

4.5.3 柱温和汽化室温度的选择

4.5.3.1 柱温的选择

柱温是气相色谱重要的操作条件,柱温改变,对柱效率、分离度、选择性以及柱子的稳定性都有所影响。

柱温低有利于分配,有利于组分的分离,但温度过低,被测组分可能在柱中冷凝或者传质阻力增加,使色谱峰扩张,甚至拖尾。柱温高有利于传质,但柱温过高时,分配系数变小,不利于分离。一般通过实验选择最佳柱温,要使物质既完全分离,又不使峰形扩展、拖尾。

当固定相选定后,并不等于选择能力就确定了。柱温对选择性也有影响,通常降低柱温能提高选择性,但会增加保留时间,延长了分析时间,往往降低了柱效率,因此选择柱温时要兼顾选择性和柱效率。柱温高会加快分析速度,但降低了选择性。

当被分析组分的沸点范围很宽时,用同一柱温往往造成低沸点组分分离不好,而高沸点组分峰形扁平,若采用程序升温的办法,就能使高沸点及低沸点组分都能获得满意结果。

4.5.3.2 汽化室温度的选择

合适的汽化室温度既能保证样品全部组分瞬间完全汽化,又不引起样品分解。一般汽化室温度比柱温高 $30\sim50$℃。温度过低,汽化速度慢,使样品峰过宽,温度过高则产生裂解峰,而使样品分解。温度是否合适可通过实验检查:如果温度过高,出峰数目变化,重复进样时很难重现;温度太低则峰形不规则;若温度合适则峰形正常,峰数不变,并能多次重复。

4.5.4 进样量与进样技术

4.5.4.1 进样量

在进行气相色谱分析时,进样量要适当。若进样量过大,所得到的色谱峰峰形不对称程度增加,峰变宽,分离度变小,保留值发生变化,峰高、峰面积与进样量不成线性关系,无法定量。若进样量过小,又会因检测器灵敏度不够,不能检出。色谱柱最大允许进样量可以通过实验测定。方法是:其他实验条件不变,仅逐渐加大进样量,直至所出的峰的半峰宽变宽或保留值改变时,此进样量就是最大允许进样量。对于内径 3～4 mm、柱长 2 m、固定液用量为 15%～20% 的色谱柱,液体进样量为 0.1～10 μL;检测器为 FID 时进样量应小于 1 μL。

4.5.4.2 进样技术

进样时,要求速度快,这样可以使样品在汽化室汽化后随载气以浓缩状态进入柱内,而不被载气所稀释,因而峰的原始宽度就窄,有利于分离。反之,若进样缓慢,样品汽化后被载气稀释,使峰形变宽,并且不对称,既不利于分离也不利于定量。此外,进样时应固定进针深度及位置,针头切勿碰到汽化室内壁。图 4.5-2 为正确的进样姿势。

图 4.5-2 微量进样器进样姿势

1—微量注射器;2—进样口

4.6 气相色谱法应用实训

实训项目 乙醇中水含量的测定

实训说明:

色谱峰面积或峰高与被测组分的含量成正比,那么,在一定的实验条件下,在固定进样的基础上,采用外标法(标准曲线法),对乙醇中的水可进行定量分析。

实训任务目标:

1. 知识目标

① 气相色谱仪的构造;

② 利用外标法进行定量分析;

③ 理解气相色谱分离的基本原理;

④ 理解色谱操作条件的选择。

2. 技能目标:

① SP-6801T 气相色谱仪的正确使用;

② 正确记录数据;并利用数据进行相关计算。

3. 素质目标:

① 实训开始前,按要求清点仪器,并做好实训准备工作;

② 实训过程保持实 训台整洁干净；

③ 按实训要求准确记录实训过程，完成实训报告；

④ 实训结束后，认真清洗仪器，清点实训仪器并恢复实训台；

⑤ 全班完成实训任务后，恢复实训室卫生。

4.6.1　SP－6801T 气相色谱仪的使用

4.6.1.1　实训技能列表

（1）SP－6801T 气相色谱仪的正确使用操作。

（2）微量进样器的进样操作。

4.6.1.2　仪器设备

SP－6801T 气相色谱仪。

4.6.1.3　实训步骤

1. 通载气，观察柱前压是否在 0.12—0.16MPa 之间，在热导放空处测量载气流速。

2. 打开电源开关，设定柱室（OV）温度为 120℃、汽化室（IJ）温度为 180℃、热导池（DT）温度为 180℃。

3. 选择桥电流（CU）为 80mA，衰减（AT）为 0.01。

4. 待恒温后（恒温灯亮），打开电脑，打开在线工作站，选择通道 2，用仪器面板上的 TCD 调零电位器（粗、细调）将基线调制 5mV，待基线稳定后进行分析。

5. 用微量注射器取样，注入样品，立即按色谱数据采集的促发钮，即开始动记录色谱图。采样结束命名保存色谱图。

6. 分析工作结束后，调低各路设定温度，使柱温箱、汽化室、检测器温度下降，待柱箱温度低于 50℃即可关闭仪器电源。

7. 关闭载气钢瓶上的总阀。清理仪器室的进样针、样品等物品，结束操作。

4.6.2　气相色谱法定量分析乙醇中水含量

4.6.2.1　实训技能列表

（1）标准系列正确配制。

（2）SP－6801T 气相色谱仪的正确使用操作。

（3）工作站的熟练使用。

（4）利用数据进行相关计算，得到正确的分析结果。

4.6.2.2　仪器设备

（1）SP－6801T 气相色谱仪。

（2）微量进样器 5？11 支。

（3）容量瓶 10ml 5 支。

4.6.2.3　试剂

1. 乙醇标准液（分析纯无水乙醇）。

2. 乙醇样品液。

4.6.2.4　实训步骤

1. 配制标准系列。

用分析纯的无水乙醇分别配制 75％、80％、85％、90％、95％乙醇水溶液 10ml，作为标准系列。

2. 分别准确吸取 2.0?l 标准系列溶液及样品液，进样，平行测三次，取面积或峰高的平均值。

3. 绘制标准曲线。

从曲线上查出 Ax 或 hx 所对应的含量 Cx,Cx 即为样品液含量。

思　考　题

一、填空题

1. 按流动相的物态分类，色谱法可分为（　　　　）色谱法和（　　　　）色谱法。

2. 色谱图是指（　　　　）通过检测器系统时所产生的（　　　　）对（　　　）或（　　　　）的曲线图。

3. 一种组分的色谱峰，（　　　　）可用于定性分析，（　　　　）或（　　　　）可用于定量分析。

4. 在一定的温度下，组分在两相之间的分配达到平衡时的浓度比称为（　　　）。

5. 气—固色谱的固定相是（　　　　），气—液色谱的固定相是（　　　　）。

6. 气—固色谱中，各组分的分离原理是组分在吸附剂上的（　　　）和（　　　）能力不同；而在气—液色谱中，各组分的分离原理是组分在固定液中的（　　　）和（　　　）能力不同。

7. 气相色谱谱图中，与组分含量成正比的是（　　　　）和（　　　　）。

8. 在气—液色谱中，首先流出色谱柱的组分是挥发性（　　　）（大/小）的，溶解度（　　　）（大/小）的。

9. 色谱峰越窄，表明理论塔板数越（　　　　），理论塔板高度越（　　　　），柱效越（　　　）。

10. 气化室的温度过低，则（　　　　），温度过高，则（　　　　）。

11. 涡流扩散与（　　　　）和（　　　　）有关。

12. 分子扩散又称（　　　　），与（　　　　）及（　　　　）有关。

13. 常见的气相色谱仪是由（　　　）、（　　　）、（　　　）、（　　　）、（　　　）和（　　　）6 部分组成的。

14. 气相色谱仪的进样系统包括（　　　　）和（　　　　）。

15. 气相色谱仪分离系统主要由（　　　　）和（　　　　）组成，其中

（　　　　）是核心，主要作用是将多组分样品分离为单一组分样品。

16. 数据处理系统最基本的功能是（　　　　　）。

17. 在气相色谱测定中，温度直接影响色谱柱的分离效能、检测器的（　　　　　）和（　　　　　）。

18. 气相色谱仪每次关机前都应将柱温降到（　　　　　）以下，再关电源和载气。

19. 利用化学反应将固定液键合到载体表面而获得的固定相称为化学键合固定相。大致可分为（　　　　　）、（　　　　　）和（　　　　　）3 个类型。

20. 选择载气时，首先应考虑（　　　　　）。

21. 按组成固定液大体可分为（　　　　　）、（　　　　　）、（　　　　　）、（　　　　　）4 类。

二、问答题

1. 简述气相色谱法的特点和应用范围。

2. 简述气相色谱的分析流程。

3. 简述气—固色谱和气—液色谱的分离原理。

4. 什么是保留时间和调整保留时间？什么是死时间？

5. 组分 P 和 Q 在某色谱柱上的分配系数分别是 490 和 460，哪一组分先流出色谱柱？

6. 简述塔板理论的 4 个基本假设。

7. 影响涡流扩散的因素有哪些？它们是怎样影响理论板高的？

8. 塔板理论和速率理论的要点是什么？

9. 气相色谱检测器的作用是什么？

10. 简述六通阀进样器的工作原理。

11. 如何选择汽化室的温度？

12. 简述氢火焰离子化检测器的日常维护应注意哪些方面？

13. 选择载体应有哪些要求？

14. 简述热导池检测器的工作原理和影响灵敏度的主要因素有哪些？

15. 简述电子捕获检测器的工作原理和操作条件。

16. 选择内标物的条件是什么？

17. 应用归一化法定量应满足什么条件？

18. 简述如何选择最佳载气流速。

19. 高分子多孔小球作为气—固色谱的固定相有哪些优点？

三、名词解释

1. 保留时间　　　2. 调整保留时间　3. 分配系数　　　4. 理论塔板高度

5. 有效理论塔板数　6. 分子扩散相　　7. 检测器的灵敏度　8. 检测器的线性范围

四、选择题

1. 测定有机溶剂中微量的水应用（　　　）检测器，测定啤酒中微量硫化物应用

（　　）检测器。

  A. TCD   B. FID   C. ECD   D. FPD

  2. 所谓检测器的线性范围是指（　　）。

  A. 检测曲线呈直线部分的范围

  B. 检测器响应呈直线时,最大的和最小的进样量之比

  C. 检测器响应呈直线时,最大的和最小的进样量之差

  D. 最大允许进样量与最小检测量之比

  3. 使用热导检测器时,为使检测器有较高的灵敏度,应选用的载气是（　　）。

  A. N_2 B. H_2 C. Ar   D. $N_2 － H_2$ 混合气

  4. 影响热导检测器灵敏度的主要因素是（　　）。

  A. 载气的性质   B. 热导池的结构

  C. 热导池池体的温度   D. 桥电流

  5. 评价气相色谱检测器的性能指标有（　　）。

  A. 基线噪声与漂移   B. 灵敏度与检测限

  C. 检测器的线性范围   D. 检测器体积的大小

  6. 既可以用来调节载气流量,也可用来控制燃气和空气流量的是（　　）。

  A. 减压阀   B. 稳压阀   C. 针形阀   D. 稳流阀

  7. 气相色谱的定性参数有（　　）。

  A. 保留值   B. 相对保留值   C. 保留指数   D. 峰高或峰面积

  8. 气相色谱的定量参数有（　　）。

  A. 保留值   B. 相对保留值   C. 保留指数   D. 峰高或峰面积

  9. 如果样品比较复杂,相邻两峰间距离太近或操作条件不易控制稳定,要准确测量保留值有一定困难时,可采用（　　）。

  A. 相对保留值进行定性   B. 加入已知物以增加峰高的办法进行定性

  C. 文献保留值数据进行定性   D. 利用选择性检测器进行定性

  10. 适合于强极性物质和腐蚀性气体分析的载体是（　　）。

  A. 红色硅藻土载体   B. 白色硅藻土载体

  C. 玻璃微球   D. 氟载体

五、计算题

  1. 已知某组分峰的底宽为 40 s,保留时间为 400 s。计算:

  (1)此色谱柱的理论塔板数是多少? (2)若柱长为 1.00 m,求此理论塔板高度。

  2. 某色谱峰峰底宽为 50 s,它的保留时间为 50 min,在此情况下,该柱子有多少块理论塔板?

  3. 在一定条件下分析只含有二氯乙烷、二溴乙烷和四乙基铅的样品。得到如下数据:

组分	二氯乙烷	二溴乙烷	四乙基铅
峰面积 A	1.50	1.01	2.82
f_i	1.00	1.65	1.75

试计算各组分的质量分数。

4. 用内标法测定燕麦敌含量。称取 8.12 g 试样,加入内标物正十八烷 1.88 g,测得样品峰面积 $A_i = 68.00$ cm^2,已知燕麦敌对内标物的相对校正因子 $f'_{i/s} = 2.40$。求燕麦敌的质量分数。

5. 某试样中含有甲酸、乙酸、丙酸、水及苯等物质。称取试样 1.055 g,以环己酮作为内标物,称取 0.1907 g 环己酮加到试样中,混匀后吸取此试液 3 μL 进样,从色谱图上测量各组分的峰面积如下表所示:

组分	甲酸	乙酸	环己酮	丙酸
峰面积 A_i	14.8	72.6	133	42.4
相对响应值 S'	0.261	0.562	1.00	0.938

求试样中甲酸、乙酸、丙酸的质量分数。

5

高效液相色谱法

气相色谱是一种良好的分离分析技术,对于占全部有机物约 20％的有较低沸点且加热不易分解的样品具有良好的分离分析能力。而有机物中约 80％的物质却是沸点高、相对分子质量大或受热易分解的有机化合物、生物活性物质以及多种天然产物,如何对这些物质进行分离分析呢? 实践证明,用液体流动相替代气体流动相,可达到分离分析的目的,对应的色谱分析方法就称之为液相色谱法。液相色谱经由经典液相色谱到高效液相色谱,目前已应用于分析低分子量低沸点样品,高沸点、中分子、高分子有机化合物(包括非极性、极性),离子型无机化合物,具有热不稳定性、生物活性的生物分子。该方法具有广阔的应用前景。

5.1 概述

1906 年俄国植物学家 Tswett 首次发明使用液相色谱以分离植物色素,但柱效极低;20 世纪 30 年代以后,相继出现了纸色谱、离子交换色谱和薄层色谱等液相色谱技术。1952 年 Martin 等学者提出的气液分配色谱较完整的理论,使色谱技术推进了一大步。20 世纪 60 年代中后期,出现配备了高效分离柱、高压输液泵和高灵敏度检测器的近代高效液相色谱仪,同时比较成熟的气相色谱理论与技术逐渐应用于经典液相色谱,使经典液相色谱得到了迅速发展。填料制备技术的发展、化学键合型固定相的出现、柱填充技术的进步以及高压输液泵的研制,使液相色谱实现高速化、高效化,产生了具有现代意义的高效液相色谱。

5.1.1 高效液相色谱的主要类型

以液体作流动相的色谱统称为液相色谱。广义地讲,除柱色谱外,薄层色谱(液固色谱)和纸色谱(液液色谱)也属于液相色谱,这里只讨论狭义的液相色谱,即柱色谱。按照分离机理,柱色谱法可分为液—固吸附色谱、液—液分配色谱、键合相色谱、凝胶色谱、离子交换色谱等。

5.1.1.1　液—固吸附色谱

1. 分离原理

液—固色谱是利用固体吸附剂对各组分吸附能力的差异进行混合物分离的。固定相是固体吸附剂,它们是一些多孔性的极性微粒物质,如氧化铝、硅胶等。当混合物随流动相通过固定相时,由于固定相吸附剂对流动相及混合物中各组分的吸附能力不同,故组分分子和流动相分子对吸附剂表面活性中心发生吸附竞争。与吸附剂结构和性质相似的组分易被吸附,呈现了高保留值;反之,与吸附剂结构和性质差异较大的组分不易被吸附,呈现了低保留值。

2. 固定相

液—固色谱固定相可分为极性和非极性两大类。极性固定相主要有硅胶(酸性)、氧化镁和硅酸镁分子筛(碱性)等;非极性固定相有高强度多孔微粒活性炭和近年来开始使用的 $5\sim10~\mu m$ 的多孔石墨化炭黑,以及高交联度苯乙烯—二乙烯基苯共聚物的单分散多孔微粒($5\sim10~\mu m$)与碳多孔小球等,其中应用最广泛的是极性固定相硅胶。

实际工作中,应根据分析样品的特点及分析仪器来选择合适的吸附剂,选择时考虑的因素主要有吸附剂的形状、粒度、比表面积等。

3. 流动相

在液—固色谱分析中,除了固定相对样品的分离起主要作用外,选择合适的流动相(也称做洗脱液)对改善分离效果也会起到重要的辅助作用。

在液—固色谱中,选择流动相的基本原则是:极性大的试样用极性较强的流动相;极性小的则用低极性流动相。

流动相的极性强度可用溶剂强度参数 ε^0 表示。ε^0 是指每单位面积吸附剂表面的溶剂的吸附能力,ε^0 越大,表明流动相的极性也越大。表 5.1－1 列出了以氧化铝为吸附剂时,一些常用流动相洗脱强度的次序。

实际工作中,应根据流动相的洗脱序列,通过实验,选择合适强度的流动相。若样品各组分的分配比 k 值差异较大,可采用梯度洗脱(即间断或连续地改变流动相组成或其他操作条件,从而改变色谱洗脱能力的过程)。

表 5.1－1　氧化铝上的洗脱序列

溶剂	ε^0	溶剂	ε^0	溶剂	ε^0
正戊烷	0.00	氯仿	0.40	乙腈	0.65
异戊烷	0.01	二氯甲烷	0.42	二甲亚砜	0.75
环己烷	0.04	二氯乙烷	0.44	异丙醇	0.82
四氯化碳	0.18	四氢呋喃	0.45	甲醇	0.95
甲苯	0.29	丙醇	0.56		

4. 应用

液—固色谱是以表面吸附性能为依据的,所以它常用于分离极性不同的化合物,但也能分离那些具有相同极性基团,数量不同的样品。此外,液—固色谱还适用于分离异构体,这主要是因为异构体具有不同的空间排列方式,因此吸附剂对它们的吸附能力有所不同,从而得到了分离。

5.1.1.2　液—液分配色谱

1. 分离原理

在液—液分配色谱中,一个液相作为流动相,另一个液相(即固定液)则分散在很细的惰性载体或硅胶上作为固定相。作为固定相的液相与流动相互不相溶,二者之间存在一个界面。固定液对被分离组分是一种很好的溶剂,当被分析的样品进入色谱柱后,各组分按照它们各自的分配系数,很快地在固定液和流动相之间达到分配平衡。与气液色谱一样,这种分配平衡的总结果导致各组分迁移速度的不同,从而实现了分离。很明显,分配色谱法的基本原理与液—液萃取相同,都遵循分配定律。

依据固定相和流动相相对极性的不同,液—液分配色谱法可分为:①正相分配色谱法,固定相的极性大于流动相的极性;②反相分配色谱法,固定相的极性小于流动相的极性。

在正相分配色谱法中,固体载体上涂布的是极性固定液,流动相是非极性溶剂。它可用来分离极性较强的水溶性样品,洗脱顺序与液—固色谱法在极性吸附剂上的洗脱结果相似,即非极性组分先洗脱出来,极性组分后洗脱出来。

在反相分配色谱法中,固体载体上涂布极性较弱或非极性的固定液,而用极性较强的溶剂作流动相。它可用来分离油溶性样品,其洗脱顺序与正相液—液色谱相反,即极性组分先被洗脱,非极性组分后被洗脱。

2. 固定相

分配色谱固定相由惰性载体和涂渍在惰性载体上的固定液两部分组成。在分配色谱法中常用的固定液如表 5.1—2 所示。

在分配色谱中使用的惰性载体(也叫担体),主要是一些固体吸附剂,如全多孔球性或无定型微粒硅胶、全多孔氧化铝等。

液—液分配色谱中固定液的涂渍方法与气液色谱中固定液的涂渍方法基本一致。

表 5.1—2　分配色谱法使用的固定液

正相分配色谱法的固定液		反相分配色谱法的固定液
β,β'—氧二丙腈	乙二醇	甲基硅酮
1,2,3—三(2—氰乙氧基)丙烷	乙二胺	氰丙基硅酮
聚乙二醇 400,600	二甲基亚砜	聚烯烃
冰乙醇	二甲基甲酰胺	正庚烷

3. 流动相

在液—液分配色谱中,对于流动相,除了一般的要求外,还要求流动相应尽可能不与固定液互溶。

在正相分配色谱中,使用的流动相类似于液—固色谱中使用极性吸附剂时应用的流动相。此时流动相主体为己烷、庚烷,可加入<20%的极性改进剂,如1-氯丁烷、异丙醚、二氯甲烷、四氢呋喃、氯仿、乙酸乙酯、乙醇、乙腈等。

在反相分配色谱柱中,使用的流动相类似于液—固色谱中使用非极性吸附剂时应用的流动相。此时流动相的主体为水,可加入一定量的改进剂,如二甲基亚砜、乙二醇、乙腈、甲醇、丙醇、对二氧六环、乙醇、四氢呋喃、异丙醇等。

4. 应用

液—液分配色谱法既能分离极性化合物,又能分离非极性化合物,如烷烃、烯烃、芳烃、稠环、染料、淄族等化合物。由于不同极性键合固定相的出现,分离的选择性可得到很好的控制。

5.1.1.3 键合相色谱

为解决分配色谱法存在的固定液流失问题,将各种不同的有机官能团通过化学反应共价键合到硅胶(载体)上,生成化学键合固定相,进而发展成键合相色谱法。键合固定相非常稳定,在使用中不易流失。由于可将各种极性的官能团键合到载体表面,因此它适用于各种样品的分离分析。目前键合固定相色谱法已逐渐取代分配色谱法,获得了日益广泛的应用,在高效液相色谱法中占有极其重要的地位。

根据键合固定相与流动相相对极性的强弱,可将键合相色谱法分为正相键合相色谱法和反相键合相色谱法。在正相键合相色谱法中,键合固定相的极性大于流动相的极性,适用于分离油溶性或水溶性的极性与强极性化合物。在反相键合相色谱法中,键合固定相的极性小于流动相的极性,适用于分离非极性、极性或离子型化合物,其应用范围比正相键合相色谱法广泛得多。

1. 分离原理

键合相色谱法中的固定相特性和分离机理与分配色谱法都存在差异,所以一般不宜将化学键合相色谱法统称为液—液分配色谱法。

(1)正相键合相色谱的分离原理。正相键合相色谱使用的是极性键合固定相(以极性有机基团,如胺基(—NH$_2$)、腈基(—CN)、醚基(—O—)等键合在硅胶表面制成的),溶质在此类固定相上的分离机理属于分配色谱。

(2)反相键合相色谱的分离原理。反相键合相色谱的固定相是以极性较小的有机基团,如苯基、烷基等键合在硅胶表面制成的。其分离机理可用疏溶剂作用理论来解释:键合在硅胶表面的非极性或弱极性基团具有较强的疏水特性,当用极性溶剂作为流动相来分离有机化合物时,溶质分子中的非极性部分与固定相的疏水基团产生缔合作用,使它保留在固定相中;同时溶质分子中的极性部分受极性流动相的作用,使它离开固定相,减少其保留时间。显然,键合固定相对每一种溶质分子缔合和解缔能力之差,决定了溶质分子的保留值。

2. 固定相

一般使用全多孔或薄壳型微粒硅胶用于键合固定相制备的基体。这种硅胶具有机械强度好、表面硅羟基反应活性高、表面积和孔结构易于控制的特点。

键合固定相是将不同的有机官能团通过化学反应共价键合到硅胶(载体)上制成的,根据形成的化学共价键类型可将键合固定相分为以下几类。

1)形成 —Si—O—C— 键

利用硅胶表面的酸性,与醇类发生酯化反应,在硅胶表面形成单分子层的硅酸酯。此类固定相传质特性良好、柱效较高;但用水、醇作流动相时,Si—O—C 键易断裂。一般只适合用极性弱的有机溶剂作流动相,用于分离极性化合物,其应用受到了限制。

2)形成 —Si—C— 或 —Si—N< 键

这两类键合相中的 Si—C 键和 Si—N 键要比 Si—O—C 键稳定,其耐热、抗水解能力优于硅酸酯类固定相。

3)形成 —Si—O—Si—C— 键

当硅胶表面的硅羟基与氯代硅烷或烷氧基硅烷进行硅烷化反应时,就生成此类键合固定相。这是制备化学键合固定相最主要的方法。

3. 流动相

在键合相色谱中使用的流动相类似于液-固吸附色谱、液-液分配色谱中的流动相。

1)正相键合相色谱的流动相

正相键合相色谱中采用和正相液-液分配色谱相似的流动相,主体成分为己烷(或庚烷)。为改善分离的选择性,常加入的优选溶剂为质子接受体乙醚或甲基叔丁基醚、质子给予体氯仿、偶极溶剂二氧甲烷等。

2)反相键合相色谱的流动相

反相键合相色谱中采用和反相液-液分配色谱相似的流动相,流动相的主体成分为水。为改善分离的选择性,常加入的优选溶剂为质子接受体甲醇、质子给予体乙腈和偶极溶剂四氢呋喃等。

实际使用中,一般采用甲醇-水体系已能满足多数样品的分离要求。由于甲醇的毒性比乙腈小 5 倍,且价格便宜 6~7 倍,因此,甲醇作为流动相在反相键合相色谱中应用广泛。

在反相键合相色谱中也经常采用乙醇、丙醇及二氯甲烷等作为流动相,其洗脱强度的强弱顺序依次为:水(最弱)<甲醇<乙腈<乙醇<四氢呋喃<丙醇<二氯甲烷

（最强）。

虽然实际上采用适当比例的二元混合溶剂就可以适应不同类型的样品分析,但有时为了获得最佳分离,也可以采用三元甚至四元混合溶剂作为流动相。

5.1.1.4 凝胶色谱法

凝胶色谱法又称分子排阻色谱法,它是按分子尺寸大小顺序进行分离的一种色谱方法。凝胶色谱法的固定相凝胶是一种多孔性的聚合材料,有一定的形状和稳定性。当被分离的混合物随流动相通过凝胶色谱柱时,尺寸大的组分不发生渗透作用,沿凝胶颗粒间孔隙随流动相流动,流程短,流动速度快,先流出色谱柱;尺寸小的组分则渗入凝胶颗粒内,流程长,流动速度慢,后流出色谱柱。

根据所用流动相的不同,凝胶色谱法可分为两类,即用水溶剂作流动相的凝胶过滤色谱法(GFC)与用有机溶剂如四氢呋喃作流动相的凝胶渗透色谱法(GPC)。

凝胶色谱法主要用来分析高分子物质的相对分子质量分布,以此来鉴定高分子聚合物。由于聚合物的相对分子量及其分布与性能有着密切关系,因此凝胶色谱的结果可用于研究聚合机理,选择聚合工艺及条件,并考虑聚合材料在加工和使用过程中相对分子质量的变化等。在未知物的剖析中,凝胶色谱作为一种预分离手段,再配合其他分离方法,能有效地解决各种复杂的分离问题。

5.1.2 高效液相色谱法的主要特点

高效液相色谱(HPLC)法还可称为高压液相色谱法、高速液相色谱法、高分离度液相色谱法或现代液相色谱法,与经典液相色谱法和气相色谱法相比有独到之处。

5.1.2.1 与经典液相(柱)色谱法比较

经典液相色谱法的与高效液相色谱法的比较如表 5.1-3 所示。

表 5.1-3 高效液相色谱法与经典液相色谱法的比较

项 目		方 法	
		高效液相色谱法	经典液相色谱法
色谱柱	柱长/cm	10~25	10~200
	柱内径/mm	2~10	10~50
固定相粒度	粒径/μm	5~50	75~600
	微孔/目	2 500~300	200~30
色谱柱入口压力/MPa		2~20	0.001~0.1
色谱柱柱效/(理论塔板数/m)		2×10^2~5×10^4	2~50
进样量/g		10^{-6}~10^{-2}	1~10
分析时间/h		0.05~1.0	1~20

5.1.2.2 与气相色谱法比较

高效液相色谱法与气相色谱法有许多相似之处。气相色谱法具有选择性高、分离效率高、灵敏度高、分析速度快的特点,但它仅适于分析蒸汽压低、沸点低的样品,不适用于分析高沸点有机物、高分子和热稳定性差的化合物以及生物活性物质,因而其应用受到限制。两种方法的比较可见表 5.1－4 所示。

表 5.1－4　高效液相色谱法与气相色谱法的比较

项　　目	方　　法	
	高效液相色谱法	经典液相色谱法
进样方式	样品制成溶液	样品需加热气化或裂解
流动相	(1)液体流动相可为离子型、极性、弱极性、非极性溶液,可与被分析样品相互作用,并能改善分离的选择性 (2)液体流动相动力黏度为 10^{-3} Pa·s,输送流动相压力高达 2～20 MPa	(1)气体流动相为惰性气体,不与被分析的样品发生相互作用 (2)气体流动相动力黏度为 10^{-5} Pa·s,输送流动相压力仅为 0.1～0.5 MPa
固定相	(1)分离原理:可依据吸附、分配、筛析、离子交换、亲和等多种原理进行样品分离,可供选用的固定相种类繁多 (2)色谱柱:固定相粒度为 5～10 μm;填充柱内径为 3～6 mm,柱长 10～25 cm,柱效为 10^3～10^4;毛细管柱内径为 0.01～0.03 mm,柱长 5～10 m,柱效为 10^4～10^5;柱温为常温	(1)分离原理:依据吸附、分配两种原理进行样品分离,可供选用的固定种类较多 (2)色谱柱:固定相粒度为 0.1～0.5 mm;填充柱内径为 1～4 mm,柱效为 10^2～10^3;毛细管内径为 0.1～0.3 mm,柱长 10～100 m,柱效为 10^3～10^4;柱温为常温～300℃
检测器	选择性检测器:UVD,PDAD,FD,ECD 通用型检测器:ELSD,RID	通用型检测器:TCD,FID(有机物) 选择性检测器:ECD,FPD,NPD
应用范围	可分析低分子量低沸点样品;高沸点、中分子、高分子有机化合物(包括非极性、极性);离子型无机、化合物;热不稳定,具有生物活性的生物分子	可分析低分子量、低沸点有机化合物;永久性气体;配合程序升温可分析高沸点有机化合物;配合裂解技术可分析高聚物
仪器组成	溶质在液相的扩散系数(10^{-5} cm²·s^{-1})很小,因此在色谱柱以外的死空间应尽量小,以减小柱外效应对分离效果的影响	溶质在气相的扩散系数(0.1 cm²·s^{-1})大,柱外效应的影响较小,对毛细管气相色谱应尽量减小柱外效应对分离效果的影响

注:UVD 为紫外吸收检测器;PDAD 为二极管阵列检测器;FD 为荧光检测器;ECD 为电化学检测器;RID 为折光指数检测器;ELSD 为蒸发激光散射检测器;TCD 为热导池检测器;FID 为氢火焰离子化检测器;ECD 为电子捕获检测器;FPD 为火焰光度检测器;NPD 为氮磷检测器。

5.1.2.3　高效液相色谱法的特点

(1)分离效能高。由于新型高效微粒固定相填料的使用,液相色谱填充柱的柱效可达 5×10^3～3×10^4 块/m 理论塔板数,远远高于气相色谱填充柱 10^3 块/m 理论塔板数的柱效。

(2)选择性高。由于液相色谱柱具有高效能,并且流动相可以控制和改善分离过程的选择性。因此,高效液相色谱法不仅可以分析不同类型的有机化合物及其同分

异构体,还可分析在性质上极为相似的旋光异构体,并已在高疗效的合成药物和生化
药物的生产控制分析中发挥了重要作用。

(3)检测灵敏度高。在高效液相色谱法中使用的检测器大多数都具有较高的灵
敏度,如被广泛使用的紫外吸收检测器,最小检出量可达 10^{-9} g;用于痕量分析的荧
光检测器,最小检测量可达 10^{-12} g。

(4)分析速度快。由于高压输液泵的使用,相对于经典液相色谱,其分析时间大
大缩短,当输液压力增加时,流动相流速会加快,完成一个样品的分析时间仅需几分
钟到几十分钟。

高效液相色谱法除具有以上特点外,它的应用范围也日益扩展。由于它使用了
非破坏性检测器,样品被分析后,在大多数情况下,可除去流动相,实现对少量珍贵样
品的回收,亦可用于样品的纯化制备。

5.1.3　高效液相色谱法的应用范围和局限性

5.1.3.1　应用范围

高效液相色谱法适用于分析高沸点、不易挥发的,受热不稳定、易分解的,分子量
大、不同极性的有机化合物;生物活性物质和多种天然产物;合成的和天然的高分子
有机化合物等。它们涉及石油化工产品、食品、合成药物、生物化工产品及环境污染
物等,约占全部有机化合物的 80%。其余 20% 的有机化合物,包括永久性气体,易挥
发、低沸点及中等分子量的化合物,只能用气相色谱法进行分析。依据样品分子量和
极性推荐各种 HPLC 分离方法的应用范围如图 5.1-1 所示。

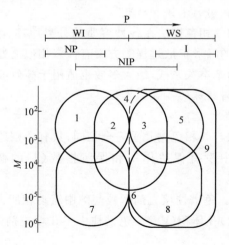

图 5.1-1　依据样品分子量和极性推荐各种 HPLC 分离方法的应用范围

M—分子量;P—极性;WI—水不溶;WS—水溶;NP—非极性;NIP—非离子型极性;I—离子型
1—吸附色谱法;2—正相分配色谱法;3—反相分配色谱法;4—键合相色谱法;
5—离子色谱法;6—体积排阻色谱法;7—凝胶渗透色谱法;8—凝胶过滤色谱法;9—亲和色谱法

5.1.3.2 局限性

高效液相色谱法虽具有应用范围广的优点,但也有下述局限性。

(1)在高效液相色谱法中,使用多种溶剂作为流动相,当进行分析时所需成本高于气相色谱法,且易引起环境污染,当进行梯度洗脱操作时,比气相色谱法的程序升温操作复杂。

(2)缺少如气相色谱法中使用的通用型检测器(如热导检测器和氢火焰离子化检测器)。

(3)高效液相色谱法不能代替气相色谱法,去完成要求柱效高达10万块理论塔板数以上的检测,所以必须用毛细管气相色谱法分析组成复杂的具有多种沸程的石油产品。

(4)高效液相色谱法也不能代替中、低压柱色谱法,在200 kPa至1 MPa柱压下去分析受压易分解、变性的具有生物活性的生化样品。

综上所述可知,高效液相色谱法也和任何一种常用的分析方法一样,都不可能十全十美,作为使用者在掌握了高效液相色谱法的特点,使用范围和局限性的前提下 ,充分利用高效液相色谱法的特点 ,就可在解决实际分析任务中发挥重要的作用。

5.2 高效液相色谱基本理论

5.2.1 高效液相色谱法中常用术语和参数

5.2.1.1 与气相色谱相同的术语和参数

高效液相色谱法和气相色谱法在各种溶质的分离原理、溶质在固定相中的保留规律、溶质在色谱柱中的峰形扩散过程等方面有许多相似之处,在气相色谱法中应用的表达色谱分离过程的基本关系式,绝大多数也适用于高效液相色谱法。

5.2.1.2 高效液相色谱特殊的参数和术语

1. 色谱图和保留值

其表示方法和参数与气相色谱几乎完全相同,只有个别地方的表示略有差别。

在高效液相色谱中没有保留体积和保留指数(I)的概念,而有一些独有的参数。

(1)粒间体积(V_o)。色谱柱填充剂颗粒间隙中流动相所占有的体积。

(2)(多孔填充剂的)孔体积(V_P)。色谱柱中多孔填充剂的所有孔洞中流动相所占有的体积。

(3)柱外体积(V_{ext})。从进样系统到检测器之间色谱柱以外的液路部分中流动相所占有的体积。

(4)液体总体积(V_{tot})。粒间体积、孔体积和柱外体积之和。

$$V_{tot} = V_o + V_P + V_{ext}$$

(5)淋洗体积(V_e)。从进样开始计算的通过色谱柱的实际淋洗体积。

(6)流体力学体积(V_h)。每摩尔的高分子化合物在溶液中运动时所占的体积,与高分子化合物的相对分子质量和特性黏度的乘积成正比。

2. 同柱效能有关的参数

(1)折合板高(h_r)。折合成固定相单位粒径的理论板高。

(2)折合流动相速度(V_r)。

5.2.2 速率理论

当样品以柱塞状或点状注入液相色谱柱后,在液体流动相驱动下实现各个组分的分离,并引起色谱峰形的扩展,此过程与气液色谱的分离过程相似。但液体流动相与气体流动相在影响谱带扩展的性质上有明显差别,如表5.2-1所示。

表5.2-1 液体和气体流动相的差别

流动相	液体	气体
(1)扩散系数 $D/(cm^2/s)$	10^{-5}	10^{-1}
(2)密度 $\rho/(g/mL)$	1	10^{-3}
(3)黏度 $\eta/(mPa \cdot s)$	1	10^{-2}
(4)雷诺数 Re	100	10

注:雷诺数 Re 是流体在管道内,内摩擦流动的一项重要指标。$Re = \nu \cdot d \cdot \rho/\eta$,其中:$\nu$—介质线速;$d$—管道内径;$\rho$—介质密度;$\eta$—介质黏度。层流:$Re < 2\,320$,湍流:$Re > 2\,320$。

从表5.2-1中可以看出液体的扩展系数比气体约小 10^4 倍,液体的黏度比气体约大100倍,密度比气体约大1 000倍。此外在气相色谱法中流动相与固定相之间的相互作用可以忽略不计,而在液相色谱法中它们之间的相互作用却不能忽略。

在高效液相色谱分析中,溶质在色谱柱中的谱带扩展是由涡流扩散、分子扩散和传质阻力3方面的因素决定的。由于液体流动相的黏度和密度都大大高于气体流动相,而其扩散系数又远远小于气体流动相,因此由分子扩散引起的峰形扩展较小,可以忽略。此外由于使用了全多孔微粒固定相,不仅存在固定相和流动相的传质阻力,还存在滞留在固定相孔穴中的滞留流动相的传质阻力。因此在高效液相色谱分析中,上述诸因素提供对理论塔板高度的贡献可表示为:

$$H = \underset{\substack{\text{涡流} \\ \text{扩散项}}}{\underline{H_E}} + \underset{\substack{\text{分子} \\ \text{扩散项}}}{\underline{H_L}} + \underset{\substack{\text{固定相} \\ \text{传质阻} \\ \text{力项}}}{\underline{H_S}} + \underset{\substack{\text{移动流动} \\ \text{相传质阻} \\ \text{力项}}}{\underline{H_{MM}}} + \underset{\substack{\text{滞留流动} \\ \text{相传质阻} \\ \text{力项}}}{\underline{H_{SM}}}$$

5.2.2.1 影响色谱峰形扩展的各种因素

1. 涡流扩散项 H_E

当样品注入由全多孔微粒固定相填充的色谱柱后,在液体流动相驱动下,样品分子不可能沿直线运动,而是不断改变方向,形成紊乱似涡流的曲线运动。由于样品分子在不同流路中受到的阻力不同,而使其在柱中的运行速度有快有慢,从而使到达柱出口的时间不同,导致峰形的扩展。它与液体流动相的性质、线速度、样品的性质、固定相的性质无关,仅与固定相的粒度和柱填充的均匀程度有关。涡流扩散引起的色谱峰形扩展如图 5.2－1 所示。

2. 分子扩散相 H_L

当样品以塞状(或点状)进样注入色谱柱后,沿色谱柱的轴向,即流动相向前移动的方向,会逐渐产生浓差扩散,也可称作纵向扩散,而引起色谱峰形的扩展,如图 5.2－2所示。

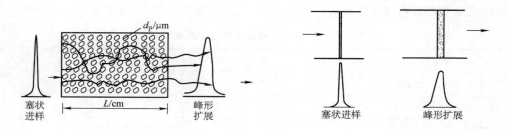

图 5.2－1　涡流扩散项引起的峰形扩展　　**图 5.2－2　分子扩散项引起的峰形扩展**

样品在色谱柱中滞留的时间愈长,色谱谱带的分子扩散也愈严重。由于溶质在液体流动相中的扩散系数的数值很小,因此 H_L 项对总板高的贡献也很小,在大多数情况下,可假设 $H_L \approx 0$,此点也是在高效液相色谱分析中,当注入样品呈现点状进样时,存在无限直径效应的根本原因。

3. 固定相的传质阻力项 H_S

溶质分子从液体流动相转移进入固定相和从固定相移出重新进入液体流动相的过程,会引起色谱峰形的明显扩展,如图 5.2－3 所示。

在流动相中溶质分子的迁移速度依赖于它在液—液色谱的液相固定液中的溶解和扩散,或依赖于它在液—固色谱的固相(吸附剂)上的吸附和解吸。液—液色谱中溶解进入固定液层深处的溶质分子,其扩散离开固定液时,已落在另一些已随载液向前运行的大部分溶质分子之后。对于液—固色谱,当溶质分子被吸附在吸附剂的活性作用点上时,它再从表面解吸会有较大的阻力,当它最后解吸时必然会落在已随载液向前运行的大部分溶质分子之后。在上述过程中载液的流速总是大于溶质样品谱带的平均迁移速度。当载体上涂布的固定液液膜愈薄(薄壳型)、载体无吸附效应或吸附剂固相表面具有均匀的物理吸附作用时,都可减少谱带扩展。

4. 移动流动相传质阻力项 H_{MM}

在固定相颗粒间移动的流动相,对处于不同层流的流动相分子具有不同的流速,溶质分子在紧挨颗粒边缘的流动相层流中的移动速度要比在中心层流中的移动速度慢,因而引起峰形扩展。与此同时,有些溶质分子也会从移动快的层流向移动慢的层流扩散(径向扩散),这会使不同层流中的溶质分子的移动速度趋于一致而减少峰形扩展,如图5.2—4所示。

5. 滞留流动相的传质阻力项 H_{SM}

当柱中装填无定形或球性全多孔微粒固定相时,颗粒内部孔洞充满了滞留流动相,溶质分子在滞留流动相的扩散会产生传质阻力。仅扩散到孔洞中滞留流动相表层的溶质分子,其仅需移动很短的距离,就能很快地返回到颗粒间流动相的主流路;而扩散到孔洞中滞留流动相较深处的溶质分子,就会消耗更多的时间停留在孔洞中,当其返回到主流路时必然伴随谱带的扩展,如图5.2—5所示。

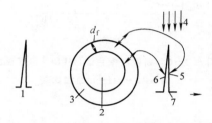

图 5.2—3　固定相的传质阻力引起的
色谱峰形的扩展

1—进样后起始峰形;2—载体;
3—固定液(液膜厚度为 d_f);4—液体流动相;
5—溶解在固定液表面质分子到达峰的前沿;
6—溶解在固定液内部溶质分子到达峰的后尾;
7—样品移出色谱柱的峰形

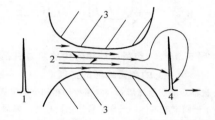

图 5.2—4　移动流动相的传质阻力引起
的色谱峰形的扩展

1—进样后的起始峰形;2—移动流动相在固定
相颗粒间构成的层流;3—固定相基体;
4—样品移出色谱柱时的峰形

5.2.2.2　范第姆特方程式的表达及图示

速率理论是从动力学观点出发,依据基本的实验事实研究各种色谱操作条件(液体流动相的性质及流速、固定相基本的粒径、固定液的液膜厚度、色谱柱填充的均匀程度、固定相的总孔率等)对理论塔板高度的影响,从而解释在色谱柱中色谱峰形扩展的原因,前述影响色谱峰形扩展的各种因素,可用范第姆特方程式表达。

在高效液相色谱中,对液液分配色谱,其范第姆特方程式的简化表达为:

$$H = A + \frac{B}{u} + Cu$$

将 H 对 u 作图,也可绘出和气相色谱相似的曲线,但与气相色谱的 $H—u$ 曲线具有明显的不同点,见图5.2—6所示。

在高效液相色谱中,由于使用了全多孔微粒固定相,以及溶质在液体流动相的扩散系数很小,使其在 $H—u$ 曲线的最低点,远远低于气相色谱,此最低点对应的最低理论塔板高度 H_{min} 和最佳线速 U_{opt} 可按下式计算:

$$H_{min} = A + 2\sqrt{B \cdot C}$$

$$u_{opt} = \sqrt{\frac{B}{C}}$$

由图 5.2－6 可以看出以下事实。

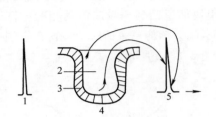

图 5.2－5　滞留流动相的传质阻力引起
的色谱峰形的扩展

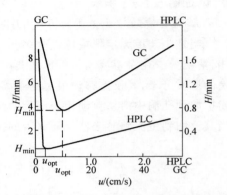

图 5.2－6　高效液相色谱(HPLC)和气相色
谱(GC)的 $H-u$ 曲线比较

1—进样后的起始峰形；2—滞留流动相；3—固定液膜；

4—固定相基体；5—样品移出色谱柱时的峰形

(1)当 $u < u_{opt}$ 时,分子扩散项 $\dfrac{B}{u}$ 对板高起主要作用,涡流扩散项 A 对板高起次要作用。即液体流动相线速愈小,理论塔板高度 H 增加愈快,柱效愈低。

(2)当 $u > u_{opt}$ 时,传质阻力项 Cu 对板高起主要作用,涡流扩散项 A 对板高的贡献也不可忽略。即随液体流动相线速增大,板高 H 也增大,使柱效下降,但其变化十分缓慢。

(3)当 $u = u_{opt}$ 时,分子扩散项对板高的贡献可以忽略,主要是涡流扩散项和较小的传质阻力项提供对板高的贡献。

由低的 H_{min} 值可看出 HPLC 色谱柱要比 GC 的填充柱具有更高的柱效。由低的 u_{opt} 值可看出 $H-u$ 曲线具有平稳的斜率,表明采用高的液体流动相流速时,色谱柱效无明显损失,这也为 HPLC 的快速分离奠定了基础。

5.3　高效液相色谱仪

高效液相色谱仪可分为分析型和制备型,虽然它们的性能各异、应用范围不同,但其基本组成是相似的,对分析型商品仪器可有以下两种组合方式。

(1)完全紧凑的整体系统。其死体积小,灵敏度高,实现高效液相色谱仪总体实用的特点。

(2)独立部件的组合系统。其灵活性高,可根据不同的分析目的,组装成不同的联接方式。

现在用微处理机控制的高效液相色谱仪,其自动化程度,既能控制仪器的操作参数(如溶剂梯度洗脱、流动相流量、柱温、自动化进样、洗脱液收集、检测器功能等),又能对获得的色谱图进行收缩、放大、叠加,以及对保留数据和峰高、峰面积进行处理等,为色谱分析工作者提供了高效率、功能全面的分析工具,图 5.3－1 为高效液相色谱仪的组成示意图。

高效液相色谱仪的工作流程为:高压输液泵将贮液器中的流动相以稳定的流速(或压力)输送至分析体系,在色谱柱之前通过进样器将样品导入,流动相将样品依次带入预柱、色谱柱,在色谱柱中各组分被分离,并依次随流动相流至检测器,检测到的信号送至工作站记录、处理和保存。

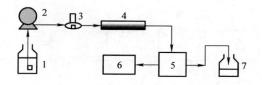

图 5.3－1　高效液相色谱仪的流程
1—流动相容器;2—高压输液泵;3—进样器;4—色谱柱;
5—检测器;6—工作站;7—废液瓶

5.3.1　仪器基本构造

5.3.1.1　高压输液系统

高压输液系统一般包括贮液器、高压输液泵、过滤器、梯度洗脱装置等。

1. 贮液器

贮液器的材料应耐腐蚀,可为玻璃、不锈钢、聚四氟乙烯或特种塑料聚醚醚酮(PEEK),容积一般为 0.5～2 L 为宜。对凝胶色谱仪、制备型仪器,其容积应更大些。贮液罐放置位置要高于泵体,以便保持一定的输液静压差。使用过程贮液罐应密闭,以防溶剂蒸发引起流动相组成的变化,还可防止空气中 O_2、CO_2 重新溶解于已脱气的流动相中。

所有溶剂在放入贮液罐之前必须经过 0.45 μm 滤膜过滤,除去溶剂中的机械杂质,以防输液管道或进样阀产生阻塞现象。溶剂过滤常使用 G_4 微孔玻璃漏斗,可除去 3～4 μm 以下的固态杂质。对输出流动相的连接管路,其插入贮液罐的一端,通常连有孔径为 0.45 μm 的多孔不锈钢过滤器或由玻璃制成的专用膜过滤器。

流动相在使用前必须脱气。因为色谱柱是带压力操作的,而检测器是在常压下工作。若流动相中所含有的空气不除去,则流动相通过柱子时其中的气泡受到压力而压缩,流出柱子后到检测器时因常压而将气泡释放出来,造成检测器噪声增大,使基线不稳,仪器不能正常工作,这在梯度洗脱时尤其突出。此外,溶解在流动相中的氧气,会造成荧光猝灭,影响荧光检测器的检测,还会导致样品中某些组分被氧化或会使柱中固定相发生降解而改变柱的分离性能。

2. 高压输液泵

高压输液泵是高效液相色谱仪的关键部件,其作用是将流动相以稳定的流速或压力输送到色谱分离系统。对于带有在线脱气装置的色谱仪,流动相先经过脱气装置后输送到色谱柱。

高压输液泵一般可分为恒压泵和恒流泵两大类。

1)恒流泵

恒流泵在一定操作条件下可输出恒定体积流量的流动相。目前常用的恒流泵有往复型和注射型泵。

(1)注射型泵。

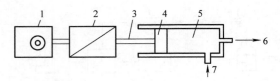

图 5.3－2　注射型泵工作原理
1—步进电机;2—变速齿轮箱;3—螺杆;4—活塞;
5—载液;6—至色谱柱;7—用单向阀封闭的载液入口

工作原理:它利用步进电动机经齿轮螺杆传动、带动活塞以缓慢恒定的速度移动,使载液在高压下以恒定流量输出。当活塞达到每个输出冲程末端时,暂时停止输出流动相,然后以极快速度进入吸入冲程,再次将流动相由单向阀封闭的载液入口吸入泵中,再重新进入输出冲程的运行。如此往复交替运行。

(2)往复型泵。

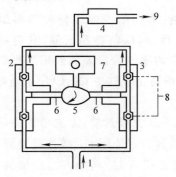

图 5.3－3　双泵头往复式柱塞泵
1—流动相入口;2,3—带有单向阀的泵头;4—脉冲缓冲器;
5—偏心轮;6—活塞;7—电动机;8—单向阀;9—至进样口

工作原理:双柱塞往复型并联泵,通常由电动机带动凸轮(或偏心轮)转动,再用凸轮驱动一活塞杆往复运动,通过单向阀的开启和关闭,定期将贮存在液缸里的液体以高压连续输出。当改变电动机转速时,通过调节活塞冲程的频率,就可调节输出液体的流量,如图 5.3－3 所示。

膈膜型往复泵的工作原理与柱塞式往复泵相似,只是流动相接触的不是活塞,而是具有弹性的不锈钢或聚四氟乙烯膈膜。此膈膜经液压驱动脉冲式地排出或吸入流动相。膈膜式往复泵的优点是可避免流动相被污染。

至今柱塞式往复泵在高效液相色谱仪中应用仍然最为广泛,也是最重要的高压输液泵。

2）恒压泵

恒压泵又称气动放大泵，是输出恒定压力的泵。当系统阻力不变时可保持恒定流量。在高效液相色谱仪发展初期，恒压泵使用较多，随往复式恒流泵的广泛使用，恒压泵现已不再使用。

3. 过滤器

在高压输液泵的进口和它的出口与进样阀之间，应设置过滤器。高压输液泵的活塞和进样阀阀芯的机械加工精密度非常高，微小的机械杂质进入流动相，会导致上述部件的损坏；同时机械杂质在柱头的积累，会造成柱压力升高，使色谱柱不能正常工作。因此，管道过滤器的安装十分必要。

常见的溶剂过滤器和管道过滤器的结构，见图 5.3－4 所示。

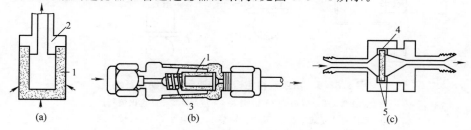

图 5.3－4 过滤器

(a)溶剂过滤器；(b)、(c)管道过滤器

1—过滤芯；2—连接管接头；3—弹簧；4—过滤片；5—密封垫

过滤器的滤芯是用不锈钢烧结材料制造的，孔径为 $2\sim3~\mu m$，耐有机溶剂的侵蚀。若发现过滤器堵塞（发生流量减小的现象），可将其浸入稀 HNO_3 溶液中，在超声波清洗器中用超声波振荡 $10\sim15~min$，即可将堵塞的固体杂质洗出。若清洗后仍不能达到要求，则应更换滤芯。

4. 梯度洗脱装置

在进行多组分的复杂样品分离时，经常会碰到一些问题，如前面的一些组分分离不完全，而后面的一些组分分离度太大，且出峰很晚和峰型较差。为了使保留值相差很大的多种组分在合理的时间内全部洗脱并达到相互分离，往往要用到梯度洗脱技术。

梯度洗脱是使流动相中含有两种或两种以上不同极性的溶剂，在洗脱过程中连续或间断改变流动相的组成，以调节它的极性，使每个流出的组分都有合适的容量因子 k'，并使样品中的所有组分可在最短的分析时间内，以适用的分离度获得圆满的选择性分离。梯度洗脱技术可以提高柱效、缩短分析时间，并可改善检测器的灵敏度。当样品中的第一个组分的 k' 值和最后的一个峰的 k' 值相差几十倍至上百倍时，使用梯度洗脱的效果就特别好。此技术相似于气相色谱中使用的程序升温技术，现已在高效液相色谱法中获得广泛应用，它可以低压梯度和高压梯度两种方式进行操作。

（1）低压梯度（外梯度）。在常压下将两种溶剂（或多种溶剂）输送至混合器中混合，然后用高压输液泵将流动相输入到色谱柱中。此法的主要优点是仅需使用一个高压输液泵。

HP1100 高效液相色谱仪采用一台双柱塞往复式串联泵和一个高速比例阀构成的四元低压梯度系统,如图 5.3—5 所示。

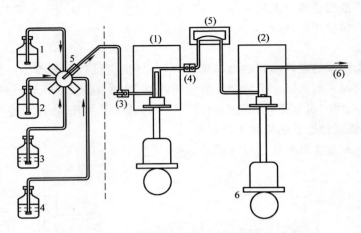

图 5.3—5　高效液相色谱仪的四元低压梯度系统

1—溶剂 1;2—溶剂 2;3—溶剂 3;4—溶剂 4;5—高速比例阀;
6—双柱塞往复式串联泵,其中:(1)泵 1;(2)泵 2;(3)入口单向阀;
(4)出口单向阀;(5)阻尼器;(6)至色谱柱

(2)高压梯度(内梯度)。目前,大多数高效液相色谱仪皆配有高压梯度装置,它是用两台高压输液泵将强度不同的两种溶剂 A、B 输入混合室,进行混合后再进入色谱柱。两种溶剂进入混合室的比例可由溶剂程序控制器或计算机来调节。它的主要优点是两台高压输液泵的流量皆可独立控制,可获得任何形式的梯度程序,且易于实现自动化。

在高压梯度装置中每种溶剂是由泵分别输送的,进入混合器后,溶剂的可压缩性和溶剂混合时热力学体积的变化,可能影响输入到色谱柱中的流动相的组成。

在梯度洗脱中为保证流速稳定必须使用恒流泵,否则很难获得重复性结果。

5.3.1.2　进样器

进样器是将样品溶液准确送入色谱柱的装置,要求密封性好,死体积小,重复性好,进样引起色谱分离系统的压力和流量波动要很小。常用的进样器有以下两种。

1. 六通阀进样器

现在的液相色谱仪所采用的手动进样器几乎都是耐高压、重复性好和操作方便的阀进样器。六通阀进样器是最常见的,其原理与气相色谱中的气体样品的六通阀进样完全相似,进样体积由定量管确定,常规高效液相色谱仪通常使用的是 $10~\mu L$ 和 $20~\mu L$ 体积的定量管。

六通阀进样器的结构如图 5.3—6 所示。

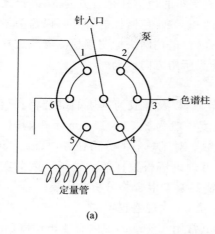
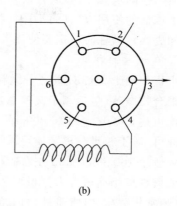

针入口

泵

色谱柱

定量管

(a)

(b)

图 5.3－6　高压六通阀进样

(a)取样；(b)进样

　　操作时先将阀柄置于图(a)所示的采样位置(Load)，这时进样口只与定量管接通，处于常压状态。用平头微量注射器(体积应约为定量管体积的 4～5 倍)注入样品溶液，样品停留在定量管中，多余的样品溶液从 6 处溢出。将进样器阀柄顺时转动60°至图(b)所示的进样位置(inject)时，流动相与定量管接通，样品被流动相带到色谱柱中进行分离分析。

　　2. 自动进样器

　　自动进样器是由计算机自动控制定量阀，按预先编制的注射样品操作程序进行工作。取样、进样、复位、样品管路清洗和样品盘的转动，全部按预定程序自动进行，一次可进行几十个或上百个样品的分析，图 5.3－7 为自动进样器的装置图。

　　自动进样器的进样量可连续调节，进样重复性高，适合于大量样品的分析，可实现自动化操作，节省人力，但一次性投资高。

图 5.3－7　自动进样器

5.3.1.3　色谱柱

　　色谱是一种分离分析手段，担负分离作用的色谱柱是色谱仪的心脏，柱效高、选择性好、分析速度快是对色谱柱的要求。

　　1. 色谱柱的结构

　　色谱柱管为内部抛光的不锈钢柱管或塑料柱管，通过柱两端的接头与其他部件(如前连进样器，后接检测器)连接。通过螺帽将柱管和柱接头牢固地连成一体。在色谱柱的两端还需各放置一块多孔不锈钢材料烧结而成的过滤片，出口端的过滤片起挡住填料的作用，入口端的过滤片既可防止填料倒出，又可保护填充床在进样时不被损坏。

色谱柱在装填料之前没有方向性,但填充完毕的色谱柱是有方向的,即流动相的方向应与柱的填充方向(装柱时填充液的流向)一致。色谱柱的管外都以箭头显著地标示了该柱的使用方向(而不像气相色谱那样,色谱柱两头标明接检测器或进样器),安装和更换色谱柱时一定要使流动相能按箭头所指方向流动。

2. 色谱柱的种类

市售的用于 HPLC 的各种微粒填料如硅胶,以及硅胶为基质的键合相、氧化铝、有机聚合物微球(包括离子交换树脂),其粒度一般为 3、5、7、10 μm 不等,其柱效的理论值可达 5 000/m 到 16 000/m 理论塔板数。对于一般的分析任务,只需要 500 塔板数即可,对于较难分离物质可采用高达 2 万理论塔板数柱效的柱子。因此实际过程中一般用 100~300 mm 左右的柱长就能满足复杂混合物分析的需要。

色谱柱按用途可分为分析型和制备型两类,尺寸规格也不同。

(1)常规分析柱(常量柱),内径 2~5 mm(常用 4.6 mm,国内有 4 mm 和 5 mm),柱长 10~30 cm。

(2)窄径柱,又称细管径柱、半微柱,内径 1~2 mm,柱长 10~20 cm。

(3)毛细管柱(又称微柱),内径 0.2~0.5 mm。

(4)半制备柱,内径>5 mm。

(5)实验室制备柱,内径 20~40 mm,柱长 10~30 cm。

(6)生产制备柱内径可达几十厘米。柱内径一般是根据柱长、填料粒径和折合流速来确定,目的是为了避免管壁效应。

3. 色谱柱的评价

确定一支色谱柱的好坏要对包括柱长、柱内径、填充载体的种类、粒度、柱效等在内的指标进行评价。评价液相色谱柱的仪器系统应满足相当高的要求,色谱仪器系统的死体积应尽可能小;采用的样品及操作条件应当合理;评价色谱柱的样品可以完全分离并有适当的保留时间。表 5.3-1 列出了评价各种液相色谱柱的样品及操作条件。

表 5.3-1   评价各种液相色谱柱的样品及操作条件

柱	样品	流动相(体积比)	进样量/μg	检测器
烷基键合相柱(C_{18},C_8)	苯、萘、联苯、菲	甲醇一水(83/17)	10	UV254 nm
苯基键合相柱	苯、萘、联苯、菲	甲醇一水(57/43)	10	UV254 nm
氰基键合相柱	三苯甲醇、苯乙醇、苯甲醇	正庚烷一异丙醇(93/7)	10	UV254 nm
氨基键合相柱(极性固定相)	苯、萘、联苯、菲	正庚烷一异丙醇(93/7)	10	UV254 nm
氨基键合相柱(弱阴离子交换剂)	核糖、鼠李糖、木糖、果糖、葡萄糖	水一乙氰(98.5/1.5)	10	示差折光指数检测器
SO_3H 键合相柱(强阳离子交换剂)	阿斯匹林、咖啡因、非那西汀	0.05 mol·L^{-1}甲酸胺-乙醇(90/10)	10	UV254 nm
R_4NCl 键合相柱(强阴离子交换柱)	尿苷、胞苷、脱氧胸腺苷、腺苷、脱氧腺苷	0.1 mol·L^{-1}硼酸盐溶液(加 KCl)(pH9.2)	10	UV254 nm
硅胶柱	苯、萘、联苯、菲	正己烷	10	UV254 nm

5.3.1.4 检测器

检测器是高效液相色谱仪中 3 大关键部件(高压输液泵、色谱柱、检测器)之一,主要用于检测经色谱柱分离后的组分浓度的变化,并由记录仪绘出谱图来进行定性、定量分析。一个理想的液相色谱检测器应具备的特征有:灵敏度高;对所有的溶质都有快速响应;响应对流动相流量和温度变化都不敏感;不引起柱外谱带扩展;线性范围宽;适用范围广。

高效液相色谱常用的检测器为紫外吸收检测器(UVD)、折光指数检测器(RID)、电导检测器(ECD)、荧光检测器(FD)和蒸发光散射检测器(ELSD)。

1. 检测器的性能指标

检测器的性能指标见表 5.3－2。

表 5.3－2　检测器性能指标

性能指标	可变波长紫外吸收	折光指数(示差折光)	荧光	电导
测量参数	吸光度	折光指数	荧光强度	电导率
池体积/μL	$1\sim10$	$3\sim10$	$3\sim20$	$1\sim3$
类型	选择性	通用型	选择性	选择性
线型范围	10^5	10^4	10^3	10^4
最小检出浓度/(g/mL)	10^{-10}	10^{-7}	10^{-11}	10^{-3}
最小检出量	≈1 ng	≈1 μg	≈1 pg	≈1 mg
噪声(测量参数)	10^{-4}	10^{-7}	10^{-3}	10^{-3}
用于梯度洗脱	可以	不可以	可以	不可以
对流量敏感性	不敏感	敏感	不敏感	敏感
对温度敏感性	低	$10^{-4}℃$	低	$2\%/℃$

2. 常见的几种检测器

1)紫外吸收检测器

紫外吸收检测器是高效液相色谱仪中使用最广泛的一种检测器,它分为固定波长、可变波长和二极管阵列检测 3 种类型,分别介绍如下。

(1)固定波长紫外吸收检测器。由低压汞灯提供固定波长 $\lambda=254$ nm 的紫外光,其结构如图 5.3－8 所示。由低压汞灯发出的紫外光经入射石英棱镜准直、再经遮光板分为一对平行光束分别进入流通池的测量臂和参比臂。经流通池吸收后的出射光,经过遮光板、出射石英棱镜及紫外滤光片,只让 254 nm 的紫外光被双光电池接受。双光电池检测的光强度经对数放大器转化成吸光度后,经放大器输送至记录仪。

(2)可变波长紫外吸收检测器。其结构示意如图 5.3－9 所示。此检测器采用氘灯作光源,波长在 $190\sim600$ nm 范围内可连续调节。光源发出的光经聚光透镜聚焦,由可旋转组合滤光片滤去杂散光,再通过入口狭缝至平面反射镜 M_1,经反射到达光栅,光栅将光衍射色散成不同波长的单色光,当某一波长的单色光经平面反射镜

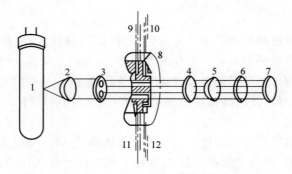

图 5.3－8　固定波长紫外检测器

1—低压汞灯；2—入射石英棱镜；3、4—遮光板；5—出射石英棱镜；6—滤光片；
7—双光电池；8—流通池；9、10—测量臂的入口和出口；11、12—参比臂的入口和出口

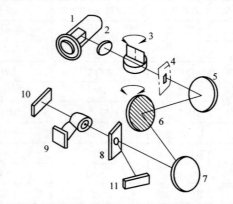

图 5.3－9　可变波长紫外吸收检测器结构示意

1—氘灯；2—聚光透镜；3—可旋转组合滤光片；4—入口狭缝；5—反射镜 M_1；6—光栅；
7—反射镜 M_2；8—光分束器；9—样品流通池；10—测量光电二极管；11—参比光电二极管

M_2 反射至光分束器时，透过光分束器的光透过样品流通池，最终到达检测样品的测量光电二极管；被光分束器反射的光到达检测基线波动的参比光电二极管；当获得测量和参比光电二极管的信号差时，该信号差即为样品的检测信息。这种可变波长紫外吸收检测器的设计，使它在某一时刻只能采集某一特定的单色波长的吸收信号。光栅的偏转可由预先编制的采集信号程序控制，以便于采集某一特定波长的吸收信号，并可使色谱分离过程洗脱出的每个组分峰都获得最灵敏的检测。

（3）光二极管阵列检测器。它是 20 世纪 80 年代发展起来的一种新型紫外吸收检测器，它与普通紫外吸收检测器的区别在于进入流通池的不再是单色光，获得的检测信号不是在单一波长上的，而是在全部紫外光波长上的色谱信号。因此它不仅可进行定量检测，还可提供组分光谱定性的信息，获得的谱图是具有三维空间的立体色谱光谱图，如图 5.3－10 所示。

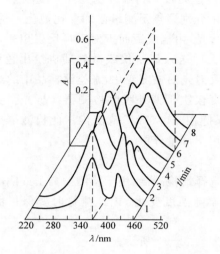

图 5.3-10 A-λ-t 三维色谱

2)折光指数检测器

折光指数检测器又称示差折光检测器,它是通过连续检测参比池和测量池的折射率之差来测定试样浓度的检测器。由于每种物质都具有与其他物质不相同的折射率,因此折光指数检测器是一种通用型检测器。

溶液的光折射率等于溶剂及其中所含各组分溶质的折射率与其各自的摩尔分数的乘积之和。原则上凡是与流动相光折射率有差别的样品都可用它来测定,其检测限可达$(10^{-6} \sim 10^{-7})$g/ml。

此类检测器一般不能用于梯度洗脱,因为它对流动相组成的任何变化都有明显的响应,会干扰被测样品的检测。

折光指数检测器按工作原理分为反射式、偏转式、干涉式和克里斯琴效应 4 种。偏转式池体积大(约为 10 μL),但可适用于各种溶剂折射率的测定。反射式池体积小(约 3 μL),应用较多,但当测定不同的折射率范围的样品时(通常折射率分为 1.31~1.44 和 1.40~1.60 两个区间),需要更换固定在三棱镜上的流通池。

反射式折光指数检测器依据菲涅耳反射原理,光路系统见图 5.3-11。

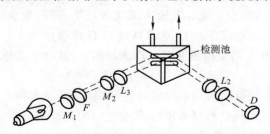

图 5.3-11 反射式折光指数检测器的光路

钨丝光源发出的光经遮光板 M_1，经外滤光片 F，遮光板 M_2 后，形成两束能量相同的平行光，再经透镜 L_1 分别聚焦至测量池和参比池上。透过空气－三棱镜界面、三棱镜－液体界面的平行光，由池底镜面折射后再反射出来，再经透镜 L_2 聚焦在双光电管 D 上。信号经放大后送入记录仪或微处理机绘出色谱图。此检测器就是通过测定经流动相折射后反射光的强度变化，来检测样品中的组分浓度。

此检测器的普及程度仅次于紫外吸收检测器。折光指数检测器对温度变化敏感，使用时温度变化要保持在 $\pm 0.001\,℃$ 范围内。此检测器对流动相流量变化也敏感，其灵敏度较低，不宜用于痕量分析。

3）电导检测器

电导检测器是一种选择性检测器，用于检测阳离子或阴离子，其在离子色谱中获得广泛应用。由于电导率随温度变化，因此测量时要保持恒温。它不适用于梯度洗脱。

电导检测器结构如图 5.3－12 所示。

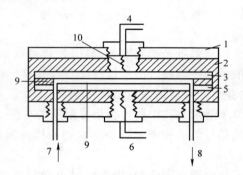

图 5.3－12 电导检测器结构示意

1—不锈钢压板；2—聚四氟乙烯绝缘层；3—玻璃碳正极；4—正极导线接头；
5—玻璃碳负极；6—负极导线接头；7—流动相入口；8—流动相出口；
9—中间有条型孔槽，可通过流动相的 0.05 mm 厚聚四氟乙烯薄膜；10—弹簧

电导检测器的主体是玻璃碳（或铂片）制成的导电正极和负极。两电极间距用 0.05 mm 厚的聚四氟乙烯薄膜分隔开。此薄膜中间开一长条形孔道作为流通池，仅有 $1\sim 3\ \mu L$ 的体积。正、负电极间仅相距 0.05 mm，当流动相中含有的离子通过流通池时，会引起电导率的改变。此二电极构成交流电桥的臂，电桥产生的不平衡信号，经放大、整流后输入记录仪。此检测器具有较高灵敏度，能检测电导率的差值为 $5\times 10^{-4}\ S/m^2$ 的组分。当使用缓冲溶液作流动相时，其检测灵敏度会下降。

4）荧光检测器

荧光检测器是利用某些溶质在受紫外光激发后，能发射可见光（荧光）的性质来进行检测的。它是一种具有高灵敏度和高选择性的检测器。对不产生荧光的物质，可使其与荧光试剂反应，制成可发生荧光的衍生物再进行测定。

图 5.3－13 是 HP1100 直角型荧光检测器的光路图，其激发光光路和荧光发射

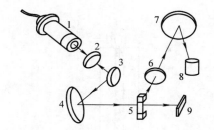

图 5.3—13　HP1100 荧光检测器光路

1—氙灯;2,6—透镜;3—反射镜;4—激发单色器;5—样品流通池;
7—发射单色器;8—光电倍增管;9—光二极管(UV 吸收检测)

光路相互垂直。激发光光源常用氙灯,可发射 250～600 nm 连续波长的强激发光。光源发出的光经透镜、激发单色器后,分离出具有确定波长的激发光,聚焦在流通池上,流通池中的溶质受激发后产生荧光。为避免激发光的干扰,只测量与激发光成 90°方向的荧光,此荧光强度与产生荧光物质的浓度成正比。此荧光通过透镜聚光,再经发射单色器,选择出所需检测的波长,聚焦在光电倍增管上,将光能转变成电信号,再经放大,送入微处理机。

荧光检测器的灵敏度比紫外吸收检测器高 100 倍,当要对痕量组分进行选择性检测时,它是一种有利的检测工具。但它的线性范围较窄,不宜作为一般的检测器使用,可用于梯度洗脱。测定中不能使用可熄灭、抑制或吸收荧光的溶剂作流动相。对不能直接产生荧光的物质,要使用色谱柱后衍生技术,操作比较复杂。此检测器现已在生物化工、临床医学检验、食品检验、环境监测中获得广泛应用。

5)蒸发激光散射检测器

在高效液相色谱分析中,人们一直希望能有一台像 FID 那样的通用型质量检测器,它能对各种物质发生响应,且响应因子基本一致,它的检测不依赖于样品分子中的官能团,且可用于梯度洗脱。目前最能接近满足这些要求的就是蒸发激光散射检测器,此检测器可用于梯度洗脱,且响应值仅与光束中溶质颗粒大小和数量有关,而与溶质的化学组成无关。图 5.3—14 为蒸发激光散射检测器工作原理示意图。

色谱柱后流出物在通向检测器途中,被高速载气(N_2)喷成雾状液滴。在受温度控制的蒸发漂移管中,流动相不断被蒸发,溶质形成不挥发的微小颗粒,被载气载带通过检测系统。检测系统由一个激发光源和一个光二极管检测器构成。在散射室中,光被散射的程度取决于散射室中溶质颗粒的大小和数量。粒子的数量取决于流动相的性质及喷雾气体和流动相的流速。当流动相和喷雾气体的流速恒定时,散射光的强度仅取决于溶质的浓度。

蒸发激光散射检测器与 RID 和 UVD 比较,它消除了溶剂的干扰和因温度变化引起的基线漂移,即使用梯度洗脱也不会产生基线漂移。它还具有喷雾器、漂移管易于清洗;死体积小;灵敏度高;喷雾气体消耗少等优点。

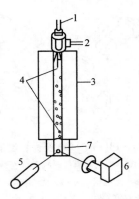

图 5.3—14 蒸发激光散射检测器工作原理示意

1—HPLC柱;2—喷雾气体;3—蒸发漂移管;4—样品液滴;

5—激光光源;6—光二极管检测器;7—散射室

5.3.1.5 色谱数据处理装置

高效液相色谱的分析结果除可用记录仪绘制色谱图外,现已广泛使用微处理机和色谱数据工作站来记录和处理色谱分析的数据。

1. 微处理机

微处理机是用于色谱分析数据处理的专用微型计算机,它可与气相色谱仪或高效液相色谱仪直接联接,构成一个比较完整的色谱分析系统。

一般微处理机包括一定容量的程序储存器、分析方法储存器、数据储存器和谱图记录仪或显示器,通过对色谱参数的逐个提问,来进行指令定时控制,如自动进样、流量变化、梯度洗脱(或程序升温)、组分收集、谱图储存等,可指导操作者输入相应的数据,可利用键盘给出指令和数据。通常利用功能键给出操作参数指令,利用数字键输入相关的数据。每次色谱分析结束,打印绘图片可当场绘出色谱图,同时标出每个色谱峰的名称、保留时间、峰高或峰面积,在计算峰面积时,可自动修正和优化色谱分析数据,如对基线进行校正、搭界色谱峰的分解等,并可利用已存储的分析方法计算程序,按操作者的要求(如内标法、外标法、归一化法等)自动打印分析结果。

2. 色谱工作站

20 世纪 80 年代末期至现在,由于个人用微型计算机的普遍推广及其价格的不断降低,作为微处理机换代产品的色谱工作站已有多种牌号的产品在国内市场出现。

色谱工作站多采用 16 位或 32 位高档微型计算机,如 HP1100 高效液相色谱仪配备的色谱工作站,CPU 为 PⅡ450,内存 64MB,3.0～6.4GB 的硬盘及打印机,其主要功能如下。

(1)自行诊断功能。它可对色谱仪的工作状态进行自行诊断,并能用模拟图形显示诊断结果,可帮助色谱工作者及时判断仪器故障并排除。

(2)全部操作参数控制。色谱仪的操作参数,如柱温、流动相流量、梯度洗脱程序、检测器灵敏度、最大吸收波长、自动进样器的操作程序、分析工作日程等,全部可以预先设定,并实现自动控制。

(3)智能化数据处理和谱图处理工作。它可由色谱分析获得色谱图,打印出各个色谱峰的保留时间、峰面积、峰高、半峰宽,并可按归一化法、内标法、外标法等进行数据处理,打印出分析结果。谱图处理功能包括谱图的放大、缩小,峰的合并、删除,多重峰叠加等。

5.3.2　常用高效液相色谱仪的日常维护

5.3.2.1　仪器的工作环境

(1)仪器运行环境温度要求在 4～40℃之间,温度波动小于±2℃/h(最好室内有空调设施)。

(2)房间内相对湿度应低于80%。

(3)避免将仪器放在太阳直射的地方,避免冷、热源对仪器产生直接影响,导致检测器基线漂移和噪声提高。

(4)避免恒流泵安装在能产生强磁场的仪器附近,若电源有噪声,需要安装噪声过滤器。

(5)使用易燃或有毒溶剂时,要保证室内有良好的通风;当使用易燃溶剂时,室内禁止明火。

(6)避免在有腐蚀性气体或大量灰尘的地方安装仪器,否则会影响仪器的正常运转,并且缩短仪器的使用寿命。

(7)仪器必须安装在平整、无振动的坚固台面上,宽度至少为 80 cm。

(8)色谱仪必须有良好的接地。

5.3.2.2　仪器的日常维护和使用

按适当的方法加强对仪器的日常保养与维护可适当延长仪器的使用寿命,同时也可保证仪器的正常使用。

1. 储液器

(1)完全由色谱纯溶剂组成的流动相不必过滤,其他溶剂在使用前必须用 0.45 μm 的滤膜过滤,以保持储液器的清洁。

(2)用普通溶剂瓶作流动相储液器时,应不定期废弃瓶子(如每月一次),买来的专用储液器也应定期用酸、水、溶剂清洗(最后一次清洗应选用色谱纯的水或有机溶剂)。

(3)过滤器使用 3～6 个月后出现阻塞现象时要及时更换新的,以保证仪器正常运行和溶剂的质量。

2. 输液泵

(1)每次使用之前应放空排除气泡,并使新流动相从放空阀流出 20 cm。

(2)更换流动相时一定要注意流动相之间的互溶性问题,如更换非互溶性流动相则应在更换前使用能与新旧流动相互溶的中介溶剂清洗输液泵。

（3）如用缓冲溶液作流动相或已有一段时间不使用泵,工作结束后应使用超纯水或去离子水洗去泵系统中的盐,然后用纯甲醇或乙氰冲洗。

（4）不要使用多日存放的蒸馏水及磷酸盐缓冲溶液,如果应用许可,可在溶剂中加入 $0.000\ 1\sim0.001\ mol/L$ 的叠氮化钠。

（5）溶剂的纯度或污染以及藻类的生长会堵塞溶剂过滤头,从而影响泵的运行,清洗溶剂过滤头具体方法是:取下过滤头→用硝酸溶液（1:4）超声清洗 15 min→用蒸馏水超声清洗 10 min→用洗耳球吹出过滤头中液体→用蒸馏水超声清洗 10 min→用洗耳球吹净过滤头中水分,按原位装上。

（6）仪器使用一定时间后,应用扳手卸下在线过滤器的压帽,取出其中的密封环和烧结不锈钢过滤片一同清洗,具体方法同上,清洗后按原位装上。

（7）使用缓冲溶液时,由于脱水或蒸发盐在柱塞杆后部形成晶体,泵运转时这些晶体会损坏密封圈和柱塞杆,因此,最好每天开机前和关机后都要用纯净水冲洗一次密封圈,保持清洗管内有水以防止形成晶体。

（8）如果泵长时间不用,必须用去离子水清洗泵头及单向阀,以防阀球被阀座"粘住",泵头吸不进流动相。

（9）柱塞和柱塞密封圈长期使用会发生磨损,应定期更换密封圈,同时检查柱塞表面有无损耗。

（10）实验室应常备密封圈、各式接头、保险丝等易耗部件和拆装工具。

3. 进样器

（1）样品瓶应清洗干净,其中应无可溶解的污染物。

（2）使用平头进样针进样。

（3）使用六通阀进样器时,当手柄处于 Load 和 Inject 之间时,为防止过高的压力引起柱头的损坏,应尽快转动阀,不能停留在中途。

（4）自动进样器的针头应有钝化斜面,侧面开孔;针头一旦弯曲应该换上新针头,不能弄直了继续使用;吸液时针头应没入样品溶液中,但不能碰到样品瓶底。

（5）为了防止缓冲盐和其他残留物留在进样系统中,每次工作结束后应冲洗整个系统。

4. 色谱柱

（1）在进样阀后加流路过滤器（0.5 μm 烧结不锈钢片）,挡住来源于样品和进样阀垫圈的微粒。

（2）在流路过滤器和分析柱之间加上"保护柱",收集阻塞柱进口来自样品的降低柱效能的化学"垃圾"。

（3）流动相流速不可一次改变过大,应避免色谱柱受突然变化的高压冲击,使柱床受到冲击,引起紊乱,产生孔隙。

（4）色谱柱应在要求的 pH 范围和柱温范围下使用,不要把柱子放在有气流的地方或直接放到阳光下,气流和阳光都会使柱内产生温度梯度,造成基线漂移,如果怀疑基线漂移是由温度梯度引起的,可设法使柱内恒温。

(5)样品量不应过载,进样前应将样品进行必要的净化,以免对色谱柱造成损伤。

(6)应使用不损坏柱的流动相,在使用缓冲溶液时,盐的浓度不应过高,并且在工作结束后要及时用纯水冲洗柱子,不可过夜。

(7)每次工作结束后,应用强溶剂(乙腈或甲醇)冲洗色谱柱,柱子不用或储藏时,应封闭储存在惰性溶剂中(见表 5.3－3)。

表 5.3－3　固定相的封存和禁用溶剂

固定相	硅胶、氧化铝、正相键合相	反相色谱填料	离子交换填料
封存溶剂	2,2,4－三甲基戊烷	甲醇	水
禁用溶剂	二氯代烷烃、酸、碱性溶剂		

(8)柱子应定期进行清洗,以防止有太多的杂质在柱上堆积(反相柱的常规洗涤办法是分别取甲醇、三氯甲烷、甲醇/水各 20 倍体积冲洗柱子)。

(9)色谱柱使用一段时间后,柱效将会下降,必须进行再生处理(如反相色谱柱再生时将 25 mL 纯甲醇及 25 mL 甲醇:氯仿为 1:1 的混合液依次冲洗柱子)。

(10)对于阻塞或受伤严重的柱子,必要时可卸下不锈钢滤板,超声洗去滤板阻塞物,对塌陷污染的柱床进行清洗、填充、修补工作,此举可使柱效恢复到一定程度(80%),有继续使用的价值。

5. 检测器

(1)检测池清洗。将检测池中的零件(压环、密封垫、池玻璃、池板)拆出,并对它们进行清洗,一般先用硝酸溶液(1:4)超声清洗,再分别用纯水和甲醇溶液清洗,然后重新组装(注意,密封垫、池玻璃一定要放正,以免池玻璃压碎,造成检测池泄漏),并将检测池池体推入池腔内,最后拧紧固定螺杆。

(2)更换氘灯:关机,拔掉电源线(注意,不可带电操作),打开机壳,待氘灯冷却后,用旋具将氘灯的 3 条连线从固定架上取下(记住红线的位置),将固定灯的两个螺钉从灯座上取下,轻轻将旧灯拉出;戴上手套,用酒精擦去新灯上灰尘及油渍,将新灯轻轻放入灯座(红线位置与旧灯一致),将固定灯的两个螺钉拧紧,将 3 条连接线拧紧再固定到架上;检查灯线是否连接正确,是否与固定架上引线连接(红—红相接),合上机壳。

(3)更换钨灯:关机,拔掉电源线(注意,绝不可带电操作),打开机壳;从钨灯端拔掉灯连线,旋松钨灯固定压帽,将旧灯从灯座上取下;将新灯轻轻插入灯座(操作时要戴上干净手套,以免手上汗渍沾污钨灯石英玻璃壳;若灯已被沾污,应使用乙醇擦净后再安装),拧紧压帽,灯连线插入灯连接点(注意,带红色套管的引线为高压线,切不可接错,否则极易烧毁钨灯),合上机壳。

5.3.2.3　常见故障分析和排除方法

液相色谱仪器在运行过程中出现故障,其现象是多样的,这里简单介绍几种故障及排除方法。

1. 泵的常见故障及排除方法

1) 单向阀

现象：柱压波动范围很大。

原因：单向阀污染或阀内进入气泡引起。污染使得阀球与阀座密封不严，液流倒流，压力不稳，或阀球与阀座粘在一起阻死。气泡进入阀中会紧粘在阀体的一侧，使阀球难以返回到阀座，引起倒流，使压力和流速变化范围大，有时甚至为零。

措施：对于污染用不同极性的一系列溶剂冲洗有可能解决问题，如用 25 mL 水、甲醇、异丙醇、二氯甲烷依次冲洗。或拆下进出单向阀放在 10% 的硝酸溶液内超声清洗 30～60 min，若仍不解决问题则要更换单向阀。对于阀内进入气泡不必弄清气泡存在何处，只要打开泄液阀大流速冲洗就可解决问题，在冲洗泵时可用扳手迅速打开泵头上的输出管路，以促进气泡排出。

2) 柱塞杆密封垫

现象：在高压下压力不稳定，从泵头渗漏流动相液体，反映在分析结果上是样品保留时间的改变。

原因：垫圈与运动着的柱塞杆紧紧接触，是液相色谱系统中最易磨损的部件，缓冲液或其他含盐的流动相更加速了垫圈的磨损。垫圈磨损是不可避免的。

措施：一旦垫圈损坏只有进行更换。更换时注意要将柱塞杆缩至最后，松开泵头的两根收紧螺钉，操作时处处以平衡的动作进行，切不可摇动或上下摆动泵头，否则柱塞杆极易折断。

3) 柱塞杆

现象：无流动相流出，压力波动，更换新的垫圈后仍渗漏。

原因：一旦出现以上现象，只有更换柱塞杆。更换时需专用工具，且由于此项操作比较复杂困难，故需请专业维修工程师来解决，也可自行按说明书的指导仔细进行。

2. 进样系统的常见故障及排除方法

当测量样品的面积、峰高数据不重复时，则要考虑进样系统的问题。

1) 手动进样器

首先检查手动进样器是否有渗漏，一般是由于污染使转子磨损或用尖头的针扎进手动进样器，划伤了转子。因此要定期清洗进样器，使用缓冲液后，要用水进行充分冲洗，以防沉积结晶盐，磨损转子。如确定转子已磨损，则要更换转子。若有进样器管路部分阻塞，可分段检查，将阻塞的管路拆下，反装在泵出口处进行反冲。

2) 自动进样器

（1）针密封垫损坏。此时出现渗漏。解决的办法是将自动进样器顺序设定在维修位置。取下密封垫，更换新垫后，将针复位。

（2）针污染。取下针，放在异丙醇内进行超声清洗，或更换新针。

（3）定量环污染。取下定量环反装在泵的出口处，以异丙醇为流动相用大流速进行反冲，也可更换新的定量环。

3. 检测器的常见故障及排除方法

在应用中，可变波长检测器的故障率要大于固定波长检测器的 5 倍。因此，建议常规分析用固定波长检测器较好，而且也不需校正波长的精确度。检测器的一些故障及解决方法如下。

1）UV 灯

现象：停泵监测基线出现短噪音信号并伴有偶尔的长噪音尖信号。

原因：灯的能量降低。一般氘灯的正常寿命为 400～1 000 h，而汞灯和钨灯可以达到 2 000 h 以上的寿命。

措施：更换新灯。换灯要戴手套，不能在灯上留下指痕，且严格按操作手册进行。记录更换新灯日期以便日后确定灯的使用时间。

2）检测器

（1）池内气泡。滞留在池内的气泡使基线一直向一边漂移且伴有毛刺。而瞬间通过池内的气泡，则会产生长噪音的尖峰。其解决方法可将检测器与泵出口直接相连，以 2～3 mL/min（不可超过池子的耐压）的流速冲洗数分钟。若池内有相溶的溶剂时，则要将流动相换为异丙醇直接冲洗检测池。

（2）池污染阻塞。表现为系统压力升高，且松开检测器的入口接头后压力明显下降。此时可将检测器与泵直接相连，给出相应的流速进行反冲，但万万不可超过说明书对池耐压的要求。

（3）池污染。其现象为基线向一边漂移，停泵后故障仍存在。此时将检测器与泵直接连接，用异丙醇或 10% 的硝酸进行冲洗。若仍不能解决，则要将检测池卸下，按说明书将池内各个部件拆下直接进行逐个清洗。

5.4 高效液相色谱法应用

5.4.1 定性分析

定性分析就是确定样品中一些未知组分是什么物质，在色谱分析中就是要确定色谱图中一些未知的色谱峰是什么物质。色谱分析中的定性主要是依据特征性不是很强的保留值，而液相色谱与气相色谱相比，影响液相色谱中溶质迁移的因素较多，因此，液相色谱的定性难度很大。常用的定性方法有以下几种。

1）利用保留值（已知标准物质）定性

在色谱分析中利用保留值定性是最基本的定性方法，其基本依据是：两种相同的物质在相同的色谱条件下应该有相同的保留值。但是，相反的结论却不成立，即在相同的色谱条件下，具有相同保留值的两种物质不一定是同一种物质。影响保留值的因素在气相色谱和液相色谱中不完全相同，因此用保留值定性在气相色谱和液相色谱中也不尽相同。

与气相色谱相比,液相色谱的分离机理要复杂得多,不仅仅是吸附和分配,还有离子交换、体积排阻、亲核作用、疏水作用等。组分的保留行为也不仅只与固定相有关,还与流动相的种类及组成(气相色谱柱中组分的保留行为只与固定相种类和柱温有关,而与流动相种类无关)有关。因此液相色谱中影响保留值的因素比在气相色谱中要多很多。在气相色谱柱中的一些保留值的规律在液相色谱中就不适用了,也不能直接用保留指数定性。

在液相色谱中保留值定性的方法主要是用直接与已知标准物对照的方法。当未知峰的保留值(t'_R 或 V'_R)与某一已知标准物完全相同时,则未知峰可能与此已知标准物是同一物质,特别是在改变色谱柱或改变洗脱液的组成时,未知峰的保留值与已知标准物的保留值仍能完全相同,则可以基本上认定未知峰与标准峰是同一物质。

在利用文献中的保留值数据进行比对和定性分析时要特别注意到:由于液相色谱柱的填柱较复杂,液相色谱所使用的色谱柱的重现性目前还很不理想,即使是同一批号的柱子,重现性也不一致,这就使得使用文献上的保留值数据进行分析受到限制。因此,目前文献报道的保留值数据只能作为定性分析的参考。可以根据这些数据和对样品的了解来选用已知标准物,再用这些已知标准物与未知物在同一色谱条件下直接进行对比。

最简单的保留值定性方法是将已知标准物质加到样品中去,若使某一峰增高,而且在改变色谱柱或洗脱液的组分后,仍能使这个峰增高,则可基本认定这个峰所代表的组分与已知标准物为同一物质。

2)联机定性

色谱与具有很强定性能力的分析仪器(如质谱、红外光谱、紫外光谱和核磁共振波谱)联用用于定性分析可以大大提高色谱法的定性能力,目前在气相色谱中已实现商品化的有:气相色谱—质谱联用仪(GC—MS)、气相色谱—傅里叶变换红外光谱联用仪(GC—FTIR)。液相色谱与分析仪器的联用也一直在不断探索中,已商品化的有:高压液相色谱—质谱联用仪(HPLC—MS)、高压液相色谱—傅里叶变换红外光谱联用仪(HPLC—FTIR)等。高压液相色谱—核磁共振波谱联用仪仍处于研究阶段。实现液相色谱与其他分析仪器的联用需要解决的问题比气相色谱多,但应用范围更宽广,相信随着技术的不断进步,困扰联用技术发展的问题终将会解决,液相色谱将会有更为广阔的应用。

3)利用检测器的选择性定性

同一检测器对不同种类化合物的响应值是不同的,而不同的检测器对同一种化合物的响应也是不同的。所以,当某一被测化合物同时被两种或两种以上检测器检测时,两检测器或几个检测器对被测化合物检测灵敏度比值是与被测化合物的性质密切相关的,可以用来对被测化合物进行定性分析,这就是双检测器定性体系的基本原理。

双检测器体系的联接方式一般有串联联接和并联联接两种。当两种检测器中的一种是非破坏性的时，则可采用简单的串联联接方式，方法是非破坏性检测器串联在破坏性检测器之前。若两种检测器都是破坏性的，则需采用并联方式联接，方法是在色谱柱的出口端联接一个三通，分别联接到两个检测器上。

在液相色谱中最常用于定性鉴定工作的双检测器体系是紫外吸收检测器（UV）和荧光检测器（FD）。

4）利用紫外吸收检测器全波长扫描功能定性

紫外吸收检测器是液相色谱中使用最广泛的一种检测器。全波长扫描紫外吸收检测器可以根据被检测化合物的紫外吸收光谱图提供一些有价值的定性信息。

传统的方法是：在色谱图上某组分的色谱峰出现极大值，即最高浓度时，通过停泵等手段，使组分在检测池中滞留，然后对检测池中的组分进行全波长扫描，得到该组分的紫外—可见光谱图；再取可能的标准样品按同样方法处理。对比两者光谱图即能鉴别出该组分与标准样品是否相同。对于某些有特殊紫外光谱图的化合物，也可以通过对照标准谱图的方法来识别化合物。

此外，利用二极管阵列检测器得到的包括有色谱信号、时间、波长的三维色谱光谱图，其定性结果与传统方法相比具有更大的优势。

5.4.2 定量分析

色谱分离分析中，根据检测原理的不同，大致可将检测器分为浓度型检测器和质量型检测器两种。

浓度型检测器：测量的是流动相中某组分浓度瞬间的变化，即检测器的响应值和组分的浓度成正比。例如，紫外吸收检测器和示差折光指数检测器。

质量型检测器：测量的是流动相中某组分进入检测器的速度变化，即检测器的响应值和单位时间内进入检测器某组分的量成正比，如蒸发激光散射检测器。

由于相同含量的同一种物质在不同类型检测器上具有不同的响应值，而同一含量的不同物质在同一检测器上的响应值也不尽相同。因此色谱计算中一般须引入定量校正因子。

5.4.2.1 校正因子表示方法

1）绝对校正因子（f_i）

绝对校正因子系指某组分 i 通过检测器的量与检测器对该组分的响应信号之比。其表达式为：

$$f_i^A = \frac{m_i}{A_i}$$

或

$$f_i^h = \frac{m_i}{h_i}$$

式中：f_i^A、f_i^h 分别为组分 i 的峰面积和峰高的绝对校正因子；A_i 和 h_i 分别代表组分 i 的峰面积和峰高；m_i 为组分 i 通过检测器的量，可用 g、mol 或 cm³ 等来表示。

因绝对校正因子值与分析条件和仪器的灵敏度有关,使其应用受到一定限制,故定量分析工作中都采用相对校正因子。

2)相对校正因子(f_{ii})

相对校正因子系指某组分 i 与基准组分 s 的绝对校正因子之比。表达式如下:

$$f_{ii}^A = \frac{f_i^A}{f_s^A} = \frac{A_s m_i}{A_i m_s}$$

或

$$f_{ii}^h = \frac{f_i^h}{f_s^h} = \frac{h_s m_i}{h_i m_s}$$

式中:f_{ii}^A、f_{ii}^h 分别为组分 i 的峰面积和峰高相对校正因子;f_s^A、f_s^h 分别为基准组分 s 的面积和峰高绝对校正因子;A_s、h_s 分别为基准组分 s 的峰面积和峰高;m_i 和 m_s 分别为待测组分 i 和基准组分 s 通过检测器的量,可用 g、mol 或体积等来表示。

3)相对响应值(S_{ii})

相对响应值又称相对对应答值、相对灵敏度等,系指组分 i 与其等量基准组分 s 的响应值之比。当计量单位与相对校正因子相同时,它们与相对校正因子的关系如下:

$$S_{ii} = \frac{1}{f_{ii}}$$

5.4.2.2 峰面积的测量

峰面积测量的准确度,直接影响定量结果的准确度。对于不同峰形的色谱峰,只有采用适当的测量方法才能取得较好的结果。

1. 峰高乘半峰宽度法

此法使用于色谱峰为对称峰时的测量,即把对称色谱峰看作是一个等腰三角形。对于很窄的色谱峰、基线漂移严重的峰、峰形不对称或分离不完全、重叠较严重的色谱峰,此法因误差较大不能使用。

设 h 为色谱峰峰高,$W_{h/2}$ 为半宽度,则色谱峰面积为:

$$A_a = h W_{h/2}$$

因 $W_{h/2} = 2.354\sigma$,故 $A_a = 2.354 h\sigma$。

而色谱峰的真实面积 A 为

$$A = h\sigma \sqrt{2\pi}$$

由以上两式可得:

$$A_a = 0.94A$$

或

$$A = 1.065 A_a$$

用此法测得的峰面积,只有真实面积的 0.94 倍,在作绝对测量时(如灵敏度、比表面等)应乘以系数 1.065。

2. 峰高乘峰底宽法

本法特别适用于矮而宽的色谱峰,测得的峰面积约为真实面积的 0.98 倍。作法是由色谱峰两边的拐点作切线与基线相交,以两交点间的距离 W_b 为色谱峰的底宽。

高 h_i 为切线在色谱峰尖处交点至基线间的垂线。

$$A_p = \frac{1}{2} W_b \times h_i$$

和真实面积 $A = h\sigma \sqrt{2\pi}$ 相比较得

$$A_p = 0.98A$$

3. 峰高乘保留值法($A_a = ht_R$)

峰高乘保留值法,计算峰面积的依据是在同一操作条件下流出时,组分的半峰宽 $W_{h/2}$ 与保留值 t_R 之间存在着下述线性关系:

$$W_{h/2} = a + bt_R$$

而当同系物在填充柱上流出时,a 值有可能为零,则上式可写成 $W_{h/2} = bt_R$。

由此可得峰高乘保留值法所得的面积(A_a)为

$$A_a = ht_R = \frac{hW_{h/2}}{b}$$

峰高乘半峰宽法计算面积中已经证明,$hW_{h/2}$ 为真实峰面积 A 的 0.94 倍,故

$$A_a = \frac{0.94}{b}A$$

按峰高乘保留值法所得面积 A_a 也并不等于色谱峰的真实面积 A,显然要大许多倍,但在相对计算中该系数可以约去,并不影响定量结果。峰高乘保留值法一般较适用于在填充柱上流出而且半峰宽很窄的同系物峰面积的测量。

4. 不对称峰面积的测量

不对称峰面积一般可用峰高乘平均峰宽来计算。取 $0.15\,h$ 和 $0.85\,h$ 处所对应的峰宽 $W_{0.15}$ 和 $W_{0.85}$ 之间均值乘峰高 h 来近似计算其峰面积 A_R。

$$A_R = \frac{h}{2}(W_{0.15} + W_{0.85})$$

此外,也可把不对称峰分成数个对称峰后再计算峰面积,但比较麻烦,很少采用。

5.4.2.3　常用的几种定量方法

1. 归一化法

把所有出峰组分的含量之和按 100% 计的定量方法称为归一化法。以面积或峰高为定量参数时,其计算式分别为

$$m_i\% = \frac{A_i f_i^A}{\sum\limits_{i=1}^{n} A_i f_i^A} \times 100$$

或

$$m_i\% = \frac{h_i f_i^h}{\sum\limits_{i=1}^{n} h_i f_i^h} \times 100$$

式中:A_i、h_i 分别为某一组分 i 的色谱峰面积和峰高;f_i^A、f_i^h 分别为某一组分 i 的峰面积和峰高相对校正因子;$m_i\%$ 为某组分 i 的百分含量。

　　用归一化法定量比较准确,进样量的多少与结果无关,仪器与操作条件稍有变动时,对分析结果影响不大,特别适合于进样量少而不易被测准体积的试样,并能保证样品每个组分都出峰的分析。但由于在实际分析中,很难满足每个组分都出峰或因某些组分不能分开使峰形重叠等,使本法的应用受到限制。

　　2. 内标法

　　将一种合适的纯物质作为内标物加入样品中,然后进行色谱分析,先测定内标物及被测组分的峰面积或响应值,再求得被测组分在样品中的含量。

　　例如要测定试样中组分 i 的百分含量 $c_i\%$,可以在试样中加入质量为 m_s 的内标物,试样质量为 m。因为

$$m_i = f_i^A A_i, \; m_s = f_s^A A_s, \; \frac{m_i}{m_s} = \frac{A_i f_i^A}{A_s f_s^A}$$

即

$$m_i = \frac{A_i f_i^A}{A_s f_s^A} m_s$$

故

$$c\% = \frac{m_i}{m} \times 100 = \frac{A_i f_i^A m_s}{A_s f_s^A m} \times 100$$

式中:f_i^A、f_s^A 为被测组分和内标物的绝对校正因子,如果以内标物作测定相对校正因子的基准物,即 $f_s^A = 1$,则

$$c_i\% = \frac{A_i}{A_s} \frac{m_s}{m} f_{ii}^A \times 100$$

或

$$c_i\% = \frac{h_i}{h_s} \frac{m_s}{m} f_{ii}^h \times 100$$

如果称取同样量的样品,加入恒量的内标物,则上式中

$$\frac{m_s}{m} f_{ii}^A \times 100 \text{ 或 } \frac{m_s}{m} f_{ii}^h \times 100$$

为一常数,故

$$c_i\% = \frac{A_i}{A_s} \times 常数$$

或

$$c_i\% = \frac{h_i}{h_s} \times 常数$$

　　以 c_i 对 A_i/A_s 或 h_i/h_s 作图,可得到一条通过原点的直线,即标准曲线。若不通过原点,则说明存在有系统误差。

　　内标法定量准确度高,没有归一化法那些限制,应用比较普遍。对内标物的要求是既能和被测样品互溶又能和各组分在色谱图上分开;内标物的浓度应与被测组分浓度相差不大;内标物的色谱峰最好位于待测组分色谱峰的中间或紧挨前后;内标物的结构与待测组分的结构相类似。本法的缺点是每次分析均需准确称量内标物和样品,操作比较麻烦,另外引入内标物后,对分离要求比原来更高。

　　3. 外标法

　　以与欲测组分同质的物质作参比物,根据样品量与参比物的量,以及欲测组分和

参比物的响应信号(峰面积或峰高)进行定量的方法,称为外标法。外标法又称直接比较法、绝对校正法和校正曲线法等。

此法用已知各种含量的标样等量进样分析,然后作出响应信号(峰高或峰面积)与含量之间的曲线图,此曲线称为校正曲线。

作样品定量分析时,在测校正曲线相同条件下进同样量的欲定量样品,从色谱图上测出峰高或峰面积值后,即可从校正曲线上查出它们的含量。

4. 内加法

在试样中加入待测组分 i 的纯品,测定该纯品加入前后 i 组分色谱峰面积或峰高的变化,从而求得欲测组分 i 含量的方法称为内加法,也称追加法。

设原样品定量进样,测得 i 组分的色谱峰面积为 A_i。取 m g 原样品,加入 Δm_i g 组分的纯品,混匀,等量第二次进样,测得 i 组分的峰面积增加 ΔA_i。若 m g 原样品中含 m_i g 组分,则

$$m_i = f_i^A A_i, \Delta m_i = f_i^A \Delta A_i$$

所以

$$\frac{m_i}{\Delta m_i} = \frac{A_i}{\Delta A_i}$$

因为

$$c_i\% = \frac{m_i}{m} \times 100$$

所以

$$c_i\% = \frac{\Delta m_i}{m} \frac{A_i}{\Delta A_i} \times 100$$

按理测得 A_i 及 ΔA_i 即可求得样品中 i 组分的含量。但由于加 Δm_i g 组分纯品后,被测物相当于被稀释,则第二次等量进样后,原样品中的 m_i g 组分的色谱峰,将比原 A_i 峰小。因此为了正确计算 ΔA_i 以及消除进样不准确所带来的误差,在色谱图中选一个相邻组分的色谱峰为参考峰(A_r),用此峰作相对标准,按内标法处理,用面积比代替面积及面积增量。

用 A_i/A_r 代替 A_i;$(A'_i/A'_r) - (A_i/A_r)$ 代替 ΔA_i,则

$$c_i\% = \frac{\Delta m_i}{m} \frac{A_i/A_r}{(A'_i/A'_s) - (A_i/A_r)} \times 100$$

因为在同一条件下,同一组分 $W_{h/2}$ 一般为常数,故上式可简化为

$$c_i\% = \frac{\Delta m_i}{m} \frac{h_i/h_r}{(h'_i/h'_s) - (h_i/h_r)} \times 100$$

此法在液相色谱中较为常用,因为它操作简单,尤其是对操作人员和仪器稳定性不像外标法这样高时经常采用此法。

5.5 高效液相色谱法实验技术

5.5.1 样品预处理技术

采用色谱法对样品进行分析需要对采集的样品进行适当的预处理,诸如对样品

中的欲测组分进行预分离、浓缩(富集)、纯化、衍生化等,制备成色谱分析样品才能进入色谱仪分析,在液相色谱中常用的几种样品预处理方法,分别简单介绍如下。

5.5.1.1 溶剂萃取技术

液体样品最常用的萃取技术之一是溶剂萃取。色谱分析样品制备中使用的溶剂萃取方法主要有液-液萃取、液-固萃取和液-气萃取(溶剂吸收)等,它们都是属于两相间的传质过程,即物质从一相转入另一相的过程。例如:使用石油醚萃取水样品中的氯苯类化合物就是从液相到液相传质的液-液萃取;使用二硫化碳萃取活性炭中吸附的有机溶剂就是从固相到液相传质的液-固萃取;使用重蒸馏水吸收(采集)空气中的甲醇就是从气相到液相传质的液-气萃取,通常叫做溶液吸收。

1. 液-液萃取

液-液萃取常用于样品中被测物质与基质的分离,在两种不相溶液体或相之间通过分配对样品进行分离而达到被测物质纯化和消除干扰物质的目的。在大部分情况下,一种液相是水溶剂,另一种液相是有机溶剂。可通过选择两种不相溶的液体控制萃取过程的选择性和分离效率。在水和有机相中,亲水化合物的亲水性越强,憎水性化合物进入有机相中的程度就越大。

以有机溶剂和水两相为例,将含有有机物质的水溶液用有机溶剂萃取时,有机化合物就在这两相间进行分配。在一定的温度下有机物在两种液相中的浓度比是一常数:

$$K_D = c_o / c_{ab}$$

式中:K_D 是分配系数;c_o 是有机相中物质的浓度;c_{ab} 是水相中此物质的浓度。有机物质在有机溶剂中的溶解度一般比在水相中的溶解度大,所以可以将它们从水溶剂中萃取出来。分配系数越大,水相中的有机物可被有机溶剂萃取的效率会越高。

液-液萃取法包括常规液-液萃取、连续液-液萃取、逆流萃取、微萃取、萃取小柱技术、在线萃取、自动液-液萃取等。

2. 液-固萃取

最简单的液-固萃取就是将欲萃取的固体放入萃取溶剂中,加以振荡,必要时也可加热,然后利用离心或过滤的方法使液、固分离,欲萃取组分进入溶剂。但是,这种最简单的液-固萃取只能用于十分容易萃取的组分,它的萃取效率很低,加热时溶剂也容易损失,一般很少使用。

3. 液-气萃取

溶液吸收装置由装有吸收液的气体吸收管、抽取气体样品的动力装置(或空气采样泵)和控制抽取气体流量的装置等基本部分组成,如图 5.5-1 所示。

使用溶液吸收方法可以收集气态、蒸气和气溶胶等样品,被抽取的气体样品通过吸收液时,在气泡和吸收液的界面上,欲测组分的分子由于溶解作用或者化学反应很快进入吸收液中,被溶解吸收。

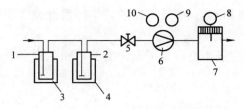

图 5.5—1 溶液吸收装置

1、2—带有烧结玻璃的烧瓶;3、4—带有冰水的保温瓶;5—节流阀;6—泵;
7—气体流量计;8—测量样品气体温度的温度计;9—测量环境温度的温度计;10—气压计

5.5.1.2 蒸馏

蒸馏是一种使用广泛的分离方法,主要是从混合液体样品中分离出挥发性和半挥发性的组分。一种材料在不同温度下的饱和蒸汽压变化是蒸馏分离的基础。大体说来,如果液体混合物中两种组分的蒸汽压具有较大差别,就可以富集蒸气相中更多的挥发性和半挥发性组分。两相(液相和蒸气相)可以分别被回收,挥发性和半挥发性的组分富集在气相中而不挥发性组分被富集在液相中。在进行色谱分析样品制备时,蒸馏通常不是分析化学家的第一选择技术。化学家在实验室进行过许多次的蒸馏实验,其中的某些技术可以成功地用于色谱分析前样品的精制、清洗或者混合样品的预分离。

5.5.1.3 固相萃取

固相萃取就是利用固体吸附剂将液体样品中的目标化合物吸附,与样品的基体和干扰化合物分离,然后再用洗脱液洗脱或加热解吸附,达到分离和富集目标化合物的目的。其实质是一种液相色谱分离,其主要分离模式也与液相色谱相同,可分为正相(吸附剂极性大于洗脱液极性)、反相(吸附剂极性小于洗脱液极性)离子交换和吸附。

固相萃取具有许多优点:不需要大量互不相溶的溶剂,处理过程中不会产生乳化现象,采用高效、高选择性的吸附剂(固定相),能显著减少溶剂的用量,简化样品的处理过程,同时所需费用也有所减少。一般说来,固相萃取所需时间为液—液萃取的1/2,而费用为液—液萃取的 1/5,因此固相萃取技术是色谱分析样品预处理的一种常见方法。

在色谱分析样品预处理中,固相萃取主要用于复杂样品中微量或痕量目标化合物的分离和富集。例如,生物体液(如血液、尿等)中药物及其代谢物的分析,食品中有效成分或有害成分的分析,环保水样中各种污染物(可挥发性有机物和半挥发性有机物)的分析都可使用固相萃取将目标化合物分离、富集,然后进行色谱分析。

5.5.1.4 膜技术

膜分离是近年来新发展起来的可用于分析化学领域的新技术之一。应用膜技术或者膜与其他分离技术的联用已经成功地完成了许多种类样品的基体分离和浓缩,包括各种气体和蒸气样品、多水和液体样品、某些固体样品等。膜分离技术不但可以进行挥发性物质的分离和浓缩,而且可以进行半挥发性或者不挥发性物质的分离和浓缩。

目前,膜分离技术与液相色谱联用成为当前液相色谱分析样品制备的主导和热点应用研究领域。

5.5.1.5 衍生化技术

衍生化技术就是通过化学反应将样品中难以分析检测的目标化合物定量地转化成另一易于分析检测的化合物,通过后者的分析检测可以对目标化合物进行定性和定量分析。按衍生化反应发生在色谱分离之前还是之后进行,可将衍生化分为柱前衍生化和柱后衍生化。

柱前衍生化是指在色谱分离之前将样品与一定的化学试剂发生化学反应,将样品中的目标化合物制备成适当的衍生物,然后再用色谱进行分离检测。这种衍生化可以是在线衍生化,即将被测物和衍生化试剂分别通过两个输液泵送到混合器里混合并使之立即完成反应,随之进入色谱柱;也可以先将被测物和衍生化试剂反应,再将衍生化产物作为样品进样;或者在流动相中加入衍生化试剂,进样后,让被测物与流动相直接发生衍生化反应。

柱后衍生化是指先将被测物分离,再将从色谱柱流出的溶液与反应试剂在线混合,生成可检测的衍生物,然后导入检测器。按生成衍生物的类型,柱后衍生化又可分为紫外－可见光衍生化、荧光衍生化、电化学衍生化等。

1)紫外－可见光衍生化

液相色谱中使用最多的是紫外检测器,为了使一些没有紫外吸收或紫外吸收很弱的化合物能被紫外检测器检测,往往通过衍生化反应在这些化合物的分子中引入有强紫外吸收的基团,这些衍生物可被紫外检测器检测。如胺类化合物容易与卤代烃、羰基、酰基类衍生试剂反应。表 5.5－1 列出了常见的紫外衍生化试剂。

表 5.5－1　常见紫外衍生化试剂

化合物类型	衍生化试剂	最大吸收波长/nm	$\varepsilon_{254}/(L \cdot mol^{-1} \cdot cm^{-1})$
RNH_2 及 $RR'NH$	2,4－二硝基氟苯	350	$>10^4$
	对硝基苯甲酰氯	254	$>10^4$
	对甲基苯磺酰氯	224	10^4
$RCHCOOHNH_2$	异硫氰酸苯酯	244	10^4
RCOOH	对硝基苄基溴	265	6 200
	对溴代苯甲酰甲基溴	260	1.8×10^4
	萘酰甲基溴	248	1.2×10^4
ROH	对甲氧基苯甲酰氯	262	1.6×10^4
$RCOR'$	2,4－二硝基苯肼	254	
	对硝基苯甲氧胺盐酸盐	254	6 200

2)荧光衍生化

液相色谱中荧光检测器的灵敏度要比紫外检测器高出几个数量级,但是液相色谱能分离的对象,多数没有荧光,主要依靠荧光衍生化试剂通过衍生化反应在目标化合物上接上能发出荧光的生色基团,达到荧光检测的目的。常见的荧光衍生试剂及其应用范围见表5.5－2。

表 5.5－2   常见荧光衍生化试剂

化合物类型	衍生化试剂	激发波长/nm	发射波长/nm
RNH$_2$ 及 RCHNH$_2$COOH	邻苯二甲醛	340	455
	荧光胺	390	475
α－氨基羧酸、伯胺、仲胺、苯酚、醇	丹酰氯	350～370	490～530
α－氨基羧酸	吡哆醛	332	400
RCOOH	4－二溴甲基－7－甲氧基香豆素	365	420
RR'CO	丹酰肼	340	525

上述衍生物的荧光激发波长范围为 350～370 nm,发射波长范围为490～540 nm,取决于目标化合物和测量时使用的溶剂。由于荧光衍生物的激发波长和发射波长与荧光衍生试剂不同,即使有过量的试剂或有反应副产物存在,也不会干扰荧光衍生物的检测,因此荧光衍生反应不需要纯化衍生物,可以直接进样。

3)电化学衍生化

液相色谱中的电化学检测器灵敏度高、选择性强,为临床、生化、食品等样品的分析提供了新的途径。但由于电化学检测器只能检测具有电化学活性的化合物,如果目标化合物没有电化学活性就不能被检测,此时只能与电化学衍生试剂反应,生成具有电化学活性的衍生物。由于硝基具有电化学活性,一系列带有硝基的衍生化试剂与羟基、氨基、羧基和羰基化合物反应,可生成电化学活性的衍生物。表5.5－3列出了一些带有硝基的电化学衍生试剂。

表 5.5－3   带硝基的电化学衍生试剂

试剂结构式	简称	可反应的化合物
NO$_2$ —○— C(=O)—Cl (NO$_2$)	DNBC	R—NH—R, ROH,R
NO$_2$—○—CH$_2$—C(=O)—O—N(二酰亚胺)	SNPA	R—NH—R

续表

试剂结构式	简称	可反应的化合物
NO₂、NO₂、F（二硝基氟苯结构）	DNFB	$R-CH(NH_2)-COOH$, $R-NH-R$
NO₂、NO₂、O-SO₃H（二硝基苯磺酸酯结构）	DNBS	$R-CH(NH_2)-COOH$, $R-NH-R$
NO₂-C₆H₄-CH₂-O-C(=NCH(CH₃)₂)-NHCH(CH₃)₂	PNBDI	RCOOH
NO₂-C₆H₄-CH₂Br	PNBB	RCOOH
NO₂、NO₂、NHNH₂（二硝基苯肼结构）	DNPH	$R-C(=O)-R'$, RCHO

5.5.2　溶剂处理技术

5.5.2.1　溶液的纯化

分析纯和优级纯溶液在很多情况下可以满足色谱分析的要求,但不同的色谱柱和检测方法对溶剂的要求不同,如用紫外检测器检测时溶剂中就不能含有在检测波长下有吸收的杂质。目前专供色谱分析用的"色谱纯"溶剂除最常用的甲醇外,其余多为分析纯,有时要进行除去紫外杂质、脱水、重蒸等纯化操作。

乙腈也是常用的溶剂,分析纯乙腈中还含有少量的丙酮、丙烯氰、丙烯醇等化合物,产生较大的背景吸收。可以采用活性炭或酸性氧化铝吸附纯化,也可采用高锰酸钾/氢氧化钠氧化裂解与甲醇共沸的方法进行纯化。

四氢呋喃中的抗氧化剂 BHT 可以通过蒸馏除去。四氢呋喃在使用前应蒸馏,长时间放置又会被氧化,因此最好在使用前先检查有无过氧化物。方法是取 10 mL 四氢呋喃和 1 mL 新配制的 10％碘化钾溶液,混合 1 min 后,不出现黄色即可使用。

与水不混溶的溶剂(如氯仿)中的微量极性杂质(如乙醇),卤代烃(CH_2Cl_2)中的 HCl 杂质可以用水萃取除去,然后再用无水硫酸钙干燥。

正相色谱中使用的亲油性有机溶剂通常都含有 $50 \sim 2\,000\ \mu g \cdot mL^{-1}$ 的水。水是极性最强的溶剂,特别是对吸附色谱来说;即使很微量的水也会因其强烈的吸附而占领固定相中很多活性点,致使固定相性能下降,通常可用分子筛床干燥除去微量水。

卤代溶剂与干燥的饱和烃混合后性质比较稳定,但卤代溶剂(氯仿、四氯化碳)与醚类溶剂(乙醚、四氢呋喃)混合后发生化学反应,生成的产物对不锈钢有腐蚀作用;有的卤代溶剂(如二氯甲烷)与一些反应活性较强的溶剂(如乙腈)混合放置会析出结晶,因此应尽可能避免使用卤代溶剂或现配现用。

5.5.2.2 流动相脱气

流动相在使用前必须进行脱气处理,以除去其中溶解的气体(如 O_2),以防止在洗脱过程中当流动相由色谱柱流至检测器时,因压力降低而产生气泡。若在死体积检测池中,存在气泡会增加基线噪声,严重时会造成分析灵敏度下降,而无法进行分析。此外溶解在流动相中的氧气,会造成荧光猝灭,影响荧光检测器的检测,还会导致样品中某些组分被氧化或使柱中固定相发生降解而改变柱的分离性能。

常用的脱气方法有以下几种。

(1)吹氦脱气法。使用在液体中比在空气中溶解度低的氦气,在 0.1 MPa 压力下,以约 60 mL/min 流速通入流动相 10～15 min,以驱除溶解的气体。此法适用于所有的溶剂,脱气效果较好,但在国内因氦气价格较高,本方法使用较少。

(2)加热回流法 。此方法的脱气效果较好。

(3)抽真空脱气法。此时可使用微型真空泵,降压至 0.05～0.07 MPa 即可除去溶解的气体。显然,使用水泵连接抽滤瓶和 G_4 微孔玻璃漏斗可一起完成过滤机械杂质和脱气的双重任务。由于抽真空会引起混合溶剂组成的变化,故此法适用于单一溶剂体系脱气。对多元溶剂体系,每种溶剂应预先脱气后再进行混合,以保证混合后的比例不变。

(4)超声波脱气法。将欲脱气的流动相置放于超声波清洗器中,用超声波振荡 10～15 min。但此方法的脱气效果最差。

(5)在线真空脱气法。以上几种方法均为离线脱气操作,随着流动相存放时间的延长又会有空气重新溶解到流动相中。现在使用的在线真空脱气技术,把真空脱气装置串联到贮液系统中,并结合膜过滤器,实现了流动相在进入输液泵前的连续真空脱气。此方法的脱气效果明显优于上述几种方法,并适用于多元溶剂体系,其结构示意见图 5.5－2。

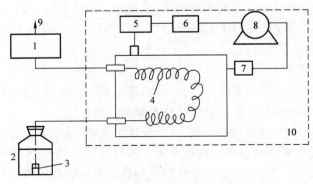

图 5.5－2　HP－1100 高效液相色谱仪在线脱气示意

1—高压输液泵;2—贮液罐;3—膜过滤器;4—塑料膜管线(体积 12 mL,气体可渗透出来);
5—传感器;6—控制电路;7—电磁阀;8—真空泵;9—脱气后流动相至过滤器;10—脱气单元

5.5.2.3　流动相过滤

过滤是为了防止不溶物堵塞流路或色谱柱入口处的微孔垫片。流动相过滤常使用 G_4 微孔玻璃漏斗,可除去 $3\sim4\ \mu m$ 以上的固态杂质。严格地讲,流动相都应经过特殊的过滤处理,如用 $0.45\ \mu m$ 以下微孔滤膜进行过滤后才可使用。微孔滤膜分有机溶剂专用和水溶剂专用。

5.5.3　建立高效液相色谱分析方法的一般步骤

高效液相色谱法用于未知样品的分离和分析,主要采用吸附色谱、分配色谱、离子色谱和体积排阻色谱 4 种基本方法;对生物分子或生物大分子样品还可以采用亲和色谱法。

当用高效液相色谱法去解决一个样品的分析问题时,往往可选择几种不同的 HPLC 方法,而不可能仅用一种 HPLC 方法去解决各式各样的样品分析问题。

一种高效液相色谱分析方法的建立,是由多种因素决定的。除了了解样品的性质及实验室具备的条件外,对液相色谱分离理论的理解、对前人从事过的相近工作的借鉴以及仪器分析工作者自身的实践经验,都对分析方法的建立有着重要影响。

通常在确定被分析的样品以后,要建立一种高效液相色谱分析方法必须解决以下问题。

(1)根据被分析样品的特性选择适用于样品分析的一种高效液相色谱分析方法。

(2)选择一根适用的色谱柱,确定柱的规格(柱内径及柱长)和选用固定相(粒径及孔径)。

(3)选择适当的或优化的分离操作条件,确定流动相的组成、流速及洗脱方法。

(4)由获得的色谱图进行定性分析和定量分析。

5.5.3.1　样品的性质及柱分离模式的选择

当进行高效液相色谱分析时,如不了解样品的性质和组成,选用何种 HPLC 分离模式就会成为一个难题。为解决此问题,应首先了解样品的溶解性质,判断样品分子量的大小以及可能存在的分子结构及分析特性,最后再选择高效液相色谱的分离模式,以完成对样品的分析。

1. 样品的溶解度

通常优先考虑的是样品不必进行预处理,就可经溶样来进行分析,因此样品在有机溶剂和水溶剂中的相对溶解性是样品最重要的性质。

若样品溶于非极性溶剂,表明样品为非极性化合物,通常可选用吸附色谱法或正相分配色谱法、正相键合相色谱法进行分析。若样品溶于极性溶剂或相混溶的极性溶剂,表明样品为极性化合物,通常可选用反相分配色谱法或更为广泛的反相键合相色谱法进行分析。

若样品溶于水相,可首先检查水溶液的 pH 值,若呈中性,为非离子型组分,常可用反相(或正相)键合相色谱法进行分析。若 pH 呈弱酸性,可采用抑制样品电离的方法,在流动相中加入 H_2SO_4、H_3PO_4 调节 pH＝2～3,再用反相键合相色谱法进行分析。若 pH 呈弱碱性,则可向流动相中加入阳离子型反离子,再用离子色谱法进行分析。对呈强离子型水溶性生物大分子的分析仍是高效液相色谱的特殊难题之一。

2. 样品的分子量范围

选择分析方法的另一个重要信息是了解样品分子的大小或分子量范围,这可通过体积排阻色谱法获得相关信息。根据体积排阻色谱固定相的性质,即可对水溶性样品又可对油溶性样品进行分析。

对油溶性样品,若分析结果表明样品分子量小于 2 000,且分子量差别不大,应进一步判断其为非离子型还是离子型,若为非离子型,则应考虑其是否为同分异构体或具有不同极性的组分,此时可采用吸附色谱法或键合相色谱法进行分离;若为离子型,则可用离子色谱法进行分析。若分析结果表明样品分子量小于 2 000,且分子量的差别很大,则仅能用刚性凝胶的凝胶渗透色谱法或键合相色谱法进行分析。若油溶性样品的分子量大于 2 000,则最好采用聚苯乙烯凝胶的凝胶渗透色谱法进行分析。

对水溶性样品,若分析结果表明样品的分子量小于 2 000,且分子量差别不大,可考虑选用吸附色谱法或分配色谱法进行分析。若分子量差别较大,只能选用刚性凝胶的凝胶过滤色谱法进行分离,对弱电离的样品可使用离子色谱法进行分析。若分析结果表明样品的分子量大于 2 000,则可采用以聚醚为基体凝胶的凝胶过滤色谱法进行分析。

3. 样品的分子结构和分析特性

除样品溶解度、分子量外,样品的分子结构和分析特征亦是选择分析方法的重要因素。

1)同系物的分离

同系物都具有相同的官能团,表现出相同的分析特性,其分子量呈现有规律的增加,对同系物可采用吸附色谱法、分配色谱法或键合相色谱法进行分析。同系物在谱图上都表现出随分子量的增加保留时间增大的特点。

2)同分异构体的分离

对于双键位置异构体(即顺反异构体)或芳香族取代基位置不同的邻、间、对位异构体,最好选用吸附色谱法进行分离。利用硅胶吸附剂对异构体具有高选择性的特点,实现分离。

对于多环芳烃异构体,如具有 4 个相连苯环的苯并[c]菲、苯稠[9,10]菲、苯并[a]蒽等,其组成相同,分子结构不同,疏水性不同,可选用反相键合相色谱法。利用样品分子疏水性的差别实现分离。

3)对映异构体的分离

利用具有光学活性的固定相或在流动相中加入手性选择剂,能够将普通高效液相色谱法无法分离的对映异构体分离。

4)生物大分子的分离

对像蛋白质、核酸这类生物大分子,应首先了解它们的结构特点。如蛋白质的分子量一般在 1~20 万之间,这类大分子的扩散系数要比小分子低 1~2 个数量级,蛋白质是由氨基酸缩聚构成的肽链进一步连接生成的大分子,其分子侧链连接有羟基、氨基等多种亲水基团,表面呈亲水性。分析蛋白质可采用反相键合相色谱法,实现对不同蛋白质的良好分离。但所用流动相中的甲醇、四氢呋喃等会使蛋白质分子变性而丧失生物活性,因此更宜采用凝胶过滤色谱法或亲和色谱法对蛋白质进行分析。

5.5.3.2 分离操作条件的选择

进行高效液相色谱分析,当确定了选用的色谱方法之后,就需要进一步确定适当的分离条件。选择适用的色谱柱,尽可能采用优化的分离操作条件,可使样品中的不同组分以最满意的分离度、最短的分析时间、最低的流动相消耗、最大的检测灵敏度获得完全的分离。

1. 容量因子和死时间的测量

在 HPLC 分析中,容量因子 k' 是一个非常重要的参数,它对如何选择流动相的溶剂组成、改善多组分分离的选择性都发挥着重要作用。

容量因子可按下式计算:

$$k' = \frac{t'_R}{t_M}$$

式中:t'_R 为调整保留时间;t_M 为死时间。t'_R 为保留时间 t_R 与死时间 t_M 的差值,即

$$t'_R = t_R - t_M$$

由此可知,欲测量 k',必须准确测定 t_R 和 t_M。

在 HPLC 分析中,死时间 t_M 的测定方法主要有以下几种。

(1)由色谱柱的结构参数进行计算:

$$t_M = \frac{L \cdot \pi r^2 \cdot \varepsilon_T}{F}$$

式中:L 为柱长,cm;r 为柱内径半径,cm;F 为流动相体积流速,cm^3/s;ε_T 为总孔率,对全多孔固定相为 0.84,对化学键合固定相、离子交换剂为 0.75,对薄壳型固定相为 0.42。

(2)由色谱柱的操作参数进行计算:

$$t_M = \frac{\varphi \cdot \eta \cdot L^2}{\Delta p \cdot d_P^2}$$

式中:φ 为柱阻抗因子;η 为流动相的动力黏度;L 为柱长;Δp 为柱压力降;d_P 为固定相粒径。

(3)依据经验公式计算。当柱内径 d_c 和固定相粒径 d_P 的比值 $d_c/d_P \geqslant 10$ 时,可按下述公式计算:

$$t_M = \frac{L}{u}$$

对全多孔固定相：
$$u=\frac{1.5F}{d_c^2}$$

对非多孔固定相：
$$u=\frac{3\cdot F}{d_c^2}$$

式中：u 为流动相平均线速；F 为流动相体积流速。

（4）液固色谱死时间。

用 RID 检测：若以正己烷（正庚烷）与极性改进剂作流动相，可用正戊烷作探针测死时间。

用 UVD 检测：可以苯、四氯乙烯或 KNO_3 水溶液作探针测死时间。

（5）液液色谱死时间。

用 RID 检测：可用重水（D_2O）、重氢甲醇（CD_3OH）作探针测死时间。

用 UVD 检测：可用 NaCl、$NaNO_3$ 水溶液作探针测死时间，但测量误差较大。

2. 色谱柱操作参数的选择

色谱柱操作参数系指柱长 L、柱内径 ϕ、柱内填充固定相的粒度 d_P、柱压力降 Δp 和用对应于每米柱长的理论塔板数 n 表示的柱效。

对分析型高效液相色谱柱，选择操作参数的一般原则是：色谱柱长 L 为 $10\sim25$ cm；柱内径 ϕ（直径）为 $4\sim6$ mm；固定相粒度 d_P 为 $5\sim10$ μm；柱压力降 ΔP 为 $5\sim14$ MPa；理论塔板数 n 为 $(2\sim5)\times10^3\sim(2\sim10)\times10^4$ 块/m。

3. 样品组分保留值和容量因子的选择

采用常用参数的高效液相色谱柱进行样品分析，通常对于简单样品分析时间控制在 $10\sim30$ min 之内，对于复杂样品，分析时间控制在 60 min 以内。

若使用恒定组成流动相洗脱，与组分保留时间相对应的容量因子 k' 应保持在 $1\sim10$ 之间。

对组成复杂、由具有宽范围的 k' 值组分构成的混合物，仅用恒定组成流动相洗脱，在所希望的分析时间内，无法使所有组分都洗脱出来。此时需用梯度洗脱技术，才能使样品中每个组分都在最佳状态下洗脱出来。当使用梯度洗脱时通常能将组分的 k' 值减小至原来的 $1/10\sim1/100$，从而缩短了分析时间。

保留时间和容量因子是由色谱过程的热力学因素控制的，可通过改变流动相的组成和使用梯度洗脱来进行调节。

4. 相邻组分的选择性系数和分离度的选择

各种色谱分析方法的共同目的都是要以最低的时间消耗来获得混合物中各个组分的完全分离。在色谱分析中采用分离度 R 来反映相邻两组分的分离程度。

影响分离度的各种因素的计算公式表示为：

$$R=\frac{\sqrt{n}}{4}\cdot\frac{a-1}{a}\cdot\frac{k'_2}{1+k'_2}$$

可以看出分离度是受热力学因素 k'、a 和动力学因素（理论塔板数 n）两个方面控制的。为了获得某一确定分离度,选择性系数的优化十分重要,对能达到预期柱效为 $10^3 \sim 10^5$ 块/m 理论塔板的色谱柱,若相邻组分的容量因子在 $1 \sim 10$ 之间,且选择性系数保持大于 $1.05 \sim 1.10$ 以上,就比较容易达到满足多组分优化分离的最低分离度指标,即 $R = 1.0$。

当选定一种高效液相色谱方法时,通常很难将各组分的分离度都调至最佳,而只能使少数几对难分离物质对的分离度至少保持 $R = 1.0$,这样才能满足准确定量分子的要求。当谱图中出现相邻组分的重叠色谱峰时,不宜进行定量分析,若使用微处理机可计算出重叠组分各自的峰面积和含量,但不能提供准确可靠的分析结果。

当进行高效液相色谱分析时,在某些情况下需要一些特殊考虑。如前所述在对组成复杂样品进行分析时,要考虑使用梯度洗脱方法;对高聚物进行凝胶渗透色谱分析时,要考虑采用升高柱温的方法来增加样品的溶解度;当样品中含有杂质、干扰组分或被检测组分浓度过低时,应进行预处理等。

进行未知样品分析时经常遇到的另一个问题是样品中的全部组分是否从柱中洗脱出来,是否还有强保留组分被色谱柱中的固定相吸留。解决此类问题比较困难,通常对同一种样品可采用两种不同的高效液相色谱法进行分析。如可先采用硅胶吸附色谱法分析,如考虑有可能将强极性组分滞留;可再采用反相键合相色谱法进行分析,此时强极性组分会首先被洗脱出来,从而可判断强极性组分是否存在。对大部分未知样品来讲,至少应将两种完全独立的高效液相色谱方法配合使用,最后才能得到有关样品组成和含量的确切结论。

5.6 高效液相色谱法应用实训

实训项目 苯系物的高效液相色谱分析

实训说明:

在液相色谱中,若采用非极性固定相,如十八烷基键合相,极性流动相,这种色谱法称为反相色谱法。这种分离方式特别适合于同系物、苯系物等。它们在 ODS 柱上的作用力大小不等,它们的 k' 值不等(k' 为不同组分的分配比),在柱内的移动速率不同,因而先后流出柱子。根据组分峰面积大小及测得的定量校正因子,就可由归一化定量方法求出各组分的含量。归一化定量公式为:

$$P_i\% = \frac{A_i f'_i}{A_1 f'_1 + A_2 f'_2 + \cdots + A_n f'_n} \times 100$$

式中,为组分的峰面积,为组分的相对定量校正因子。采用归一化法的条件是:样品中所有组分都要流出色谱柱,并能给出信号。此法简便、准确。对进样量的要求不十分严格。

实训任务目标：

1. 知识目标

① 高效液相色谱仪的构造；

② 利用归一化法进行定量分析；

③ 理解色谱分离的基本原理；

④ 理解色谱操作条件的选择。

2. 技能目标

① 高效液相色谱仪的正确使用；

② 正确记录数据；并利用数据进行相关计算。

3. 素质目标

① 实训开始前，按要求清点仪器，并做好实训准备工作；

② 实训过程保持实 训台整洁干净；

③ 按实训要求准确记录实训过程，完成实训报告；

④ 实训结束后，认真清洗仪器，清点实训仪器并恢复实训台；

⑤ 全班完成实训任务后，恢复实训室卫生。

5.6.1 高效液相色谱的使用

5.6.1.1 实训技能列表

(1) 流动相的过滤和超声波脱气。

(2) 高效液相色谱仪的正确使用。

5.6.1.2 仪器设备

LC－10AT 高效液相色谱仪。

5.6.1.3 实训步骤

系统组成：本系统由 1 个 LC－10ATvp 溶剂输送泵、Rheodyne 7725i 手动进样阀、SPD－10Avp 紫外－可见检测器、色谱数据工作站和电脑等组成，另外还包括打印机、不间断电源等辅助设备。

1. 准备。

(1) 准备所需的流动相，用合适的 $0.45\mu m$ 滤膜过滤，超声波脱气 20min。

(2) 根据待检样品的需要更换合适的洗脱柱（注意方向）和定量环。

(3) 配制样品和标准溶液（也可在平衡系统时配制），用合适的 $0.45\mu m$ 滤膜过滤。

(4) 检查仪器各部件的电源线、数据线和输液管道是否连接正常，特别注意输液管道内是否有气泡。

2. 开机。

接通电源，依次开启不间断电源、溶剂输送泵、先将机器预热半小时，这时的流动相用 85％甲醇溶液（已脱气），而且要时刻注意输液管道内是否有气泡，如有气泡要进行排气。预热半小时后，开启检测器，待检测器自检结束后，打开打印机、电脑显示器、主机,最后打开色谱工作站。

3. 各种参数设定。

(1) 波长设定:在检测器显示初始屏幕时,按[func]键,用数字键输入所需波长值,按[Enter]键确认。按[CE]键退出到初始屏幕。

(2) 流速设定:在输送泵显示初始屏幕时,按[func]键,用数字键输入所需的流速(柱在线时流速一般不超过 1ml/min),按[Enter]键确认。按[CE]键退出。

4. 进样。

(1) 进样前按检测器[zero]键调零,按软件中 [零点校正] 按钮校正基线零点,再按一下 [查看基线]按钮使其弹起。用试样溶液清洗注射器,并排除气泡后抽取适量样品。

(2)进行样品分析,对样品进行数据采集。

5. 关机。

样品测定结束后,将检测器关机,将输送管道的吸滤器放入装有 85% 甲醇溶液(已脱气)的储液瓶,进行测定系统清洗,半小时后关机。

5.6.2 苯系物的高效液相色谱分析

5.6.2.1 实训技能列表

(1)高效液相色谱仪的正确操作。

(2)工作站的熟练使用。

(3)利用数据进行相关计算,得到正确的分析结果。

5.6.2.2 仪器设备

LC—10AT 高效液相色谱仪;紫外吸收检测器〔254nm〕;柱 Econosphere C18 (3μm),10cm×4.6mm;微量注射器。

5.6.2.3 试剂

甲醇(A. R.),二次重蒸水;甲苯、萘、联苯均为 A. R. 级。流动相甲醇:水=88: 12。

5.6.2.4 实训步骤

1. 按操作说明书使色谱仪正常运行,并将实验条件调节如下。

柱温:室温

流动相流量:1.0mL/min

检测器工作波长:254nm

2. 标准溶液配制。

准确称取甲苯 0.01g,萘 0.08g,联苯 0.02g,用重蒸馏的甲醇溶解,并转移至 50mL 容量瓶中,用甲醇稀释至刻度。

3. 当基线平直后,注入标准溶液 3.0μL,记下各组分保留时间。再分别注入纯样对照。

4. 注入样品 3.0μL,记下保留时间。重复两次。

5. 实验结束后,按要求关好仪器。

5.6.2.5　结果处理

1. 确定未知样中各组分的出峰次序。
2. 求出各组分的相对定量校正因子。
3. 求出样品中各组分的百分含量。

5.6.2.6　操作要点

1. 用微量注射器吸液时,要防止气泡吸入。
2. 室温较低时,为加速蔡的溶解,可用红外灯稍稍加热。

思 考 题

(1)在高效液相色谱分析中,影响峰扩张的因素主要有哪些?

(2)试写出检查四氢呋喃溶剂中有无过氧化物的方法。

(3)简述真空脱气装置的工作原理。

(4)在哪些情况下适合采用梯度洗脱技术?

(5)试说明柱前衍生化与柱后衍生化的异同点。

(6)简述建立高效液相色谱分析方法的一般步骤。

(7)分离下列物质,宜用何种液相色谱方法?

①CH_3CH_2OH 和 $CH_3CH_2CH_2OH$;②C_4H_9COOH 和 $C_5H_{11}COOH$;③高相对分子质量的葡萄苷。

(8)核苷经液相色谱柱分离,用紫外检测器测得各个色谱峰,经鉴定为下列组分:

组分	死时间	尿核苷	肌苷	鸟苷	腺苷	胞苷
t_R/min	4.0	30	43	57	71	96

如果在另一色谱柱中填充相同固定相,但柱的尺寸不同,测得死时间为 5 min,尿核苷为 53 min,某组分洗脱时间为 100 min,试说明这个组分是什么物质?

(9)在某反相液相色谱柱上,测得以下数据:

组分	t_R/min	组分	t_R/min
香草醛苯羟基酸	3.23	3—甲氧基酪胺	7.31
去甲变肾上腺素	3.87	高香草酸	11.70
变肾上腺素	5.81		

如果不被保留组分的 $t_M=33$ s,计算每一组分对 3—甲氧基酪胺的相对保留值。

参 考 文 献

[1] 黄一石 . 仪器分析[M]. 北京:化学工业出版社,2002.
[2] 郭英凯 . 仪器分析[M]. 北京:化学工业出版社,2006.
[3] 夏心泉 . 仪器分析[M]. 北京:中央广播电视大学出版社,1992.
[4] 陈立功,张卫红,冯亚青,等 . 精细化学品的现代分离与分析[M]. 北京:化学工业出版社,
     2000.
[5] 朱明华 . 仪器分析[M]. 北京:高等教育出版社,2000.
[6] 魏培海,曹国庆 . 仪器分析[M]. 北京:高等教育出版社,2007.
[7] 董慧茹 . 仪器分析[M]. 北京:化学工业出版社,2002.
[8] 金庆华 . 分析化学——学习与解题指南[M]. 武汉:华中科技大学出版社,2004.
[9] 曾泳淮,林树昌 . 分析化学(仪器分析部分)[M]. 北京:高等教育出版社,2004.